남조선 해방전쟁 프로젝트 1

남조선 해방전쟁 프로젝트 1
침묵의 전쟁, 38선을 넘다

펴 낸 곳 투나미스
발 행 인 유지훈
지 은 이 김동식ⓒ
프로듀서 변지원
기   획 이연승 최지은
마 케 팅 전희정 배윤주 고은경
초판발행 2025년 09월 30일
초판인쇄 2025년 09월 01일
주   소 수원시 권선구 금곡로196번길 62 에스제이타워 3층 305호
대표전화 010-4161-8077 | 팩스 031-624-9588
이 메 일 ouilove2@hanmail.net
홈페이지 www.tunamis.co.kr
I S B N: 979-11-94005-39-1(03390) 종이책
I S B N: 979-11-94005-40-7(05390) 전자책

* 잘못된 책은 구입처에서 바꿔 드립니다.
* 책값은 뒤표지에 있습니다.
* 이 책은 저작권법에 따라 보호받는 저작물이므로 무단전재와 무단복제를 금지하며, 이 책 내용의 전부 또는 일부를 이용하려면 반드시 저작권자의 서면 동의를 받아야 합니다.

남조선 해방전쟁 프로젝트

침묵의 전쟁, 38선을 넘다

김동식

①

투나
미스

주요 인물 | main figures

김일성 북한 최고지도자. 해방 직후부터 성시백 등을 통해 별도의 대남공작망을 운영하고, 6·25전쟁 전후·휴전기·1960~70년대 공작까지 직접 지휘

이현상 남조선 인민유격대 창설 주역. 전쟁 중 남한 내 게릴라 활동을 지도했으나 점차 세력이 약화

박정호 거물 간첩으로, 진보당 사건에 연루됨. 구소련 외교문서에도 등장할 만큼 중요한 대남공작 인물

조봉암 진보당 사건과 연결된 정치인. 이중간첩 양명산 사건에 이름이 함께 등장

양명산 이중간첩으로 활동하며 북한과 남한 모두에 얽혀 복잡한 관계를 가짐

성시백 중국공산당원으로 지하공작 임무를 수행하다 해방 직후 김일성에 의해 포섭되어 대남공작의 핵심 인물로 활동. 남로당과 별도로 '조선노동당 남반부특별정치위원회' 간첩망을 구축하고 군·정치권 포섭 공작을 지휘하다 검거되어 처형된 거물급 간첩

최백근 남파공작원, 성시백 조직의 일원으로 독립운동가 백남운의 비서 활동, 6·25 후 북한에서 공작 임무를 받고 남파, 위장 자수 후 혁신정당인 사회당 창당 공작 중 북한에 몰래 들어가 김일성을 만나고 돌아와 검거되어 처형됨

황태성 박정희 대통령의 대구사범학교 스승이자 친형인 박상희의 친구, 5·16 군사쿠데타 이후 박정희 대통령을 포섭하라는 김일성 특명을 받고 남파되었다 검거되어 처형된 거물급 간첩

양군옥 제주도 출신간첩. 대남공작망 사건으로 적발됨

유위하 거물 여간첩으로 활동. 통혁당 관련 공작에 깊이 관여한 인물

유정숙 통혁당 수습에 성공하여 북한에서 공작 성과를 인정받고 통전부 부부장까지 승진한 여성 간첩

김신조 1968년 1·21 청와대 습격 사건을 감행한 무장공비 집단 중 1인. 김신조 본인은 생포되어 이후 한국 사회에서 전향

정구영 공화당 의장. 북한은 그를 집요하게 포섭하려 시도

김성곤 국회의원. 편지 전달 방식으로 포섭 공작 대상이 됨

이효상 국회의원. 김성곤과 함께 편지 공작 대상

김규남 국회의원. 실제로 포섭에 성공한 사례로 기록됨

김종오 당시 육군참모차장. 포섭 기도 사건의 대상이 되었으나 실패

조용수 민족일보 발행인. 북한과 연계된 혐의로 사형당함

윤이상 세계적인 음악가. 독일 거주 중 동베를린 사건에 연루되어 남한에서 간첩
      혐의로 기소됨

조명훈 윤이상과 연계된 인물, 동백림 간첩단 사건에서 언급됨

임석진 동백림 사건 관련자, 학자로 활동했으나 북한 공작 연계 의혹을 받음

이기양 역시 동백림 사건에 연루된 학자

이선실 본명 이화선(전주 출신 '신순녀'로 신분 세탁해 활동). 북한 공작원으로 노동당
      정치국 후보위원(권력서열 19위), 최고인민회의 대의원 역임, 1980년 남한
      에 침투해 조선노동당 남조선지역 총책임자로 활동, 합법 정당·주사파 포섭
      공작을 주도한 거물급 여성 간첩

김낙중 민중당 공동대표로 활동하다 1990년대 초 북한과 연계된 중부 지역당
      간첩 사건에 연루된 인물

황인오 사북사태 주모자로 알려졌으며 1990년 북한에 포섭되어 월북, 이후 중
      부지역당 간첩 사건 총책으로 활동하다 검거

손병선 1990년대 김부겸 연계 공작이 실패한 뒤 대타로 포섭된 인물

김대중 야당 지도자. 북한 내부 문건에서 '친미사대주의자'로 낙인찍히며 공작의
      주요 평가 대상이 됨

김현희 1987년 KAL기 858편 폭파 사건을 실행한 북한 여성 공작원. 체포 이후
      자백을 통해 사건의 전모가 드러남

윤택림 북한에서 '공화국영웅' 칭호를 받고 남파된 공작원

윤동철 1980년대 대남공작의 전성기를 상징한 대표적 공작조 지휘자

신광수 일본 공작에 투입되었으며 일본인 납치 지시에 직접 연루된 공작원

강갑영 1970년대 초반 적발된 간첩. 경남 지역 통혁당 지도부 사건과 연결

임창술 지도연락공작원. 1970년대 초반 간첩사건으로 검거되어 관련 조직망이 일망타진됨

채수정 1970년대 초반 활동한 거물급 여성 공작원. 북한 비판 과정에서 체포됨

김부겸 간첩은 아니지만 북한이 연계 공작 대상으로 삼으려 했던 정치인. 실패 후 손병선으로 대체됨

차례 Contents

| prologue

| Chapter 1 해방의 그림자

해방 정국과 대남공작조직의 창설 031
성시백의 등장과 대남공작의 서막 036
성시백, 중국공산당원이 되다 037
성시백을 공작원으로 끌어들인 김일성 039
성시백, 서울에 입성하다 041
성시백과 김일성의 의미 있는 만남 044
남한 우익지도자들을 남북연석회의에 참가시켜라 046
김일성, 성시백을 통해 남로당과 별개의 간첩망 구축 049
성시백, 본격적인 공작에 돌입 052
단선 반대 세력을 결집하라 057
강동정치학원 설립과 남로당 수습 공작 060
강동정치학원과 게릴라 활동 062
성시백의 군부 및 정보 수집 공작 065
국회 프락치 공작과 성시백 072
북로당 남반부 특별정치위원회 사건 경위와 전말 075
아직도 진행형인 '여간첩 김수임 사건' 080
좌절된 대남정보 수집 공작 087

Chapter 2 6·25와 공작 전쟁

전쟁 초기 대남공작 095
이인모는 종군기자가 아니라 정치공작원 103
점령지역에서의 토지개혁 실시 106
인적·물적 자원의 약탈 108
인민군 퇴각과 혼란 수습 116
남조선 인민유격대 창설과 이현상 119
지구당 개편과 유격대 약화 122
대남공작부서 개편과 남조선유격대 지원 124
남로당 지도부 숙청과 유격대의 괴멸 128
지하당 재건과 정보 수집 공작 131

Chapter 3 휴전, 끝나지 않은 전쟁

대남공작기구 정비 및 확대 142
지리산유격대 수습 공작 148
지리산유격대 괴멸을 초래한 북한의 공작 152
도시와 농촌에 잔존하는 당 조직 및 당원들과의 연계 공작 156
신(新)조직 구축 공작도 동시에 160
남북협상파 잔류인사들에 대한 공작 163
편지 공작 167
거물 간첩 박정호와 진보당 169

차례 Contents

구소련 외교문서에 등장하는 박정호 173
김일성에게 보낸 박정호의 자필편지 176
이중간첩 양명산과 조봉암 179

Chapter 4 격동의 시대와 지하조직

4·19와 대남공작 지도기구 확대 188
가족·친척을 간첩으로 192
민주 열사로 둔갑한 남파공작원 최백근 195
최백근의 합법 정당 창당 공작 201
김일성의 환대를 받고 돌아와 처형된 최백근 203
지도연락공작조를 동원한 혁신정당 창당 공작 206
『민족일보』와 조용수 209
5·16 군사 쿠데타에 당황한 김일성 214
북한 대남공작의 총본산-3호 청사 216
5·16 쿠데타와 북한의 정세인식 218
5·16 주도 세력에 대한 평가 221
4명의 '황태성' 224
첫 번째로 남파된 황태성 226
지켜지지 않은 공작 원칙과 임미정 229

검거를 '자처한' 황태성 233

겁이 많은 2번 '황태성' 김모와 계속되는 공작 실패 236

공화당 의장 정구영에 대한 포섭 공작 240

집요한 정구영 접근 공작 245

편지 전달 방식의 김성곤, 이효상 공작 247

국회의원 김규남 포섭 성공 249

한국군 상층부를 포섭하라 250

육군참모차장 김종오 중장 포섭 기도 사건 255

한국에 마르크스-레닌주의 당을 건설하라 259

대폭 확대강화된 중앙당 대남공작기구 262

대남공작 교육 및 훈련기관의 확대 264

우연에서 시작된 통혁당 창당 공작 266

공작원 조카를 풋내기로 취급한 최영도 270

최영도에게 거물급을 보내다 273

최영도에 대한 극진한 환대 275

정태묵에 대한 북한 지도부의 의심을 희석시키다 278

김종태 포섭으로 이어지는 통혁당 창당 공작 281

일타쌍피 285

김종태에 대한 환대와 기지교육 287

백두1호-김종태 290

공작 대호와 연계 번호 291

입북 세 번째 만에 만난 김일성 294

통일혁명당 조직 확대 공작 297

노동당에 복당한 정태묵 300

정태묵, 다시 노동당의 전사로 304

공작 성과 인정받은 최영도 306

통혁당은 노동당의 남조선 지역 하부조직 308

실패로 돌아간 통혁당 건설 구상 311

계속된 통혁당 창건 공작 314

제주도 출신 양군옥 간첩사건 316

거물 여간첩 유위하 사건 319

통혁당 수습 성공으로 통전부 부부장까지 승진한 유정숙 321

통혁당 창건 공작은 계속되고 … 323

이효순 숙청과 대남공작기구의 확대 개편 324

1·21사태 327

청와대 습격은 무력 남침을 위한 트집잡기용 330

1·21 실패가 북한에 준 교훈 333

베트남전 파병이 부른 북한의 대량 도발 335

울진·삼척 무장선전대 침투 사건 337

북한의 무장선전대 남파 미련을 못버리게 한 광주사태 340

어부 납치와 공작 341

자진해서 포섭된 함경도 출신 어부 343

남한 출신 어부도 북한공작원으로 345

동베를린에 설치된 북한 공작거점 347

윤이상의 자가용 승용차와 조명훈 349

임석진과 이기양 351

평양에 간 한국 유학생과 윤이상 353

동베를린(동백림) 간첩단 사건의 진실은? 356

북한의 해외 공작은 영국에서도 359

국회의원, 교수가 된 유학생 간첩 363

타임라인 | **TIME LINE**

1945~1948

1945. 08 해방 직후 대남공작조직 창설

1946. 11 강동정치학원 설립, 남로당 공작원 양성 시작

1948. 04 남북연석회의, 성시백 등이 남한 인사 참가 공작

1950~1953

1950. 06 6·25전쟁 발발과 함께 대남정치공작 본격화

1950. 07~08 점령지 토지개혁 실시, 남조선 인민유격대 창설

1950. 09 인천상륙작전 이후 북한군 후퇴, 게릴라 활동 강화

1953. 07 휴전 성립, 지하당 재건 공작 착수

1955~1958

1955~1956 지리산유격대 수습·재건 공작

1958. 01 진보당 사건 및 박정호 간첩사건

1960~1963

1960. 04 4·19혁명 이후 공작 확대, 혁신정당 창당 공작 시도

1961. 05 5·16 군사혁명, 북한의 대남전략 수정

1961. 07 민족일보 조용수 사건, 간첩 혐의로 사형

1967~1969

1967. 08 통일혁명당 사건 발각 (정태묵·김종태 등)

1968. 01 1·21 청와대 습격 사건 (김신조 일당 침투, 실패)

1968. 10 울진·삼척 무장공비 침투 사건

1970s

1970. 02 동백림 간첩단 사건 여파 계속 (윤이상, 유학생 관련)

1971. 07 간첩 유위하 사건 적발

프롤로그 **Prologue**

*일러두기 | note

북한에서 쓰는 생소한 어휘 및 어구는 괄호 안에 주석을 달았다

8·15해방과 함께 남과 북이 분단된 지도 어언 80년이 지나갔다. 인간으로 치면 팔순을 살아온 세월이고 강산으로 치면 여덟 차례 바뀌었을 기나긴 세월이다.

분단 이후의 한반도 역사는 대립과 갈등, 동족상잔의 피로 얼룩진 크나큰 슬픔과 아픔의 역사라 할 수 있다. 북한의 대남공작 측면에서 보면 북한이 대한민국을 적화통일(赤化統一)하기 위해 각종 대남공작을 끊임없이 자행해 온 역사라고 말할 수 있을 것이다. 그동안 북한은 '대남혁명 완수와 자주통일 실현'이라는 대남전략 목표를 설정하고 오로지 대한민국의 자유민주주의 체제를 전복하고 남한 국민을 김 씨 일가의 노예로 만들기 위해 다양한 방식으로 끈질기게 대남공작을 전개해왔기 때문이다.

북한의 대남공작은 시기마다 조금씩 차이가 있기는 하지만 기본적으로 '대남혁명의 준비기 전략'에 따라 국내 혁명 역량은 최대한 확대 강화하고 적대 세력이자 타격 대상인 대한민국의 힘은 최대한 약화시키는 데 목표를 두고 전개되어 왔다. 이는 북한 대남공작의 가장 중요한 원칙인 동시에 중점 추진 방향이기도 하다. 때로는 북한의 대남공작이 독재자의 욕망을 충족시키고 김 씨 왕조 체제를 유지 강화하는 수단으로 이용되는 경우도 종종 있었다. 신상옥·최은희 씨에 대한 납치와 이한영 암살, 김정남에 대한 독극물 테러가 바로 그러한 경우에 해당한다.

대한민국의 자유민주주의 체제 전복과 김정은 체제 하의 통일을 실현하기 위해 북한이 전개하고 있는 대남공작은 크게 조직공작과 선전 및 의식화공작, 특수공작 등으로 구분할 수 있다.

조직공작은 북한이 공작원을 남파하거나 해외에 침투시켜 현지에 있는 한국인 또는 해외교포를 포섭하도록 한 다음 그들을 통해 국내에 지하당 조직(간첩망)을 구축·확대하도록 하고 이를 조종하는 등의 활동을 포괄하는 개념이다. 이미 구축한 지하당 조직을 통해 합법적인 진보정당이나 대중단체를 만들도록 하고 그들을 통해 반미·반정부 투쟁을 전개하도록 하는 것도 조직공작의 일환이다. 물론 남북대화나 인적교류 등 합법적인 활동 공간을 통해서도 국내 인물 포섭과 기존에 구축한 간첩망과의 통신연락 실현 등 조직공작을 전개하고 있다.

선전 및 의식화 공작은 한국의 지식인들과 국민들을 의식화하는 한편 한국 사회 내부를 혼란·약화시키기 위해 전개하는 전단 살포나 각종 대남방송, 대남성명 및 담화문 발표 등 여러 가지 형태의 대남선전·선동 활동을 포괄하는 개념이다. 최근 북한은 대남선전·선동 효과가 상대적으로 떨어지는 대남전단 살포나 휴전선 확성기 방송은 축소하거나 중단한 반면, 한국에 발달한 SNS와 인터넷 공간을 통신연락 수단으로 활용하는 동시에 이를 통해 사이버테러와 사이버심리전을 적극적으로 전개해 우리 사회를 혼란시키고 있다.

특수공작은 우리 정부의 대북정책과 함께 주한미군과 국군의 전쟁 준비와 관련된 전략·전술 정보는 물론 한국의 정치·경제 등 각 분야의 정보와 북한 체제 수호에 필요한 방첩정보를 수집하고 요인납치와 암살, 시설물 폭파 등 폭력적인 형태의 공작활동을 통해 이루어진다.

북한의 대남공작은 비공개(비밀)적이고 비합법(불법)적이며 폭력적인 방식으로 전개되는 특징을 갖고 있다.

북한은 최고의 엘리트들을 공작원으로 선발해 고도의 교육과 훈련을 시킨 다음 그들을 비밀리에 남파하거나 해외에 침투시켜 현지에서 가족이나 친척 또는 친북·종북 성향의 인사들을 포섭한 후 노동당에 가입시키고 그들을 통해 지하당 조직(간첩망) 구축 및 확대를 시도해왔다. 1968년의 통일혁명당 사건이나 1992년의 남한 조선노동당 중부 지역당 사건, 그후에 발생한 민족민주혁명당(약칭 민혁당) 사건이나 일심회 간첩단 사건 및 왕재산 간첩단 사건, 그리고 청주·창원·제주 간첩단 사건과 민노총 간첩단 사건 등 등이 대표적 사례라고 할 수 있다.

이와 함께 각종 정보를 수집하고 한국 사회 내부를 혼란·약화시키기 위한 요인 테러·암살을 자행하는 등 폭력적인 형태의 공작도 서슴없이 감행하고 있다.

1968년 발생한 1·21 청와대 습격 미수 사건과 같은 해 10~11월 울진·삼척 무장공비 사건, 1975년 문세광 사건과 미얀마 아웅 산 묘소 폭파 사건(1983.09), 88올림픽 방해를 위한 KAL기 폭파 사건(1987.11)과 김정일의 처조카 이한영에 대한 암살 사건(1997.02), 황장엽 암살미수 사건(2010.04), 최근 발생한 김정은의 이복형 김정남에 대한 독극물 테러 사건(2017.02) 등은 북한이 감행한 폭력적인 대남공작의 대표적 사례라고 할 수 있다.

반면, 7·4 남북공동성명 발표(1972)과 여러 차례에 걸치는 남북고위급 회담과 그 후속 조치로 이루어진 남북기본합의서 채택(1991), 2000년과 2007년 두 차례에 걸쳐 진행된 남북정상회담 등은 남북이 화해와 협력, 평화와 공존 등을 지향했다는 점에서 앞의 모습과는 대조적이다.

사실 북한의 대남공작을 잘 모르는 이들은 남북 간의 대화나 협상이 활발히 전개될 때는 북한이 적화통일 의지를 완전히 포기하고 남북관계 개선이나 순수한 의미에서의 통일을 추구하고 있는 것처럼 착각하기도 한다. 그러나 이러한 합법적이고 평화적인 대화와 교류의 공간마저도 대남공작에 악용하는 것이 북한이다. 북한은 남북 간의 접촉과 교류 등 공식적이고 합법적인 공간을 이용해 친북·종북 성향의 인물들을 접촉·포섭하거나 기존에 포섭한 간첩들을 만나 공작 지령을 하달하는 등 대남공작을 끈질기게 전개한다는 사실을 간과해서는 안 될 것이다.

한편, 북한은 대한민국을 미국에 철저히 예속된 식민지로, 자본주의가 정상적으로 발달하지 못한 반신불수의 자본주의 즉, 반(半)자본주의사회로 규정하고 있다. 이러한 인식을 바탕으로 민족해방혁명을 통해 미국의 식민지통치를 종식시키는 한편, 인민민주주의혁명을 통해 대한민국의 자유민주주의 체제를 전복해야 한다는 것이 북한의 대남전략 목표이며 이는 지금도 유효하다. 김정은 정권이 존재하고 북한이 사회주의 이념을 포기하지 않는 한 변함이 없을 것이다.

북한의 대남전략이 변하지 않는다는 것은 그것을 실현하기 위한 수단을 마련하는 작업으로서의 대남공작 역시 변함없이 지속적으로 전개하겠다는 것을 의미한다.

『남조선 해방전쟁 프로젝트』는 북한이 지난 80년간 끈질기게 전개해 온 다양한 형태의 대남공작을 역사적으로 조명함으로써 독자들이 북한의 대남공작 실상을 제대로 이해하고 향후 북한이 전개하게 될 대남공작 전술이나 방향을 예측하는 데 도움을 주고자 한다.

물론 80년간 북한이 비밀리에 전개해 온 대남공작의 80년 역사를 그대로 정리한다는 것이 결코 쉬운 일이 아니라는 점은 필자도 잘 알고 있다. 무엇보다 외부에 알려지거나 공개된 자료가 빙산의 일각에 불과하기 때문이다. 그런 데다 아는 것도 턱없이 부족하고 필력 또한 모자라 더더욱 걱정이 많다.

그러나 지금까지 공개되거나 밝혀진 자료를 최대한 찾아내 객관적인 입장에서 능력이 닿는 데까지 최선을 다해 열심히 정리해 보려고 한다.

아무쪼록 이 글이 베일에 가려진 북한 대남공작의 전모를 조금이나마 독자들에게 제대로 전달하여, 민족의 반쪽인 북한을 이해하고 우리의 숙원인 남북통일 실현에 조금이나마 도움이 되었으면 하는 바람이다.

마지막으로 이념 양극화가 극에 달한 현 시점에서 필자의 졸저를 출간해 아직도 진행형인 북한의 "남조선 해방전쟁 프로젝트"의 역사적 진실을 세상에 알릴 수 있도록 힘써 주신 다큐멘터리 「건국전쟁」의 김덕영 감독님, 유지훈 대표님을 비롯한 투나미스 가족들에게 진심으로 감사드린다.

1장 Chapter 1

해방의 그림자

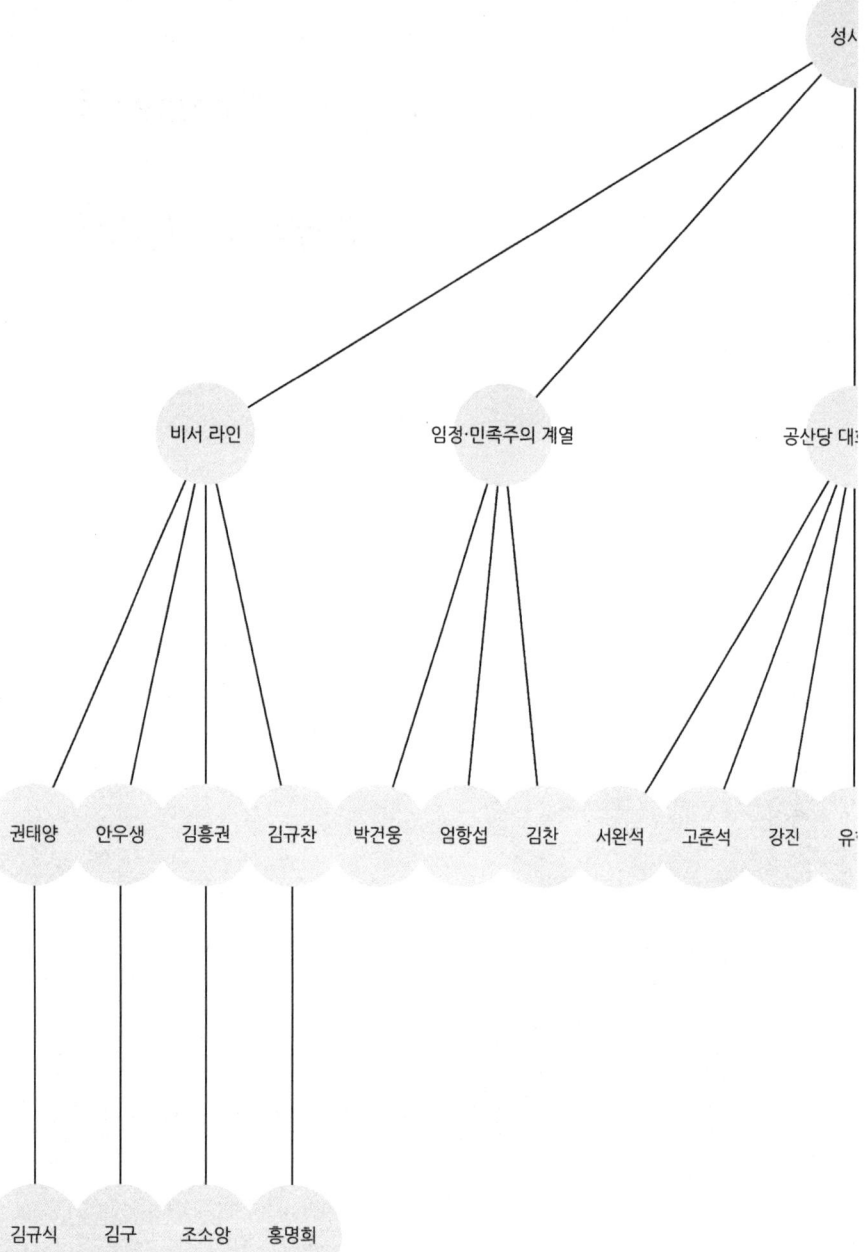

● 성시백이 포섭한 라인 조직도

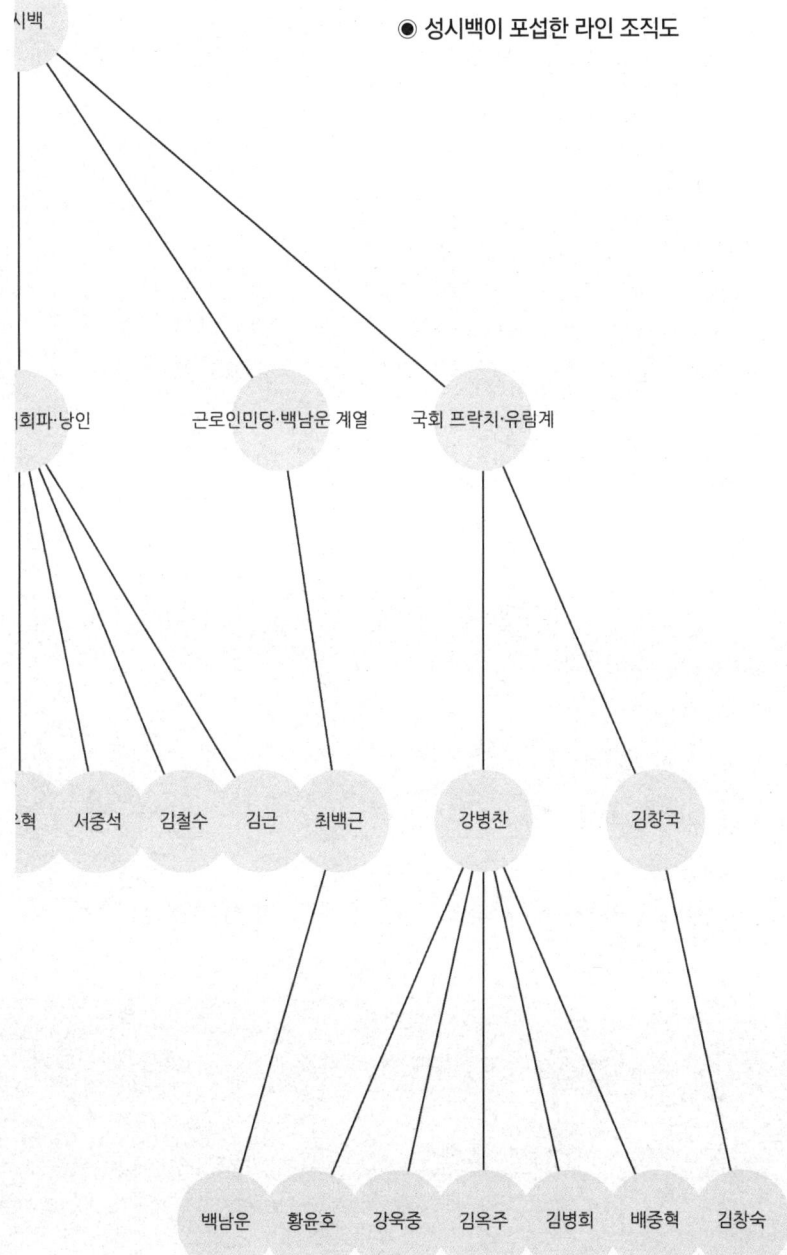

● 성시백이 포섭한 인물

비서 라인
권태양 김규식 비서실의 핵심 인물로 성시백과 연결되어 활동, 남북연석회의 추진 세력 결집에 관여.
안우생 김구의 비서(안중근의 동생 안공근의 아들)로 성시백 조직원. 김구의 평양 남북연석회의 참가를 성사시키는 데 큰 역할을 했고, 이후 월북해 해외공작·대남공작부서 외국어 강사로 활동, 신미리 애국열사릉 안장.
김흥권 조소앙의 비서. 성시백 선의 강병찬 라인과 연결되어 공작에 협조
김규찬 홍명희의 비서. 성시백과 연계된 비서진의 일원으로 남북연석회의 추진 세력 결집에 기여

임정·민족주의 계열
박건웅 김규식 계열의 민족자주연맹 간부로 성시백과 연결, 근로인민당 창당에 참여
엄항섭 임정 핵심 인사. 1948년 2월 10일 김구의 '3천만 동포에게 읍고함' 성명 초안을 작성했으며 그 전에 성시백과 여러 차례 의견 교환
김　찬 임정 계열로 성시백 선의 핵심 인물, 1950 총선에서 '협상파' 후보군으로 지목됨

공산당 대회파·낭인
서완석 조선공산당 대회소집파 출신으로, 당 내 노선 갈등으로 출당된 뒤 성시백과 연결됨
고준석 출당된 뒤 성시백과 연결, 1947년 3월 성시백을 통해 북한과 직접 연계되어 활동
강　진 대회파 지도급 낭인으로 성시백과 연결, 6·25 시기 월북 후 북한에서 대우
유　혁 강진, 서중석과 함께 월북해 북한에서 대우를 받은 대표적 인물
서중석 남로당 내 노선 갈등으로 이탈 후 성시백을 통해 북한과 연계
김철수 조선공산당 내 대회파에 속했으나 박헌영 노선에 반대하다 당에서 축출
김　근 조선공산당 대회파 출신으로, 박헌영 노선에 반대해 당에서 밀려남

근로인민당·백남운 계열
최백근 백남운의 측근이자 성시백 조직원. 근로인민당 창당 지원과 '정당협의회' 결성의 실무 핵심으로 평가됨

국회 프락치·유림계
강병찬 성시백 조직의 핵심 공작원. 국회 프락치 공작에서 황윤호·강욱중·김옥주 등 5~6명의 의원을 포섭하는 실무를 맡았고, 민주독립당·한독당에서도 활동
김창국 유림계 김창숙의 측근으로 포섭되어 유림계를 움직이는 통로 역할. 김창숙의 반탁 진영 이탈에 활용됨

해방 정국과 대남공작조직의 창설

우리 민족은 일제가 조선을 강점한 때로부터 해방과 독립을 쟁취하기 위해 많은 피를 흘리며 싸웠다. 그러나 안타깝게도 조선의 해방은 우리 민족에 의해서가 아니라 제2차 세계대전에서 미국과 소련을 중심으로 하는 연합군 측이 승리하면서 비로소 찾아왔다.

조선의 해방이 우리 민족 스스로 쟁취한 것이 아니고 강대국이 가져다준 결과물이었기에 해방 이후 한반도와 우리 민족의 운명도 우리가 아닌 그들의 손에 결정될 수밖에 없었다. 연합군 측인 미국과 소련의 합의에 따라 한반도는 8·15해방과 함께 38선을 경계로 하여 남과 북으로 분단되었다. 분단 이후 소련이 점령한 38선 이북에는 김일성을 중심으로 하는 공산정권이 들어서고 미군이 진주했던 38선 이남에는 이승만을 위시로 한 자유민주주의 정권이 들어서게 되었다.

김일성은 조선이 해방된 날로부터 1개월 남짓 시간이 지난 1945년 9월 19일 소련 해군함정 '푸카초프'호를 타고 그 명성과는 다르게 조용히 동해 원산항을 통해 귀국했다. 그래서인지 귀국 당시 김일성은 소련군 육군대위 계급장이 달린 장교 복장을 입고 있었을 뿐 아니라, 어릴 적 본명인 '김성주'나 그후에 사용했던 '김일성'이라는 이름 대신 '김영환'이라는 가명을 사용했다. 당시 김일성이 사용했던 '김영환'이라는 가명은 훗날 북조선공산당 평안남도위원회 재정부장 박정호를 직접 대남공작에 투입할 때 사용하게 된다.

　평양에 입성한 김일성은 소련 주둔군의 비호와 빨치산 동료들의 지원을 받으며 곧바로 권력을 장악하기 위한 활동을 개시했다.

　그 첫 번째 조치가 1945년 10월 10일 조선공산당 북조선분국을 조직하고 그해 12월 17일 조선공산당 북조선분국 제3차 확대 집행위원회에서 책임비서의 권좌를 차지한 것이다. 김일성이 만들었던 조선공산당 북조선분국은 엄연히 말하면 박헌영이 1945년 8월 20일 서울에서 여운형·허헌·김원봉·한빈·이주하 등과 재건한 조선공산당의 북조선 지역 5개 도를 관장하는 지역조직이었다. 김일성은 원래 38선 이북 지역에 별도의 공산당 조직을 만들고 싶었으나 이미 박헌영 등에 의해 조선공산당이 재건되었기 때문에 국제공산당의 1국 1당제 원칙에 따라 할 수 없이 '조선공산당 북조선분국'이라는 명칭과 조직 형식을 취할 수밖에 없었다.

　따라서 형식적으로는 박헌영이 김일성의 상관이었던 셈이다. 그러나 김일성은 서울의 박헌영이나 조선공산당 중앙 조직의 지시와 명령을 따르지 않고 독자적인 정책을 수립하고 활동했으며, 따라서 명칭도 '조선공산당 북조선분국'이라는 명칭보다 '북조선공산당'이라는 명칭을 주로 사용했다. 이는 박헌영의 조선공산당을 남·북조선을 모두 포괄하는 중앙 조직으로 인정할 수 없다는 김일성의 반감이 내포되어 있었고, 이에 따라 조선공산당을 38선 이남 지역만의 조직으로 한정시키려는 숨은 의도가 있었다고 할 수 있다.

실제로 이때부터 자연스럽게 김일성의 북조선공산당은 그 명칭대로 38선 이북 지역을 대표하고 박헌영의 조선공산당은 그 명칭과는 상관없이 38선 이남 지역만을 관장하는 지역조직으로 축소된 경향이 있다. 이때 김일성은 이미 남쪽의 조선공산당을 동일한 목적을 가지고 투쟁하는 동지 또는 집단이 아니라 해체하거나 흡수해야 할 대상으로 생각했다고 할 수 있다.

김일성은 공산당 조직과 함께 행정조직 장악에도 주력했다. 그는 1945년 10월 28일 조만식을 위원장으로 하여 발족시켰던 '북조선 5도 행정국'을 1946년 2월 8일 발전적으로 해체함과 동시에 '북조선 임시인민위원회'를 창설하고 위원장 자리를 차지함으로써 명실공히 행정수반의 자리도 차지했다.

중요한 것은 광복 이후 평양에 입성한 김일성이 38선 이북 지역만이 아닌 한반도 전체를 대표하는 지도자가 되겠다는 야심을 품고 그 꿈을 실현하기 위한 작업을 차근차근 추진했다는 것이다. 김일성이 조선공산당 북조선분국을 조직하면서 그 안에 대남공작 기구를 설치한 것이 이를 입증한다.

김일성은 1945년 10월 10일 조선공산당 북조선분국을 창설하면서 북조선분국 내에 서울의 박헌영과 그에 의해 재건된 조선공산당 중앙 조직의 활동을 감시하면서 각종 대남관련 업무를 담당할 별도의 부서를 설치했다. 이는 바로 소련파 이동화·허가이 등이 연이어 책임자로 활동했던 조직부 내에 설치한 '연락부'라는 조직이다. 그러니까 당시 북조선분국 조직부 내에 별도로 설치한 연락부는 김일성을 비롯한 북조선분국 내부의 일부 간부들만 알고 있었을 뿐 서울에 있던 박헌영이나 조선공산당 조직은 모르는 비밀이었던 셈이다.

　이를 통해 김일성은 북조선분국 내에 대남공작부서를 만든 초기부터 공작기관의 임무를 단순히 서울에 있던 조선공산당 조직과의 연락 임무에만 국한하지 않고 여러 가지 목적의 대남공작을 다양한 방식으로 전개하려 했다는 것을 확인할 수 있다.

　한편, 김일성은 1946년 2월 모스크바 3상회의 결정 실행 과정에서 평양의 북조선공산당과 서울의 조선공산당 조직 사이의 협조와 연락 등 업무가 증가하자 이를 담당할 별도의 조직으로 '5호실'을 설치하고 임해를 초대 실장에 임명했다. '연락실'로도 불렸던 5호실은 북조선공산당 조직부 내에 설치했던 기존의 연락부 업무 가운데 조선공산당 및 박헌영과의 연락 업무를 따러 분리시켜 만든 별도의 조직으로서 김일성의 직접적인 지시를 받았다. 그러나 조직부 내에 설치했던 연락부가 북조선분국 일부 간부들만 알고 있는 비밀조직이었던 것과 달리 5호실(연락실)은 남쪽의 박헌영이나 조선공산당 간부들도 알고 있는 공개적인 조직이었다.

이후 김일성은 1946년 8월 북조선공산당과 신민당을 합당하여 북조선노동당을 조직하고 6개월 뒤인 1947년 2월 북조선노동당 중앙위원회 조직부 산하에 대남공작 전담기구인 '연락부'를 정식 창설했다. 초기 연락부장에는 소련공작원 출신 김창수를 임명했고 1948년 6월에는 이효제로 교체했다.

　1949년 6월 남북의 노동당이 합당하여 조선노동당이 된 이후에는 과거 조직부 소속이었던 연락부를 별개의 독립 부서로 승격시킨 다음 일본에서 입북한 김천해를 연락부장에 임명했다. 김천해는 3개월 만인 1949년 9월 이주상으로 교체되었다.

　북조선노동당 조직부 산하의 연락부 조직도 남로당과(서울지도부과), 공작위원과(특수조직과), 연락과, 정보과, 공급과 등 기존의 5개 과에 유격지도과, 교양훈련지도과, 통일전선과, 통신과 등 4개 과를 더 만들어 9개 과로 확대·개편됐다. 그리고 업무의 효율성을 높이기 위해 남로당과, 공작위원과, 통일전선과, 연락과, 정보과를 1부문으로 하고 유격지도과, 교양훈련과, 통신과, 공급과를 2부문으로 구성했다.

　한편 북한은 노동당뿐 아니라 내무성 등에도 대남공작 전담 조직을 만들고 각 기관의 특성에 맞게 정보 수집 등 다양한 공작을 전개했다.

성시백의 등장과 대남공작의 서막

앞서 언급한 대로 김일성은 북조선공산당 조직부 소속의 연락부와 자신의 직속으로 5호실을 만드는 데 그친 것이 아니라 그 조직을 통해 실제적인 대남공작을 전개했다.

김일성이 대남공작부서를 창설하면서 가장 먼저, 가장 중요하게 추진했던 것은 중국공산당 당원이었던 성시백을 대남공작에 기용하고 그가 본격적으로 활동을 전개하도록 한 것이다. 그만큼 북한의 초기 대남공작은 성시백의 등장과 활동을 이야기하지 않고는 도저히 생각할 수 없다. 성시백의 등장은 분명 북한 대남공작의 서막을 여는 전주곡이었다.

그것은 성시백의 활동과 공적에 대해 김일성과 북한이 어떻게 평가하고 있는지를 보면 잘 알 수 있다.

김일성은 1992년 12월 27일 성시백의 세 아들을 만난 자리에서 "앞으로 회고록을 쓸 때 해방 후 남북연석회의 대목에 성시백의 활동 내용을 적어놓으려 한다"고 할 정도로 성시백의 공적을 각별히 치하한 바 있다. 그런가 하면 북한은 '세계 지하혁명 투쟁사에 이름 있는 혁명가들의 위훈담이 수없이 기록되어 있지만 공작 내용과 활동 범위, 투쟁 방식 면에서 볼 때 성시백의 지하공작과는 비교조차 할 수 없으며 적들이 성시백을 체포하지 않았더라면 한국의 역사가 달라졌을 것'이라고 공개적으로 높이 평가할 정도였다.

그리고 북한에서는 김일성·김정일의 지시에 따라 북한 역사상 처음으로 성시백의 실제 공작활동 내용을 다룬 영화 「붉은 단풍잎」(8부작)」과 장편소설 『역사의 대결』 1-4부가 창작되기도 했다. 그뿐 아니라 김정일은 성시백의 셋째 아들 성자립을 북한 최고의 대학인 김일성종합대학 총장 및 고등교육상(장관)에 임명한 바 있다. 이는 성시백의 활동에 대해 구체적으로 공개하지 않았지만 그의 공적이 그만큼 지대하다는 것을 의미한다.

성시백과 그가 운영했던 공작조직이 전개했던 활동을 살펴보면 북한이 광복 이후부터 6·25전쟁이 발발하기 전까지 대남공작을 구체적으로 어떻게 전개해왔는지 알 수 있다.

성시백의 활동에 대해서는 관련자들의 증언과 수사기관 기록을 비롯한 당시 자료들, 1997년 5월 26일자 『노동신문』과 다음 날인 5월 27일 평양방송 발표 내용, 2002년 대남선전매체인 통일여명 편집국 특집보도(181회) 등 북한의 자료들, 전직 북한 대남공작원들의 진술 등 여러 가지가 있다. 이 책에는 지금까지 공개된 여러 자료들을 종합해 정리했다.

성시백, 중국공산당원이 되다

성시백은 1905년 황해도 평산에서 출생하여 서울에서 중동학교(후에 중동중학교)를 졸업했다. 3·1운동에 참가했던 성시백은 박헌영·조봉암 등이 중심이 되어 결성한 사회주의 청년단체 '고려공산청년회'에 가입해 활동하다가 조선공산당 검거 사건을 피해 1928년 중국 상해로 망명했다. 그러나 북한 내부자료에는 정의감이 강한 성시백이 고향에서 일본인 악질 순사를 죽인 다음 중국으로 망명 도주했다고 기록되어 있다.

중국으로 건너간 성시백은 상해에서 고학으로 대학을 다니던 중 주은래(중국 초대총리)를 만나 그의 영향 및 주선으로 1930년대 초반 중국공산당에 입당했다. 중국공산당원이 된 후 성시백이 중국공산당으로부터 받은 임무는 신문기자로 위장하고 장개석 국민당 정부가 통치하는 지역에 들어가 정보를 수집해 보고하는 것이었다. 말하자면 중국공산당의 비밀요원, 지하공작원의 임무를 수행한 것이다. 이는 성시백이 중국 사람이 아니라 조선인이었기 때문에 가능했다.

이에 따라 성시백은 서안과 상해, 중경 등 장개석 및 국민당 정부가 통치하는 지역 즉, 공산당 통치가 미치지 못하는 지역에 들어가 신문기자로 활동하면서 정보를 수집해 중국공산당에 보고했다. 이 과정에 임시정부 인사들과도 수시로 만나 인맥을 형성했으며 때로는 임시정부의 활동을 측면에서 지원하는 방법으로 그들의 신뢰를 얻었다.

실제로 성시백은 상해 임시정부가 프랑스 총영사의 지시에 따라 조계지(외국인이 치외법권을 인정받고 독자적으로 행정권·경찰권 등을 행사할 수 있도록 설정된 특정 지역) 밖으로 나가야 할 상황에 처했을 때 『상해일보』에 관련 기사를 게재해 임시정부를 도운 바 있다. 당시 성시백은 '프랑스 총영사가 조선 망명자들을 자기들의 불행처럼 여기면서 성심성의로 보호해 주고 있다'는 내용의 기사를 신문에 게재함으로써 프랑스 총영사가 임시정부 인사들을 조계지에서 나가라는 말을 못하게 만든 것이다. 이를 계기로 김구 선생을 비롯한 임시정부 인사들은 성시백의 소행을 고맙게 생각하게 되었으며 출중한 인물로까지 평가하게 되었다고 한다. 임시정부가 중경에 자리 잡고 있을 때도 김구 선생을 비롯한 주요 인사들과 가깝게 지냈으며 그들의 의사를 대변하는 기사를 신문에 게재해 임시정부가 장개석 국민당 정부의 보호와 재정 지원을 받도록 하는 데 기여했다고 한다. 당시 성시백은 김구 선생뿐 아니라 엄항섭, 장건상, 조완구 등 주요 인사들과 광복국계통의 송호성, 김홍일, 이범석 등과 친하게 지냈으며 특히 김홍일과는 호형호제 하는 사이였다고 한다.

중국공산당원으로서 중국 땅에서 중국공산당을 위해 활동하던 성시백은 광복 이후 북조선공산당의 공작원으로 활동하게 되었다.

성시백을 공작원으로 끌어들인 김일성

일부에서는 성시백이 주은래의 서신을 가지고 북한에 스스로 들어가 김일성과 북조선공산당을 위해 일하겠다고 한 것처럼 주장하나 사실 성시백을 대남공작에 끌어들인 사람은 김일성이다.

광복 이후 평양에 입성한 김일성은 광복 이전부터 관계를 맺고 있던 중국공산당 간부들과의 접촉 및 연락을 취하는 과정에 여러 경로를 통해 성시백의 존재를 알게 되었다. 즉, 중국에서 장개석과 국민당을 상대로 정보 수집 등 활발한 공작활동을 벌이고 있는 능력 있는 중국공산당원이 사실은 중국인이 아니라 조선인이며 그의 이름이 '성시백'이라는 정보를 얻게 된 것이다.

당시 38선 이북을 통치하던 김일성으로서는 38선 이남에 있는 박헌영의 조선공산당을 비밀리에 감시하고 각종 정보를 수집할 유능한 공작원이 필요한 상황이었다. 그러기 위해서는 박헌영 등 국내파 및 조선공산당과 관련이 없는 인물이 필요했다.

이러한 상황에서 김일성은 기존부터 긴밀한 친분을 유지하고 있던 주은래에게 인편을 보내 성시백을 넘겨줄 것을 간곡히 요청했다.

당시 김일성은 주은래에게 "중국혁명도 끝나지 않았지만 조선혁명도 아직 끝나지 않았다. 중국인들이 중국혁명을 위해 싸우는 것처럼 조선인은 조선혁명을 완수해야 한다. 당신 밑에서 공작원으로 활동하는 성시백이 조선인이니 그가 조선혁명을 완수하는 데 기여할 수 있도록 우리에게 넘겨주기 바란다"고 부탁했다. 이러한 김일성의 부탁을 주은래가 흔쾌히 받아들여 성시백에게 조선으로 가서 김일성을 도와주라는 지시를 내렸고, 이에 따라 성시백이 김일성에게 넘어온 것이다.

주은래의 승락을 얻어낸 김일성은 곧바로 북조선공산당 조직부 내에 설치되었던 대남부서 고위 간부를 특사로 임명해 성시백이 체류하고 있던 중국 서안으로 급파했다. 성시백을 찾아가는 특사는 김일성의 친서를 소지하고 있었다. 중국에서 성시백을 만난 김일성의 특사는 그에게 찾아오게 된 경위와 과정을 자세히 설명하고 김일성 친서를 전달한 다음 그를 북조선공산당 소속 공작원으로 임명함과 동시에 그가 김일성을 위해 충성하겠다는 약속도 받아냈다. 그리고 38선 이남 지역에 들어가 정보 수집 등 공작활동을 전개하라는 김일성의 지시와 함께 구체적인 공작임무도 부여했다.

이렇게 되어 중국공산당 당원으로서 비밀공작원으로 활동했던 성시백이 북조선공산당 소속의 비밀공작원으로 신분을 전환하게 된 것이다. 그러나 성시백이 1948년 중국에 들어가 중국공산당의 당적(黨籍)을 정리하기 전까지 그는 엄연히 북조선공산당 당원이 아니라 중국공산당 당원이었다.

성시백, 서울에 입성하다

1946년 11월 11일, 당시 서울에서 발행된 한 신문에는 「20여 년간 독립 광복을 위하여 분골쇄신하던 정향명 선생 일행 서울착」이라는 제목의 짤막한 기사가 실렸다. 기사는 '열혈청년 시절에 나라를 광복코져 황해를 건너갔던 정향명 선생, 해방 소식에 접하자 귀로에 오른 수많은 사람들과는 달리 타국에 의연히 남아 방랑하던 동포들을 모아 귀국을 종결짓고 떳떳이 환국했다'는 내용이었다.

'정향명'은 성시백이 중국에서 지하공작원으로 활동할 당시 사용했던 가명(假名)이었고, 성시백의 귀국이 늦춰진 것은 신문기사와 같이 중국에서 살던 동포들의 귀국을 돕는 일 때문이었던 것이 사실이다. 그러나 성시백이 해방 이후 곧바로 귀국하지 않고 잠시 중국에 체류하면서 동포들의 귀국을 돕든 일을 한 것은 그 자체가 목적이 아니었다. 그 이면에는 감춰진 의도가 있었다. 이에 대해 정확히 아는 사람은 그리 많지 않다. 필자가 북한에서 본 김일성 회고록에는 성시백이 중국에 있으면서 동포들의 귀국을 도운 것은 바로 대남공작을 위한 준비 때문이었다고 기록되어 있다.

김일성이 보낸 특사를 만나 공작임무를 부여받은 성시백은 먼저 최상열을 비롯해 자신과 함께 38선 이남 지역에 들어가 뜻을 같이 하고 활동을 함께 할 수 있는 동지들을 규합했다. 그 다음 이들과 함께 중국 천진에 귀국 알선 소개소를 차려놓고 중국에 살다 고국에 돌아가고 싶어 하는 동포들의 귀국을 돕는 일을 하면서 앞으로 대남공작에 활용할 인물들을 물색하는 준비 작업을 했다. 말하자면 향후 대남공작에 직접 끌어들이거나 활동 과정에 도움을 받을 만한 인물들을 물색한 다음 그들에게 특별히 편의를 봐주는 방법으로 인간관계를 돈독히 쌓아놓는 일을 한 것이다.

일을 마무리한 성시백이 일행과 함께 마지막 귀국선에 오른 시점은 1946년 10월이다. 성시백 일행이 탄 귀국선은 일본 국적의 상선이었기 때문에 중국에서 출발해 곧바로 한국에 오지 않고 먼저 일본 시모노세키항을 들러 일본인들을 내려놓은 다음 부산항으로 향했다. 이렇게 성시백이 귀국선을 타고 부산항에 입항한 날짜가 바로 11월 11일이다.

부산항을 통해 입국한 성시백 일행은 이미 계획하고 준비한 대로 서울로 상경하는 길에 중국에서 귀국 편의를 봐주면서 친분관계를 형성한 다음 먼저 들여보낸 사람들을 한 사람, 한 사람 찾아다니며 인사를 하는 동시에 위치 확인 및 도움을 부탁했다. 그리고 서울에 입성해서는 활동거점으로 활용할 아지트와 무역회사를 설립하는 등, 공작을 준비하는 한편, 평양에 사람을 보내 북한 지도부와의 연락선을 구축했다.

이러한 준비를 하던 중 1946년 말 북한의 부름을 받고 평양으로 간 성시백은 김일성과 김두봉 등 북한 지도부를 만나 향후 활동방향에 대해 상의하고 다시 남쪽으로 내려왔다. 그러나 성시백과 김일성의 첫 만남은 그다지 의미 있는 만남이 아니었던 것으로 보인다. 아마도 김일성과 성시백의 만남이 단독으로 이루어진 것이 아니었고, 따라서 두 사람 사이에 각별하게 친분을 다질 시간적 여유나 기회는 없었다고 생각한다. 그래서인지 김일성이 나중에 성시백과의 만남에 대해 특별히 의미를 부여하면서 감명 깊게 회고한 것은 뒤에서 이야기하게 될 두 번째 만남이다.

  당시 김일성과 북한 지도부는 성시백에게 남로당과는 별개로 공작조직을 구축한 다음 남로당에 대한 각종 정보 수집 및 감시, 정관계와 군부 인물 포섭, 북한에 대한 선전·선동 등 여러 가지 공작임무를 부여했다. 이와 함께 성시백과 김일성 및 북한 지도부와의 연락은 북조선공산당 조직부 내에 설치된 연락부가 맡도록 하고 조직부장 허가이와 조직부 부부장 김호(연안파)가 책임지도록 했다.

  서울로 돌아온 성시백은 조직원들에게 북한 지도부의 지시를 전달하는 한편, 자신에게 부여된 각종 공작임무를 성공적으로 수행할 수 있도록 여러 가지 준비를 하는 데 주력했다. 그후 성시백은 1947년 초에 또다시 방북의 길에 오르게 된다.

성시백과 김일성의 의미 있는 만남

1947년 2월 두 번째로 방북의 길에 오른 성시백은 자신의 신분을 감추기 위해 수염을 기르고 옷도 할아버지 차림을 하는 등 철저히 변장하고 38선을 넘어갔다. 그리고 그 차림 그대로 평양까지 도착해 김일성을 만났다. 그래서 김일성은 훗날 성시백이 너무도 감쪽같이 변장해서 처음에는 알아보지 못할 정도였다고 회고하기도 했다.

평양에서 김일성과 단독으로 만난 성시백은 장시간 동안 서울에 입성한 이후의 활동 결과를 보고하고 향후 대남공작 방향에 대해서도 구체적으로 논의하는 자리를 가졌다. 이렇게 김일성과 성시백은 두 번째 만남을 통해 비로소 둘 사이의 관계를 돈독하게 할 수 있었다.

이때 김일성은 성시백의 활동 방향에 대해 구체적으로 지시하면서 성시백 조직의 명칭도 '북조선공산당 남반부 특별정치위원회'라고 지은 것으로 보인다.

성시백의 활동 결과에 대한 보고를 받은 김일성은 만족을 표시하면서 성시백을 자신의 저택에까지 초대해 극진하게 대접했다. 성시백은 김일성과 함께 저택으로 가 김일성의 부인이었던 김정숙도 만나고 그가 손수 차려준 음식을 대접받기도 했다.

성시백이 다시 남파될 때에는 그가 상류층으로 신분을 위장했기 때문에 신분에 어울리는 사치품이 필요할 것이라며 자신이 사용하던 금장 회중시계와 함께 별도로 마련한 상아 물부리(상아 파이프)를 선물로 주었다.

김일성은 북한에서 화폐를 교환하며 회수했던 구권(舊券)을 마대에 담아 공작금으로 사용하라며 주기도 했다. 당시에는 38선 이남 지역에서 북한이 화폐 교환을 하기 전에 남북이 공동으로 사용하던 구권이 통용되고 있었기 때문이다. 당시 김일성이 성시백에게 선물로 주었던 금장 회중시계는 그가 체포된 후 가족들이 보관하고 있다가 1992년 12월 27일 성시백의 세 아들이 김일성을 만났을 때 다시 김일성에게 되돌려 주었으며 그것을 받은 김일성은 너무도 감개무량해 3형제 모두에게 자신의 이름이 새겨진 스위스산 최고급 금시계를 선물했다.

한편, 성시백과 김일성이 두 번째로 만나는 자리에는 성시백이 평양으로 향하던 중 황해도 평산 집에 들러 데리고 갔던 맏아들 성세창도 있었다. 당시 성시백은 두 번째 방북이라 여유가 있었던지 중국으로 망명한 후 한 번도 들른 적 없는 평산 집에 들러 부인도 만나고 떠날 때는 큰아들을 동행하고 평양까지 가 김일성을 만난 것이다. 김일성은 성세창의 나이가 20대 초반이라는 이야기를 듣고 평양에 있는 당 간부 양성기관에 들어가 공부하라며 해당 대책을 세워주었다. 이렇게 성세창은 부친을 따라 고향이나 서울로 가지 않고 평양에 남게 되었다.

또한 성시백은 평양에서 김일성을 만나고 돌아오던 중 다시 평산 집에 들러 부인인 민순임을 데리고 서울로 향했다. 그리고 1948년에는 부인과의 사이에서 늦둥이 셋째 아들도 얻었다. 아들이 태어난 후 성시백은 너무도 기뻐하면서 김일성에게 아들의 이름을 지어달라고 부탁했다. 성시백의 부탁을 받은 김일성은 '스스로 인생을 개척하는 훌륭한 사람이 되라'는 의미에서 성시백 아들의 이름을 '자립(自立)'이라고 지어주었다. 아울러 '성자립'이라는 한자 이름이 새겨진 은제(銀製) 그릇과 수저 세트도 선물로 보내주었다.

김일성이 직접 이름을 지어준 성시백의 늦둥이 셋째 아들 성자립은 그후 노동당 고위 간부 양성기관인 김일성고급당학교 강좌장(학과장)을 거쳐 김일성종합대학 총장 및 고등교육상(장관)을 역임(2004~2013)했으며, 대구에서 유니버시아드 대회(2003.08)가 열렸을 때는 북한대표단 부단장으로 한국을 방문하기도 했다.

이와 함께 성시백과 함께 김일성을 만나러 갔다가 평양에 남아 당 간부 양성기관에 들어갔던 큰 아들 성세창은 노동당 대남공작 부서인 통일전선부 및 조선사회민주당 중앙위원회 참사로 활동하다가 2005년 3월 사망했다.

성시백이 체포된 후 성자립을 업고 육군형무소에 면회를 갔던 부인 민순임은 6·25전쟁이 일어날 때까지 서울에 살다가 월북했으며 사망한 후에는 애국열사릉에 있는 성시백의 가묘(假廟)에 합장되었다.

남한 우익지도자들을 남북연석회의에 참가시켜라

북한은 김구·김규식의 1948년 2월 16일자 편지를 받은 후 답장을 하지 않고 있다가 1개월이 훨씬 지난 3월 25일 북조선 민주주의 민족통일전선 중앙위원회를 열고 두 사람이 제기한 남북 정치지도자들의 협상을 기본적으로 수용했다. 이 회의에서 북한은 유엔 결정과 남한 단독선거·단독정부 수립에 대한 반대 입장을 밝힌 다음 통일적 자주독립국가 건설을 위한 전조선 정당·사회단체 대표자 연석회의를 4월 14일 평양에서 개최하자는 결정을 채택하고 남한의 애국적 제정당·사회단체에 보내는 호소문을 채택했다. 김구·김규식이 제의한 남북 정치지도자들의 협상을 전조선 정당·사회단체 연석회의로 수정해서 제안한 것이다.

이와 같은 북한의 호소문은 3월 25일 밤 평양방송을 통해 보도되었고 이에 기초해 작성된 김일성·김두봉 공동명의 서한은 3월 27일 밤에 김구·김규식에게 전달되었다. 김구·김규식에게 김일성·김두봉의 편지를 전달하는 과정에 성시백이 개입했다. 말하자면 성시백이 공작차원에서 편지를 전달했다는 것이다. 당시 성시백은 북한에서 연락원을 통해 보내온 김일성·김두봉의 편지를 소지하고 김구·김규식을 찾아가 자신이 '김일성의 특사'라는 사실을 밝히고 편지를 직접 전달했다. 또한 성시백은 백남운과 함께 조소앙·홍명희 등 각 정당·사회단체 지도자들을 찾아다니며 김일성·김두봉의 편지를 전달할 때도 김일성의 특사 직함을 적극 활용했다.

한편 성시백은 백남운·홍명희·김원봉 측과 긴밀히 연계하는 동시에 김구·김규식·조소앙을 중심으로 한 남북협상 세력과 접촉하면서 이들이 북한의 남북연석회의 개최 제의를 받아들이도록 모든 노력을 기울였다. 이 과정에 3월 29일에는 김규식의 민족자주연맹이, 30일에는 근로인민당과 한독당이 각각 남북연석회의 지지성명을 발표했다.

그리고 3월 하순에 발기인대회를 가졌던 통일독립운동자협의회가 4월 3일 정식 결성되었는데, 여기에도 성시백이 개입했다.

당시 통일독립운동자협의회에는 김구·김규식·조소앙·홍명희·김봉준·여운홍·백남운·김성숙·김창숙·유림 등 남북협상을 지지하는 각 정파의 지도자들이 총망라되어 있었고 수십 개의 군소정당도 참가했다. 주요 정치지도자들이 이 협의회에 참가한 것은 김구의 비서 안우생, 김규식의 비서 권태양, 조소앙의 비서 김홍권, 홍명희의 비서 김규찬과 백남운의 측근인 최백근, 그리고 강병찬 등이 역할을 했기 때문에 가능했다. 이들 비서진이 모두 성시백과 조직적으로 연계되어 활동하던 정치공작원들이기 때문에 가능했다는 것이다.

결과적으로 성시백과 그의 조직이 남한의 주요 정치지도자들을 남북연석회의에 모두 참석시킴으로써 남북연석회의가 성공적으로 열리도록 하는 데 결정적 역할을 한 셈이다. 성시백은 남북연석회의가 개최되는 4월 19일~23일까지 직접 평양에 체류하면서 남한에서 올라간 지도자들과 북한 측이 마찰이 없도록 숙소 배정을 포함하여 여러 가지 문제에 대해 세심하게 신경을 쓰는 등 남북연석회의의 성공적인 마무리를 위해 적극 노력했다.

그렇기 때문에 앞서 언급한 것처럼 김일성은 '회고록을 쓸 때 해방 후 남북연석회의 대목에 성시백의 활동내용을 적어놓으려 한다'며 높이 평가한 것이다.

김일성, 성시백을 통해 남로당과 별개의 간첩망 구축

서울에 입성한 성시백이 평양의 김일성을 찾아가 향후 공작활동 방향을 논의하던 1946년 말~1947년 초를 전후한 시기의 한반도 정세는 상당히 복잡했다. 무엇보다 성시백이 귀국한 1946년 11월은 38선 이남에서 좌익3당의 합당 운동으로 남조선노동당의 결성이 마무리되던 시기였다.

원래 좌익정당의 합당운동은 평양에서 시작되었다. 1946년 7월 29일 평양에서는 북조선공산당과 조선신민당이 합동으로 중앙위원회 확대회의를 열고 양당이 합당하여 '북조선노동당(이하 북로당)'으로 확대·개편하기로 결정했다. 이 결정에 대해 남쪽의 좌익3당도 적극적인 지지를 표시하는 동시에 좌익정당 합당사업이 시작되었다.

1946년 8월 초부터 38선 이남에서 본격화된 좌익3당의 합당 운동은 같은 해 11월 23일 조선공산당과 조선인민당, 남조선신민당이 합당해 남조선노동당(이하 남로당)을 결성하면서 일단락되었다. 그러나 허헌을 위원장으로 하고 박헌영·이기석 등을 부위원장으로 하여 결성된 남로당에는 좌익3당의 구성원이 모두 참여한 것은 아니었다. 남로당은 조선공산당의 박헌영 지지파(주류파)와 조선인민당의 47인파(박헌영 지지파), 남조선신민당의 중앙파(박헌영 지지파) 등 일부만 모여 결성된 조직에 불과했다. 특히 인민당 지도자 여운형과 남조선신민당 지도자 백남운 등 주요 정치지도자들을 비롯한 공산당의 당대회 소집파(일명 대회파)와 인민당의 31인파(여운형 지지파), 신민당의 반중앙파(백남운 지지파) 등이 남로당 창당에 불참함으로써 좌익세력은 분열되고 말았다. 냉정하게 평가하면, 좌익 3당의 합당으로 탄생한 남로당은 당초 목표였던 대중정당으로의 확대·발전을 달성하지 못했다. 실질적으로는 조선공산당의 명칭만 남로당으로 바꾼 것에 그쳤으며 오히려 좌익진영을 크게 둘로 나누는 결과를 낳았다고 볼 수 있다.

이러한 상황에서 남로당에 불참한 세력들 즉, 조선공산당의 대회소집파로서 정치낭인이 된 강진과 김철수·유혁·강병도 등 지도급 인사들과 박헌영의 독선으로 떨어져 나간 구인민당과 구남조선신민당 세력들을 규합해야 할 필요성이 대두되었다. '통일된 자주독립국가 수립' 전략을 추구하고 있던 김일성과 북로당 입장에서는 한반도의 전체적인 혁명을 생각해야 했기 때문에 이들에 대한 대책을 세우지 않을 수 없었던 것이다.

또한 한반도 남쪽에서는 1946년 1월 15일 '남조선 국방경비대' 창설 이후 본격적으로 군을 창설하려는 움직임이 나타나고 있었다. 이승만은 1946년 6월 3일 전라북도 정읍에서의 연설을 통해 "무기휴회된 '미소공동위원회'가 재개될 기미가 보이지 않으며 통일정부 수립을 고대하나 그것도 여의치 않으니 우리는 남한만이라도 임시정부나 혹은 위원회 같은 것을 수립해야 할 것"이라며 남한 단독정부 수립의사를 밝혔다. 따라서 위와 같은 움직임에 대한 정확한 정보를 수집하는 것이 중요한 문제로 제기되었다.

이와 함께 남한의 중요 정치 세력이었던 상해 임시정부 계열 인사들과 연계를 가지고 그들을 민족통일전선 형성에 견인하는 것도 남북 통일정부 수립을 염두에 두고 있던 김일성으로서는 중요한 과제가 아닐 수 없었다.

바로 이러한 때 김일성의 밀명을 받은 성시백이 중국으로부터 서울에 입성했다. 그리고 평양에 올라가 김일성과 북한 지도부를 만난 것이다. 서울에서 중학교를 다녔고 중학교 재학 당시 초기 공청 활동에도 참가했으며, 중국에서의 지하공작 경험도 풍부하고 중국에서부터 임정계통의 많은 사람들과 인맥을 형성하고 있었던 성시백은 김일성에게는 더 없이 훌륭한 대남공작 자산이었다. 말하자면 성시백은 남쪽에서 일어나는 각종 정보를 수집할 수 있을 뿐 아니라 김일성이 필요로 하는 다양한 공작임무를 동시에 수행할 수 있는 능력이 출중한 공작원이라는 점에서 김일성에게는 절대적으로 필요한 사람임이 틀림없었다.

그러한 성시백이었기에 김일성은 평양에서 그를 만난 후 서울로 파견하면서 몇 가지 중요한 임무를 부여했다. 앞서 언급한 것처럼 무엇보다 공작조직을 구축하되 남로당과는 철저히 별개의 조직으로 만들라고 했다. 이는 성시백 조직에 남로당 감시 임무를 부여하기 위해서였다. 김일성의 지시대로 남로당을 감시하기 위해서는 남로당에 남아있는 인사들을 잘 아는 사람들이 필요했고, 나중에 남로당을 견제하기 위해서도 반대 세력이 필요했기 때문이다. 이와 함께 박헌영이 남로당을 만들면서 배척한 공산당의 대회소집파와 인민당 및 남조선신민당 출신의 좌익 세력들을 적극 규합하라는 지시도 내렸다. 그리고 북한에 대한 선전·선동과 함께 정치·군사 등 각종 정보를 수집하라는 임무도 부여했다.

성시백, 본격적인 공작에 돌입

사실 성시백은 이미 1946년 말에 처음으로 평양에 갔다가 서울로 돌아오면서 김일성과 북한 지도부의 지시에 따라, 직접 남파된 김철·최상열·김욱·임백 등으로 이루어진 남조선공산당과는 별개의 대남공작 전담 조직인 "북조선공산당 남반부 특별정치위원회(또는 북조선공산당 서울공작위원회)"를 조직해 공작에 진입한 상태였다.

따라서 평양에 두 번째로 가서 김일성과 의미 있는 만남을 가진 후 서울에 돌아온 다음에는 김일성의 지시대로 미리 준비해 놓은 인적·물적 토대를 바탕으로 본격적인 공작에 돌입했다. 이를 위해 성시백은 과거 중국에서 지하공작 활동을 할 때 인연으로 알고 있던 임정계통의 사람들과, 그들로부터 소개를 받거나 서울에 돌아와 알게 된 사람들 가운데 포섭이 가능한 인물을 접촉해 자기 조직의 사람으로 만드는 작업부터 했다.

이 과정에 이범석 장군 밑에서 일하던 정국은과 김규식 비서실의 중요 인물이었던 권태양, 김규식 밑에서 민족자주연맹 간부로 활동하던 박건웅, 조선공산당 내에서 대회 소집파의 입장을 취했다가 출당된 서완석과 고준석, 강진, 유혁, 서중석 등도 성시백과 연결되었다. 이 가운데 원래 중국공산당원 출신이었던 박건웅은 중경에서부터 성시백과 아는 사이였기 때문에 성시백이 서울에 입성하면서 바로 연결된 것으로 보인다.

김구의 개인비서이자, 안중근의 동생 안공근의 아들인 안우생도 성시백의 조직원이었다. 안우생은 중국에 있을 때부터 성시백과 가까운 친구 사이였는데, 1948년 4월 평양에서 남북연석회의를 소집할 때 이 회의에 김구 선생을 참가시키는 데 결정적 역할을 했다. 안우생은 6·25전쟁 당시 평양에 들어가 북한의 해외 공작원으로 홍콩에서 활동하다 귀국한 후 노동당 대남공작부서에서 외국어 강사로 활동했으며 1991년 2월 사망해 평양시 형제산구역 신미리 애국열사릉에 안치되어 있다.

조소앙의 비서 김홍권은 성시백 조직의 일원이었던 강병찬과 교류하고 있었다. 강병찬은 남로당에서 밀려난 뒤 성시백과 연계되었는데 나중에 홍명희의 민주독립당이나 한독당(정치부 부부장)에서도 활동했다. 백남운계통의 사람이었던 최백근과 임정계통의 김찬도 성시백 선의 핵심 인물이었다. 임정계열 인사로 유명한 엄항섭도 성시백과 비밀리에 자주 만나는 사이였다.

이밖에도 성시백 선에는 다양한 경력과 직업을 가진 사람들이 상당히 많이 소통하고 있었다.

서울에 돌아온 성시백은 조선공산당 내에서 대회파 입장을 취하면서 박헌영 노선에 반대하다가 결국 당에서 떨어져 나온 이정윤·강진·서중석·김철수·김근 등 '정치낭인'들을 개별적으로 만나 이들을 북한노동당과 연계시켜 계속 활동할 수 있도록 했다. 고준석도 이들 중 한 명이었다. 고준석은 1947년 3월 성시백에 의해 북한과 직접 연계되어 활동했다. 강진과 서중석 및 유혁 등 공산당 대회파의 대표적인 인물들이 6·25전쟁 시기에 월북한 뒤 북한에서 대우를 받은 것도 이미 성시백을 통해 북한과 연결되어 있었기 때문에 가능했다.

성시백이 서울에 돌아와 가장 중점을 둔 공작은 좌익3당의 합당으로 탄생한 남로당에 들어가지 않은 세력들, 즉, 인민당의 여운형 및 그의 지지파, 남조선신민당의 백남운 및 그의 지지그룹 등이 추진하던 근로인민당 창당 작업을 지원하는 것이었다. 김일성은 성시백뿐 아니라 김철과 김광섭, 최광호 및 한응필 등 공작원들을 수시로 서울에 파견해 여운형, 백남운 등과 비밀리에 접촉하면서 그들의 활동을 직접 지원했다.

여운형은 정계은퇴를 선언한 뒤 1946년 12월 평양에 가서 김일성을 만나고 돌아와 근로인민당 창당을 주도했다. 물론 여운형이 평양에 다녀온 것은 이때가 처음은 아니었다. 1946년 4월 말과 7월 말, 9월 말에도 이미 평양에 다녀온 바 있다. 백남운도 1946년 11월 평양을 방문해 김일성으로부터 정치활동 재개 요청을 받고 돌아와 여운형과 그의 측근이었던 장건상 등과 함께 근로인민당을 창당했다. 백남운은 허헌과 함께 1946년 2월과 3월, 4월, 6월, 7월 9월, 11월, 1947년 3월, 4월 등 거의 매달 또는 2개월에 한번 씩 평양을 방문해 김일성과 북한 지도부를 만나 조성된 정세와 함께 향후 활동방향에 대해 논의해온 바 있다. 여운형과 백남운이 평양에 가서 김일성을 만나도록 주선하는 등 음으로 양으로 도움을 준 사람이 성시백과 그의 조직원들이다. 그뿐 아니라 백남운계통의 최백근이 성시백 조직의 인물이었기 때문에 성시백은 최백근을 통해서도 근로인민당 창당에 도움을 주었다. 성시백 조직의 또 다른 일원인 박건웅 역시 근로인민당 창당에 동참하고 있던 해방동맹 간부였기 때문에 박건웅을 통해서도 근로인민당 창당을 지원했다.

이렇게 성시백과 그 조직원들의 지원에 힘입어 1947년 5월 24일 공산당의 대회파와 인민당의 31인파, 남조선신민당의 반간부파가 모여 여운형을 위원장으로 하고 이영·백남운·장건상을 부위원장으로 하는 근로인민당이 창당되었다.

성시백은 통일전선 공작도 활발히 전개했다. 먼저 당시 국내 중간 정당 및 단체들 가운데 가장 영향력이 큰 근로인민당을 비롯한 4개 정당을 포섭하는 공작에 성공했다. 그 다음에는 10개 정당과 그 산하에 있던 14개 단체를 장악했으며, 이를 바탕으로 중간 및 우익 정당·단체들까지 통일전선에 끌어들여 13개 정당협의회까지 결성하게 되었다. 이러한 정당협의회를 만드는 데 결정적 역할을 한 사람은 근로인민당에 소속되었던 인물로서 성시백과 연결된 최백근이었다. 우익들과도 관계가 좋았던 최백근은 성시백과 북한 지도부의 지시에 따라 1947년 7월 여운형이 사망한 후 통일전선체인 정당협의회를 만드는 데 결정적 역할을 했을 뿐 아니라 4·19 직후 사회당을 만드는 데도 중요한 역할을 했다. 물론 여기에는 성시백과 연결되었던 또 다른 인물, 우파이면서 진보적 인사였던 권태석도 많은 역할을 했다.

성시백은 북한에 대한 선전공작도 본격적으로 진행했다. 이를 위해 『조선중앙일보』를 창간하고 『광명일보』와 『우리신문』, 『국제신문』 등 10여 종의 신문사를 경영하면서 합법적으로 국내에서 공산주의 주장을 암암리에 선전했다.

이와 함께 '고려통신사'를 장악하고 영어와 중어·프랑스어로 된 화보 『해방조선』과 『조국통신』을 발행하는 한편 국제우편을 통해 세계 각국에 배포하는 방식으로 김일성과 북한을 선전하기도 했다. 아울러 이미 장악한 언론 및 선전매체를 이용해 권력층 내부를 이간시키고 이를 통해 남한 사회 내부의 혼란을 조성하는 등 활발한 심리전 공작도 전개했다.

성시백은 김일성의 지시에 따라 남한 내 우익진영과 미군정, 주요 기관에 대한 정보 수집 및 와해공작도 활발히 전개했다. 이러한 공작에는 김철과 김욱, 그리고 중국 공산당원 출신의 최상열이 투입되었는데, 이들은 서울에서 활동하면서 해방 전에 중국에서부터 인연을 맺고 있던 연고자들을 접촉해 설득하고 이들을 통해 정보 수집 및 우익진영에 대한 와해공작을 전개했다.

당시 우익진영에 대한 포섭 및 와해 공작의 주요 대상은 홍명희의 민주독립당과 김창숙의 유림계, 임시정부계통의 개별적 인물들이었다.

김철과 김욱은 민주독립당의 주요 간부였던 김기황과 홍기무를 접촉해 포섭한 다음 그들을 통해 홍명희에게 영향을 주어 우익진영에서 이탈하도록 종용했다. 특히 반탁진영에 가담하고 있는 홍명희의 민주독립당을 친탁으로 돌려세우기 위해 적극 노력했다. 또한 김창숙의 측근인 김창국에게 접근하여 포섭한 후 김창국을 통해 유림계의 수장이었던 김창숙을 움직여 그가 반탁진영에서 이탈하도록 했다. 김창숙이 나중에 반탁우익조직이었던 '비상국민회의'가 미군정 보조기관인 '민주의원'과 '과도입법의원'으로 변신할 때 그 대열에서 이탈하게 되는데, 그 이면에는 김철과 김욱의 지도를 받던 김창국이 있었던 것이다.

단선 반대 세력을 결집하라

성시백이 남로당 결성 과정에서 떨어져 나온 조선공산당 출신의 정치낭인들을 북한과 연계시키는 한편 좌익3당 합당에 참여하지 않은 잔여 세력들을 근로인민당으로 결집시키는 통일전선공작을 한창 진행하던 1947년 중반부터 남한의 정세는 새로운 환경에 부딪치게 된다.

1947년 7월 제2차 미소공동위원회가 결렬된 후 미국은 9월 17일 조선 문제를 유엔에 상정하기로 결정하고 제3차 유엔총회에 제출했다. 유엔은 조선 문제의 유엔 상정을 반대하는 소련 측의 의견을 묵살하고 41:6(기권 7)이라는 압도적인 표차로 조선 문제를 유엔 정치위원회에 회부했다. 10월 25일부터 조선 문제를 다루기 시작한 유엔 정치위원회는 11월 14일 유엔총회에서 남과 북의 대표선출을 위한 '유엔 한국위원단'의 선출 문제를 제기한 미국 측 안을 표결에 붙여 43:9(기권 6)로 가결했다. 유엔총회 결정에 따라 중국·호주·캐나다·엘살바도르·인도·필리핀·시리아 등 8개국 대표로 구성된 '유엔 한국위원단'은 1948년 1월 8일 서울에 들어와 1월 12일 제1차 전체회의를 개최하고 13일부터 정식 활동에 착수했다. 이때부터 단독정부 수립 문제가 구체적인 현안으로 부상했다.

상황이 이렇게 돌변하자 김일성은 성시백에게 남한의 정치 세력을 통일정부 수립에 결집시켜 남한에서 단독정부 수립을 차단하는 데 주력하라는 임무를 부여했다. 말하자면 단정 반대 세력이 개별적으로 흩어져 있어서는 위력을 발휘할 수 없으므로 이들을 조직화하도록 이면에서 적극 지원하라는 것이었다.

이에 따라 성시백은 좌우익을 막론하고 유엔 결의에 의한 남한 단독정부 수립에 반대하는 정치 세력이라면 누구든지 찾아가 그들을 통일정부 수립, 단독정부 반대, 외국 군대 철수를 위한 투쟁에 끌어들이는 일을 했다. 근로인민당을 비롯한 좌익진영은 단독정부 수립 반대 입장을 갖고 있었기 때문에 성시백은 자연스럽게 우익 반탁진영 인사들을 접촉하는 데 주력했다. 당시 우익 반탁진영에는 이승만·김구·김규식 등 3명의 대표적인 지도자가 있었고 이들과 뜻을 같이 하는 정치 세력으로서 한독당과 독립촉성국민회, 한민당 등이 있었다. 이 가운데 이승만은 1946년 6월부터 일찌감치 단독정부 수립에 관심을 표명했기 때문에 이승만과 그의 영향력 아래 있던 독립촉성국민회 및 한민당은 제외하고 나머지 인물들인 김구와 김규식, 그리고 한독당이 공략 대상이 된 것이다. 여기에다 성시백 조직에는 김구와 김규식 등 정치지도자 측근들이 상당수 들어와 있었기 때문에 공작 여건도 좋았다. 실제로 권태양이나 안우생과 같이 성시백 조직에 있던 인물들은 자신이 모시고 있던 정치지도자 김구·김규식에게 호소함으로써 그들이 단정 반대 세력을 결집시키는 방향으로 나갔던 것이 사실이다.

이외에도 성시백은 앞서 언급한 바 있는 엄항섭과 박건웅, 김찬과 김홍권, 강병찬과 최백근 등 자신과 개인적으로 가깝거나 조직에 인입한 인사들이 임정 및 민족주의 세력들과 밀접한 관계를 맺고 있었기 때문에 이들을 단정 반대 세력 결집에 적극 활용했다.

앞서 언급한 것처럼 1948년 정월에 들어서면서 단독정부 수립이 거의 확실시되자 2월부터 김구·김규식이 단독정부 수립 반대 입장을 표출하기 시작했다. 김구는 2월 10일 '3천만 동포에게 읍고함'이라는 성명을 발표해 단독정부 수립을 반대했다. 사실 김구의 2월 10일자 성명은 엄항섭이 초안을 만들었는데, 엄항섭은 성명 초안을 작성하기 전에 성시백을 여러 번 만나 의견을 충분히 교환한 상태였다. 이는 엄항섭이 중경 임시정부 시절부터 중국공산당원으로서 지하활동을 하고 있던 성시백과 가까운 사이였기 때문에 가능했다.

당시 김구는 성명에서 '나는 통일된 조국을 건설하려다가 38선을 베고 쓰러질지언정 일신에 구차한 안일을 취하여 단독정부를 세우는 데는 협력하지 아니하겠다. 나는 내 생전에 이북에 가고 싶다. 그쪽 동포들도 제 집을 찾아가는 것을 보고 죽고 싶다'라는 절절한 심정을 밝혔다.

성명 내용 가운데 '38선 이북에 가고 싶다'라는 표현이 주목되는데, 바로 이것이 김일성과 북한 지도부의 남북협상을 염두에 두고 성시백이 엄항섭을 통해 성명에 포함시키도록 한 것이다. 아울러 김구의 성명이 나오기 며칠 전인 2월 4일 김구가 이미 김규식을 만나 북한의 김일성·김두봉에게 서한을 보냈는데, 그 서한의 초안도 김구 계열의 엄항섭과 김규식 계열의 신기언이 각각 작성했다.

김규식 역시 "단정(단독정부)은 결국 북한을 소련의 위성국가로 전락시키고 남한마저도 소련의 팽창주의에 따른 적화 대상 지역으로 만들어 버릴 위험성을 안고 있다"고 주장하면서 '유엔 한국위원단'의 남한 '단선·단정'안에 대해 반대 입장을 분명히 했다. 한편, 김규식의 민족자주연맹이 단독정부 수립 반대에 앞장서고 있는 가운데 김구·김규식 등은 단독정부 수립을 막고 통일정부를 수립하고 외국군을 철수시키기 위해서는 남과 북의 지도자들이 한자리에서 만나는 정치협상회의를 열어야 한다고 주장했다.

김구·김규식은 1948년 2월 16일 마침내 두 사람 공동명의로 북한의 김일성과 김두봉에게 자주통일을 모색하기 위한 남북 정치지도자들의 협상을 제기하는 서한을 보냈다.

이러한 가운데 1948년 2월 26일 유엔소총회에서 '가능 지역의 총건거안'이 결정되고 결국 5월 10일이 선거일로 결정되자 단독정부 수립 반대 입장을 갖고 있던 거물급 인사들은 3월 12일 모임을 열고 남한만의 단독선거를 반대하는 공동성명을 발표하기에 이른다. 당시 단독선거 반대 성명에 참여했던 인사들은 김구·김규식·조소앙·김창숙·조완구·홍명희·조성환 등 7명이었다.

강동정치학원 설립과 남로당 수습 공작

북한은 성시백 등을 통한 대남공작을 전개하는 한편 1947년 8월 남로당이 불법화된 후에는 남로당 출신들을 입북시켜 교육과 훈련을 시킨 다음 이들을 다시 남한에 파견해 지하로 들어간 남로당을 재건하는 동시에 남한 내부를 혼란·와해시키려 했다.

이를 위해 북한은 1947년 8월 말 남로당 간부 양성과 대남유격대 원호 및 유격대원 양성을 목적으로 강동정치학원을 설립했다. 강동정치학원은 평양 동쪽에 있는 평안남도 강동군 대성면에 있던 대성탄광 시설물을 그대로 이용했다. 지금은 강동군이 평양시에 속해 있지만 당시는 평안남도였다. 강동정치학원 설립 당시 학원장은 김일성의 빨치산 동료였던 김책이었으나 얼마 후 소련파인 박병열로 교체되었고 그후에는 이호제가 학원장을 역임했다. 그리고 정치부원장에는 박헌영의 콤그룹 일원이었던 박치우가 임명되었고 행정부원장은 김맥동이었다.

강동정치학원에서의 제1기 교육은 대구에서 벌어진 10월 항쟁 등에 뛰어들었다가 경찰의 체포령이 내려져 자유로운 활동이 불가능한 중앙과 지방의 남로당 간부들 중에서 100명을 선발한 다음 이들을 개성과 연천, 양양 등의 연락루트로 입북시켜 1947년 10월 1일부터 시작되었다. 북한에 들어온 100명의 남로당 간부들과 청년당원들은 각각 50명씩으로 구성된 2개 정치반으로 편성되어 6개월 또는 단기 3개월을 기간으로 하여 정치 이론 및 지도 수준을 제고하기 위한 이론 실무교육을 받았다. 당시 교육 내용은 소련공산당사, 조선민족해방투쟁사, 마르크스주의 철학, 정치경제학, 국제정세, 남조선 정세 등이었고 군사학과 군사훈련도 주요 과목에 포함되었다.

1948년 4월 강동정치학원에 제1기로 입학해 교육과 훈련을 마친 남로당원들에 대해서는 평양 중앙연락소(소장 이주상)에서 남로당 각 도당(道黨)까지만 지정을 해주고 거기에 가서 구체적인 지역을 배치받아 공작활동을 벌였다. 평양중앙연락소에서는 북한에서 교육과 훈련을 받은 남로당원들을 38선 이남으로 안전하게 들여보내고 북한으로 들어오는 남로당원들은 38선을 안전하게 통과하도록 안내하는 임무를 수행했다.

강동정치학원에서 교육 및 훈련을 받고 다시 남한으로 침투한 남로당원들은 남로당 중앙의 지방담당 책임지도원이나 도당(道黨)

급 간부 또는 군(郡) 책임자나 부책임자로 임명되었으며 일부는 민주청년동맹이나 전평의 간부로 임명되어 공작하기도 했다. 그리고 출신지방에서 노출이 심하고 지명수배를 받고 있는 남로당원들은 북한에 남아 재북 지도 거점에서 활동하거나 연고지와 멀리 떨어진 지역에 보내 그곳에서 파괴된 당 조직을 복구, 정상화시키는 공작을 진행했다.

이와 같이 북한은 강동정치학원에서 양성한 2,000여 명의 남로당 간부들을 남한의 각 도·시·군의 당 간부로 침투시켰으나 파괴된 남로당 조직을 재수습하는 데는 실패했다.

강동정치학원과 게릴라 활동

북한은 강동정치학원 제2기부터 유격전에 필요한 군사지식 및 훈련을 위주로 교육을 실시했다. 말하자면 강동정치학원이 게릴라를 양성하는 훈련기관으로 바뀐 것이다. 이에 따라 1948년 말 3,500여 명의 남로당원들이 월북해 강동정치학원에서 교육훈련을 받았다.

북한은 산악지역에서 활동하고 있던 각 유격대의 지도 간부로 활동할 수 있도록 각종 훈련을 실시한 다음 이들을 대부대 또는 소부대 규모로 편성하여 주로 강원도 오대산지구로 침투시켰다. 그리고 유격투쟁에 필요한 무기와 물자도 오대산을 거점으로 직접 공급하는 공작을 벌였다.

북한이 강동정치학원에서 훈련을 받은 남로당원들 가운데 남한에서 이미 "야산대" 활동을 통해 폭력투쟁 경험이 있는 젊은 당원들을 선발해 유격부대를 조직하고 본격적인 게릴라전을 전개한 시점은 1948년 11월이다.

1948년 11월 14일 제1차로 약 180명을 강원도 양양으로부터 오대산지구에 침투시켰다. 이들은 오대산맥을 타고 남하했으나 아군에 포착되어 대부분 소탕되고 나머지는 충북 제천 방면으로 도주했다.

1949년 6월 1일에는 제2차로 약 400명의 유격대를 편성해 오대산지구로 침투시켰다. 당시 이들은 남로당 지하군사부와의 밀접한 연락 하에 경북·호남·강원 출신으로 비교적 지역사정에 정통한 청년들을 김일성대학에 취학시켜 준다는 명목으로 월북시킨 다음 강동정치학원에서 유격전술교육을 받은 인원들이었다. 그러나 이들은 38선을 넘다가 국군에 의해 일부는 사살되고 나머지 인원은 태백산맥을 타고 북상하던 지방 게릴라들과 합세하여 동해안 일대에서 활동했다.

제3차로 1949년 7월 6일 약 200명의 유격대를 오대산 방면으로 침투시켰으나 대부분 사살되고 약 30명이 중봉산(中峰山) 방면으로 도주했다.

1949년 8월 4일에는 제4차로 유격부대 가운데 정예인 김달삼(제주 출신 남로당 간부) 부대 약 300명을 경북 영양군 일월산까지 침투시켰다. 이들은 경북 영일군 송라면 지경리 해안으로 다량의 무기를 반입, 지역 적색분자들을 무장시켜 세력을 확장하고 이를 토대로 경북 보현산에 동해여단을 설치하고 유격전을 전개했다. 그후 이 유격대는 제7차에 침투해온 유격대와 합류해 제1군단을 편성하고 경북 일대에서 활동했다.

제5차로 1949년 8월 12일 다른 유격부대와 달리 경기도 가평군 명지산 부근으로의 침투를 계획하고 15명을 선발대로 파견했다. 그러나 이들 선발대는 경기도 양주군 용문산까지 침투했다가 국군 경비부대에 포착되자 월북 도주했다.

그리고 앞서 제5차 침투 유격대의 후발대로 파견하려던 약 40명을 같은 날인 8월 12일 제6차로 명지산을 경유해 용문산으로 파견했으나 약 20명이 사살되고 나머지는 응봉산을 경유해 월북했다.

1949년 9월 20일에는 제7차로 강동정치학원 원장 이호제(李昊濟)가 지휘하는 인민유격대 제1군단 약 360명을 태백산으로 침투시켰다. 그러나 이들도 국군의 강력한 토벌에 의해 대부분이 분산 도주하고 약 100명이 살아남아 앞서 제4차로 파견된 김달삼 부대와 합류해 제1군단을 재정비한 후 경북 일대에서 지방유격대와 합류해 활동했다.

제8차로 1949년 9월 28일 38경비 제1여단의 엄호 하에 약 50명의 유격대가 강원도 양구군 지역으로 침투했다가 국군 8사단의 공격에 의해 분산 도주했다.

1949년 11월 6일에는 제9차로 약 100명의 유격대가 해상을 통해 경북 영일군 송라면 지경리로 침투한 후 보현산으로 들어가 이미 활동하고 있던 김달삼 부대와 합류했다.

제10차로 1950년 3월 28일 김상호 등이 지휘하는 약 700명이 강력한 화력으로 무장하고 오대산맥과 방대산으로 대거 침투했으나 국군의 강력한 토벌작전으로 1개월 만에 완전 소탕되었다.

이와 같이 **북한은 1948년 말부터 6·25전쟁 이전까지 10차에 걸쳐 강동정치학원에서 양성한 2,300여 명의 유격대원들을 태백산을 비롯한 동부 산악지역과 동해안 일대에 침투시켜 게릴라 활동**을 벌이도록 했다.

그 과정에 지리산 빨치산 대장이었던 이현상은 물론 북한 고위급 공작원이었던 이선실도 게릴라로 활동했다. 이선실은 해방 이후 부산 지역에서 공산당원으로 활동하다 지명수배로 활동이 불가능해지자 월북하여 게릴라 훈련 및 공작교육을 받은 후 강원도 태백산 지역에서 게릴라 활동을 벌이다 복귀한 바 있다고 필자에게 언급한 바 있다.

이렇게 대남유격대원들을 양성하던 강동정치학원은 1949년 봄 평안남도 신안주로 이전했다가 6·25전쟁 발발과 동시에 해체되었다.

성시백의 군부 및 정보 수집 공작

성시백은 통일전선공작 그루빠(그룹), 군대공작 그루빠, 정권공작 그루빠 등 3개의 그루빠로 조직을 편성하고 단선·단정 반대 세력 결집과 남북연석회의를 성사시키기 위한 공작뿐 아니라 군부 공작도 진행했다.

성시백의 군부 공작은 이승만의 북진통일론을 무력화시키기 위한 정보 수집과 군대 와해 공작이 주를 이루었다. 성시백이 군부 공작을 전개할 수 있었던 것은 1948년에 북한 공작부서로부터 넘겨받은 김철과 김욱 등이 있었기 때문에 가능했다.

이들 가운데 특히 김철은 성시백의 군부 공작에 많은 도움을 주었다. 김철은 중국에서 항일투쟁에 참가했다가 해방 후 북한으로 들어와 생활하다가 공작원으로 발탁되어 1946년 초에 남파된 인물로 소련파 출신 방학세가 책임자로 있던 내무성 정보국 소속이었다. 그는 일제시기 학병에서 탈출해 중국에서 광복군과 조선의용군에 관계했던 이유로 이범석을 비롯해 중국에서 활동했던 인물들과 활발한 교류를 갖고 있었다. 따라서 국방경비대가 창설(1946.01)되던 시절부터 군대에 대한 공작을 전개할 수 있었다.

성시백은 과거부터 자신과 친분이 있었거나 김철의 소개로 알게 된 군부 고위층들과 수시로 접촉하면서 북한에 필요한 고급정보를 수집하는 동시에 그들을 포섭하는 활동도 적극 전개했다.

대한민국 정부가 수립된 1948년 이후 본격화된 군부 공작은 1949년 초부터 성과가 서서히 나타나기 시작했다. 이에 따라 남한의 군대편제와 무기체계를 비롯한 군사정보가 송두리째 북한으로 넘어갔다. 이는 남한의 군통수부로부터 연대·대대 심지어 헌병대까지 성시백 조직의 선이 침투해 있었기 때문에 가능한 것이었다.

대표적으로 1945년 11월 군정청 내에 설치된 국방사령부의 후신으로 1947년 6월 15일 출범한 통위부 사령관이었던 송호성의 여비서와 부관이 성시백 조직원이었고 진해 해군통수부와 헌병사령부 등에도 성시백 조직이 들어가 있었다. 송호성은 광복군 출신으로서 국방경비대 시절 참모장을 지냈으며 6·25전쟁 시기에 월북한 뒤 의거입북자학원 원장(1954)과 재북평화통일촉진협의회 중앙집행위원(1956)을 지내기도 했다. 한편, 김철은 중국에서부터 알고 지내던 송호성에게 직접 접근해 그로부터 정보를 수집한 다음 북한 지도부에 보고하기도 했다. 이외에도 중국에서부터 성시백과 친구관계였던 김홍일 장군이나 이범석 장군의 측근들을 통해서도 군사정보 수집이 가능했다.

군부 인물에 대한 포섭공작의 일환으로 성시백은 당시 해군 제독으로 있던 이용운과, 일본군 연대장 출신으로 광복 이후 남한에 들어와 전방 사단장을 역임하고 있던 김석원 등을 포섭한 적도 있다.

이용운은 평양 출신으로, 초대 육군 정보국장을 역임했던 이용문의 형이다. 성시백은 이용운이 해군 제독으로 있을 당시 그에게 접근해 해군에서 갖고 있던 폐선박을 넘겨받기 위한 공작을 진행했다. 성시백은 이용운을 찾아, 가지고 간 금괴를 건네주며 "나는 김일성 장군의 특명을 받고 공작하는 사람이다. 해군에서 보유하고 있는 폐선박을 좀 넘겨주면 좋겠다. 그것을 가지고 해상을 통해 남북교역을 하려고 한다"고 당당하게 부탁해 폐선박을 넘겨받는 데 성공했다고 한다. 그후에는 이용운의 후광을 업고 동해상에서 남북 간의 자유로운 무역을 통해 공작금도 충당하고 북한과 통신연락도 하는 등 이용운의 도움을 많이 받았다. 이러한 사실은 당사자인 이용운이 해군 제독으로 있다가 예편한 뒤 미국으로 이민해 살던 중 1970년대에 평양을 방문해 확인해 준 것이다.

김일성 회고에 의하면, 전방 사단장이었던 김석원은 김일성이 항일 빨치산 활동을 할 때 일본군 연대장으로 김일성 및 최현 부대와 맞섰던 인물이다. 이러한 김석원에게 접근한 성시백은 자신이 "김일성의 특사"라는 사실을 밝히고 지금이라도 민족을 위한 길에 들어서라고 설득했다. 결과적으로 김석원은 성시백의 설득에 포섭되었으며 향후 자신의 활동방향을 논의하기 위해 연락원 3명을 평양의 김일성에게 파견하기도 했다. 당시 평양에 들어갔던 김석원의 연락원들은 김일성을 만나려고 기다리고 있었는데, 그 사이에 김석원이 신성모 국방장관과의 갈등으로 전방에서 후방으로 좌천되는 바람에 서울로 그냥 돌아올 수밖에 없었다.

한편, 1949년 5월 4일과 5일 전방에서 강태무·표무원 외 2명의 대대장이 각각의 대대병력을 이끌고 월북한 사건이 발생했는데 강태무와 표무원 역시 성시백의 조직원들이었다.

국군 6여단 8연대 1대대장이었던 강태무와 2대대장이었던 표무원은 육군사관학교 2기 동기생으로 공산당과 인민당 및 신민당 3당합당 때 박헌영 공산당에서 이탈하여 성시백 조직에 가담했다. 이들은 국군 14연대, 6연대 병변(군대 내에서 발생한 무장 봉기·폭동) 이후 군대 내 좌익 세력에 대한 숙청이 진행되는 가운데 자신들의 정체를 알고 있던 사관학교 동기생들이 검거되어 조사를 받으면서 정체가 노출될 위험에 처하자 책임자인 성시백에게 자신들의 사정과 함께 집단월북할 것을 제의했다. 성시백은 이들의 집단월북 계획을 김철을 통해 북한노동당 지도부에 보고하여 허락을 받은 다음 강태무·표무원에게 구체적인 지시를 내려 실행에 옮기도록 했다.

북한노동당 지도부와 성시백 조직의 결정 및 지시에 따라 춘천의 강태무 1대대는 1949년 5월 4일 밤에, 홍천의 표무원 2대대는 다음 날인 5월 5일 밤에 월북하기로 계획하고 38선까지는 각각 대대 야간 훈련을 명분으로 접근하기로 했다. 이와 함께 북한 지도부에서는 이들이 넘어오는 춘천과 홍천 계선의 38선 경비대에 사전 지시를 내려 그날 밤에 경비구역을 완전히 비우고 38선을 식별할 수 있는 어떤 흔적도 남기지 않도록 했다. 38선을 넘어오는 국군 병력들이 38선이라는 사실을 전혀 식별하지 못하도록 하기 위한 조치였다. 그리고 대대 병력이 38선을 넘어선 다음에는 경비초소에 신속히 재배치하여 그들이 다시 남쪽으로 내려가지 못하도록 차단했다. 물론 집단월북 과정에 38선을 넘어섰다는 것을 알게 된 일부 중대장·소대장과 병사들이 크게 반발하면서 38선 이남으로 되돌아간 인원도 있기는 하다.

　이렇게 성시백 조직원이었던 강태무·표무원 등에 의한 2개 대대의 집단월북은 기본적으로 성공했다. 북한 지도부에서는 이들의 월북을 높이 평가하고 대대적으로 환영해 주었다. 그리고 6·25전쟁이 발발한 다음에는 이들에게 연대장과 사단장의 직책까지 주어 대접했고 전쟁이 끝난 다음에도 간부로 임명하는 등 대우를 해주었다. 이와 같이 성시백 조직원이었던 강태무·표무원에 의한 2개 대대 집단월북 사건으로 남한에서는 육군 총참모장 이응준이 물러났다.

　집단월북이 있은 후 같은 해 9월 21일에는 미국 상선 '스미스호'가 부산에서 화물을 싣고 인천항을 향해 가다가 월북하는 사건이 발생했는데 이 사건 역시 성시백 조직에 의한 것이다. 성시백 조직원으로서 '스미스호'의 선원으로 일하고 있던 김창선·김창규 형제와 오형기 등은 사전에 성시백을 통해 북한 지도부에 '스미스호' 상선 납치 계획을 보고하고 승인을 받은 다음 납치 당일 선장과 갑판장 및 선원들을 선내에 감금하고 자신들이 배를 몰고 북한에 들어감으로써 납치에 성공했다. 납북된 '스미스호'는 그후 빨치산을 이남으로 침투시키는 데 사용되었고 전쟁 때는 수송선으로 쓰이는 등 상당한 역할을 했다.

또한 9월 24일에는 여의도 비행장에서 이륙한 L-5형 비행기가 월북한 사건이 벌어졌는데, 당시 조종사였던 박용규도 성시백 조직의 일원으로 사전 계획에 따라 월북을 감행했다. 이와 함께 1950년 5월에는 육군항공대 L형 비행기 2대와 해군 소해정 '강철호'의 월북이 이어졌다. 모두 북한의 지령과 성시백 조직원의 공작에 의한 것이었다. 이러한 사건들은 국군을 와해·약화시키기 위한 성시백 조직의 활동 중 극히 일부에 불과하다.

성시백 조직의 군부대 월북 공작은 미국 측이 한국과 한국군을 믿지 못하게 하는 동시에 일반 군인들의 동요와 불안을 조성하기 위해 감행된 것이다.

성시백은 대한민국의 정치, 외교, 경제 등 각 분야의 정보 수집 공작도 활발히 전개했다. 이를 위해 성시백은 서울의 각국 대사관에 조직원을 들여보내거나 전부터 활동해온 대사관 직원을 포섭하기도 했다. 미국대사관에는 김우식을 비롯하여 3명의 성시백 조직원이 들어가 있었고 장개석 국민당 정부가 정권을 잡고 있던 중국대사관에는 중국공산당원 출신인 김성민이 서기관으로 일하고 있었다. 김우식은 미국대사관 통역도 맡고 있었는데 영향력이 있는 인물이었다.

이들을 통해 성시백이 성공한 가장 중요한 정보 수집 공작은 1949년 8월 경남 진해에서 진행된 장개석과 이승만 대통령 간의 단독 극비 회동 내용을 입수하여 북한에 보고한 것이다. 이 공작은 중국대사관에서 일하던 김성민과 미국대사관에 근무하던 김우식의 합작품이라고 할 수 있는데, 이들은 당시 이승만과 장개석 두 정상 간의 극비 회동 내용을 몰래 녹음해 그 테이프와 함께 이승만과 장개석을 촬영한 사진 필름까지 평양으로 보내는 데 성공했다. 성시백이 보고한 고급정보 가운데는 1950년 2월 이승만 대통령과 맥아더 장군 사이의 도쿄 비밀회담 내용도 있었다.

이처럼 성시백은 대한민국의 정치, 군사, 외교, 경제, 문화 등 각 분야의 기밀을 수집하여 북한에 제공함으로써 북한군의 남침계획 수립과 유격작전 수행에 막대한 도움을 주었다. 그뿐 아니라 자신들이 입수한 정보와 인맥을 활용해 한국에 대한 미국의 군사, 경제 원조를 견제하고 한국을 국제적으로 고립시키는 동시에 국가기관 내부를 혼란·이간시키는 등 대한민국에 막대한 손해를 가져다주었다.

국회 프락치 공작과 성시백

김일성과 북한 지도부는 대한민국의 입법기구인 국회를 무력화시키고 동시에 국회를 자신들의 투쟁 무대로 만들기 위해 국회에 대한 공작도 진행했다. 이것이 바로 성시백 조직과 남로당에 의한 국회 프락치 공작이다.

남한 제헌국회 내 프락치 공작은 남로당 중앙지도부와 북조선노동당 남반부특별위원회(일명 북조선노동당 서울공작위원회) 즉, 성시백 조직에서 각각 별도로 추진했다.

이재형이 책임자로 있던 남로당 중앙지도부 특수부에서는 당원이었던 노일환과 이문원 등을 통해 국회 프락치 공작을 전개했고 성시백 조직에서는 국회 공작을 진행하는 데 강병찬을 적극 활용했다.

강병찬은 원래 진주 사람으로 일제 강점기부터 ML(마르크스-레닌주의)파 공산주의자로 유명했던 강병도의 친동생이자 성시백 조직의 중요한 인물이었다. 강병찬은 성시백의 지시에 따라 먼저 인척 관계에 있던 진양 출신 국회의원 황윤호를 포섭하고 그의 소개와 도움으로 광양 출신 국회의원 강욱중과 함양 출신 국회의원 김옥주를 포섭하는 데 성공했다. 그리고 이들을 통해 전라도 섬 출신의 국회의원들인 김병희와 배중혁 등을 포섭하기도 했다. 결국 강병찬을 통해 5~6명의 국회의원을 포섭함으로써 국회 내에 프락치를 구축하는 데 성공한 것이다.

그러나 성시백 선과 연계되어 있던 국회 프락치 조직은 나중에 노일환 중심의 남로당 프락치 조직으로 흡수되었다. 노일환과 이문원 등 남로당 쪽 인물들이 조직적으로 연계되었던 것과 달리 성시백 선과 연계되었던 인물들은 개별적인 인간관계에 의해 성립된 관계였기 때문이다. 말하자면 당시 노일환과 이문원 등은 정식 노동당원으로서 노동당의 지시에 따라 조직적으로 활동하고 있었으나 성시백과 연계되었던 나머지 국회의원들은 개별적인 인맥으로 맺어져 있었기 때문에 엄격하게 말해 정식 노동당원이 아닌 터라 조직적인 관계는 아니었던 것이다. 결국 성시백은 남로당 쪽보다 많은 국회의원들을 프락치로 포치했으나(심어놓았으나) 국회에서의 활동 주도권은 오히려 남로당에서 만든 프락치에게 뺏긴 셈이 되었다.

1949년 3월부터 본격적인 활동에 들어간 노일환 등 국회의원들은 남로당 조직의 지시에 따라 '국회의원'이라는 합법적인 신분을 이용해 "민족자주자결론", "평화적 민족통일론" 등을 국회에서 공공연히 들고 나오면서 남한에서의 외국 군대 철수 문제와 남북통일협상 문제를 거론했다. 1949년 6월 21일에는 국회에서 정식으로 '미군 철수' 문제를 긴급 동의안으로 제출하는 데까지 이르렀다.

이러한 행동은 나름대로 의미가 있기는 했으나 북한에 들어가 입지가 좁아진 박헌영·이승엽 등이, 이남에서 남로당 세력이 강력한 활동을 벌이고 있다는 것을 과시하려는 의도에서 김삼룡·이주하 등 남로당 서울지도부에 지시해 무리하게 추진한 결과라 할 수 있다. 사실 성시백은 남로당의 무리한 국회 프락치 활동 방식에 대해 반대했고, 성시백의 보고를 받은 북한 지도부도 미군 철수와 평화통일방안을 긴급 동의안으로 제출하는 데 반대했다.

결국 남로당의 지시를 받은 노일환·이문원 등의 무리한 행동에 따른 긴급 동의안 제출은 논의에 부치지도 않은 채 거기에 서명한 국회의원들에 대한 사정당국의 수사만 부채질하는 결과로 이어졌고, 서명 의원들에 대한 수사가 본격화되면서 13명의 관련 국회의원들이 구속되는 사태로 번지며 결국에는 '국회 프락치 사건'이라는 간첩사건으로 발표되었다.

이 사건으로 1949년 6월 검거된 국회 프락치 사건 관련자들은 1950년 3월 형이 언도된 뒤 투옥되었다가 6·25전쟁이 터지고 북한군이 서울을 점령한 후 감옥에서 풀려나왔다. 아울러 전쟁이 한창 벌어지던 시기에 국회 프락치 사건에 관여했던 남로당 계열의 노일환이나 이문원을 비롯하여 황윤호와 김약수 등 많은 인원들이 납북인사·월북인사들 틈에 끼어 북한으로 들어갔다.

북한은 전쟁이 끝난 1954~1955년에 국회 프락치 사건에 대해 결산했는데, 긴급 동의안 제출 문제를 따져보니 작성자는 남로당 계통의 노일환이었고 성시백 조직과 연계되었던 사람들은 동의안에 서명한 일이 없다는 사실이 밝혀졌다고 한다. 당시 국회부의장이던 김약수조차도 자신의 이름이 들어가 있는지 몰랐는데, 이는 김약수가 노일환 라인에 포함되어 있었기 때문에 노일환이 임의로 그의 이름을 동의안 제출자 명단에 넣어버렸다는 것이다.

한편, 성시백은 1950년 5·30선거가 확정된 이후 4월 초부터 본격적인 국회 침투 공작에 들어갔다. 2차 국회 프락치 공작인 셈이다.

성시백은 우선 조직원들로 하여금 적극적으로 국회의원에 입후보하게 하는 동시에 남북정치협상에 참가했던 '협상파'를 포섭한 다음 그들에게 선거 비용을 제공해 줌으로써 국회의원에 입후보하게 한다는 계획을 세웠다. 이와 함께 우익 민족주의자들 가운데 포섭할 수 있다고 생각되는 대상을 후원하여 입후보하게 한다는 계획도 수립했다. 이러한 계획에 따라 민주국민당 소속 김승원(충남 보령)에게 선거자금 185만 원을 지원하는 한편, 협상파로서 입후보한 박건웅(서울 용산을), 장건상(부산병), 김창숙(경기 고양), 김명준(서울 성동갑), 김찬(서울 용산갑), 유석현(서울 종로갑), 윤기섭(서울 서대문을), 조소앙(서울 성북), 원세훈(서울 중구갑) 등을 포섭 대상자로 선정하고 김승원에게 미화 14,800달러를 준 다음 그를 통해 협상파들에게 선거자금을 지원하기로 했다. 이 가운데 박건웅·김승원 등은 성시백과 직접적인 조직 관계를 맺고 있던 인물이었다.

이러한 성시백의 국회 침투 공작계획은 그가 1950년 5월 15일 체포되면서 중단되고 말았다.

북로당 남반부 특별정치위원회 사건 경위와 전말

'북로당 남반부 특별정치위원회' 사건은 다른 말로 성시백 조직 사건이라 할 수 있다. 북한에서는 성시백의 '북로당 남반부 특별정치위원회'를 '북로당 남조선 지역대표부'라고 부른다. 말하자면 김일성이 남조선 지역에 파견한 북로당 대표부가 바로 성시백 조직이라는 것이다.

위에서 본 바와 같이 성시백은 1946년 말 서울에 들어온 뒤 그가 체포된 1950년 5월까지 약 3년 반 동안 김일성과 북한 지도부의 지시에 따라 대한민국을 파괴·전복하기 위해 그야말로 엄청난 대남공작을 전개했다.

성시백의 대남공작은 한마디로 '백화점식 공작'이라 평가할 수 있다. 그는 각 분야의 정보 수집으로부터 군부 동요, 군 집단월북, 국회의원 포섭 및 국회 프락치 활동, 정부요인 이간을 통한 국력 약화, 한국과 국제사회의 갈등 조성을 통한 대한민국 고립, 남북연석회의 성사 및 남한 내에서의 통일전선구축 등 대한민국을 약화시키고 파괴·전복하는 데 필요한 모든 공작을 감행했다.

돌이켜 보면 욕심을 앞세우며 너무도 광범위한 조직과 조직원을 운영하다보니 나중에는 성시백 혼자서는 도저히 감당할 수 없는 상태에 이르렀고, 그래서 결과적으로 조직이 노출되었다는 생각이 든다.

당시 성시백 공작조직에 대해 남한의 수사당국에서는 '점조직 공작'으로 명명했다.

성시백 조직이 피라미드형 또는 벨트형 조직이 아니라, 개별적 인물들이 독립적으로 상, 중, 종, 횡으로 연락하지 않고 오직 성시백과 직접적인 연계 하에 활동했기 때문이다.

또한 성시백 조직은 무명당(無名黨) 공작이라고도 했는데, 이는 조직원을 포섭할 때 그의 사상을 고려하지 않았을 뿐 아니라 활동을 할 때도 당이니, 대중조직이니 하는 조직적 성격을 내세우지 않고 개인적인 친분이나 취미, 약점 등을 적극 이용해 접근하고 상대방이 자신도 모르게 비밀을 제공하도록 했기 때문이다.

이렇게 공작을 거침없이 전개하던 성시백은 어떻게 체포되었을까? 이에 대해서는 중앙정보부가 발간한 『북한 대남공작사』의 내용을 인용하는 것으로 대신하련다.

서울 시내 경찰과 군 수사기관에서는 1949년부터 북한 김일성으로부터 직접 특수지령과 막대한 자금을 받아 정부, 국회, 군부, 경찰, 기타 중요 기관에 비밀공작원을 잠입시키고 있다는 정보를 입수해 수사에 착수했다.

이 과정에 김삼룡·이주하 등 남로당 지하지도부를 체포하는 데 성공하는 동시에 성시백 조직과 연계된 일부 조직원도 적발·체포하고 이들로부터 성시백을 위시로 하는 '북로당 남반부 특별정치위원회'가 서울에서 활동하고 있다는 사실을 탐지하게 되었다. 이에 따라 1950년 2월부터 내사를 한층 엄밀히 해오던 중 5월 5일에 이르러 성시백 조직의 연락거점이자 본거지를 확인하고 성시백의 비서격이며 부책임자인 김명용을 서울 동대문구 창신동 자가에서 체포했다. 이와 함께 조직 문건을 비롯하여 산하 공작원들로부터 받은 각종 보고서와 기밀서류, 북한에 무전 보고하는 암호 문건 세트, 통신연락에 사용하던 무전기 2대(송수신용 각 1대), 공작금으로 사용하다 남은 금괴 80개 등 다수의 증거품을 압수했다.

수사 보고를 받은 서울지방검찰청은 5월 12일 검·군·경 대공 수뇌부 비밀 연락회의를 개최하고 수사전담반을 편성하여 일제히 본격적인 수사 및 검거 작전에 착수했다. 먼저 서울시내 우수 수사관들을 동원해 부책임자인 동시에 연락책인 김명용의 부인을 체포하고 그로부터 성시백의 소재를 파악하는 데 성공했다.

이를 바탕으로 성시백은 5월 15일 새벽 2시에 서울 종로구 효제동에서 체포되었다. 성시백이 5·30선거에 쓰기 위해 갖고 있던 공작금 14,800불(당시 약 4,000만 원)과 기타 금품 등도 압수되었다. 그로부터 닷새 뒤인 5월 17일, 수사당국은 성시백 조직과 관련된 인물들에 대한 일제 검거 작전에 착수하여 문건책 길진섭을 비롯하여 조직 관계자 총 112명(성시백 포함)을 1차적으로 검거하고 이들이 사용하던 20여 개의 아지트도 확보했다. 이와 관련하여 북한은 성시백이 박헌영·이승엽 등이 남로당에서 요직을 차지하고 있다가 투항·변절한 홍민표·안영달 등을 시켜 성시백을 수사기관에 밀고해 체포하도록 했다며 성시백 조직 사고의 책임을 남로당에 전가하고 있다.

당시 성시백 조직 사건으로 1차 검거된 112명 가운데 직업적 당원이 60명이었고 교원 7명, 농업 9명, 의사 1명, 공무원 1명, 광업 1명, 상인 8명, 학생 4명, 직공 2명이었다. 그리고 미국 공관에 근무하던 직원이 3명이었으며 회사원 3명, 무직 7명이었다. 이와 함께 이들로부터 압수한 것은 금괴 80개, 무전기 3대, 권총 2정, 보증수표 30만원권 1장, 미화 14,800불, 승용차 1대, 가택 15동, 선박 2척, 이발소 2개, 현금 60만 원, 조직문건 2권, 정보문건 9건, 저금통장 2개 등이다.

성시백 조직의 특징은 공작활동에 소요되는 막대한 자금을 무역 등을 통해 독자적으로 조달했다는 점이다. 성시백은 1946년 말 남한으로 귀국해 공작활동을 개시한 후 1948년 2월 남북교역이 금지될 때까지 5~6차에 걸쳐 명태·카바이드 등 총 1억원이 넘는 물자를 북한으로부터 반입해 충당했고 1949년 6월에는 중국 청도에 주재한 북한 노동당 직영 조선상사로부터 미화 6,800불을 반입해 사용했다. 1949년 12월경에는 밀수 선박인 '금비라호(일본 선박명칭)'로 중국과 밀무역을 하여 미화 10,000불과 수백만 원에 해당하는 면직물을 반입했으며 1950년 3월에는 다시 미화 12,000불을 반입하여 총 28,800불을 공작비로 충당했다.

성시백은 체포된 지 25일 만인 1950년 6월 9일 육군형무소에서 사형을 언도받은 후, 6·25전쟁 발발로 북한군이 서울을 점령하기 24시간 전인 6월 27일 새벽 5시에 처형되었다.

성시백이 처형당한 사실을 모를 수밖에 없었던 김일성은 6·25전쟁 발발 이후 3일 만인 6월 28일 서울에 가장 먼저 입성한 북한군 전선사령관 최용건에게 성시백을 찾으라는 특별지시를 하달했다.

최용건으로부터 성시백이 이미 처형당했다는 보고를 받은 김일성은 그의 시체라도 찾을 것을 지시했다. 김일성의 지시를 받은 최용건은 북한군을 동원해 서대문형무소는 물론 육군 특무대와 헌병대 지하실 등을 샅샅이 뒤졌으나 끝내 성시백의 시체는 찾지 못했다. 이에 김일성은 못내 아쉬워했다. 북한은 평양 교외에 신미리 애국열사릉이 조성될 때 성시백의 가묘(假墓)를 만들고 그의 부인 민순임이 사망한 후에는 그를 애국열사릉의 성시백묘에 합장했다.

성시백이 북한의 대남공작에 미친 영향은 실로 지대했다. 바꾸어 말하면 그만큼 대한민국에는 매우 부정적인 영향을 주었다는 이야기다. 그래서 김일성도 성시백을 "우리 당의 이름 없는 꽃"이라 불렀고 지금도 북한 대남공작부서는 성시백을 "대남공작의 전설, 대남공작의 대부(代父)"로 부르고 있다.

위에서 언급한 성시백의 대남공작 관련 내용은 중앙정보부가 발간한 『북한 대남공작사』 책자와 함께 필자가 북한에서 읽었던 성시백의 공작활동 관련 김일성 비밀 교시(회고록) 내용, 노동당 공작지도부 고위 간부들로부터 직접 듣은 내용을 종합한 것이다.

우리 수사당국에서 성시백 일당을 사전에 적발·제거하지 못했다면 그후에 일어난 6·25전쟁의 양상과 결과는 바뀌었을지도 모른다. 북한을 위해 세운 공적과 활동에 대한 평가는 이로써 대신하련다.

아직도 진행형인 '여간첩 김수임 사건'

8·15광복 이후 6·25전쟁이 발발할 때까지 성시백 혼자서 북한의 대남공작 전체를 담당한 것은 결코 아니다. 성시백 외에도 북한이 자행한 대남공작 사례들은 상당히 많다. '한국판 마타하리 사건'으로 불렸던 여간첩 김수임 사건도 그중 하나다.

우리나라에서 영화와 연극으로 제작되어 사람들의 관심을 끌기도 했던 「여간첩 김수임 사건」은 이화여전을 졸업한 미모의 여성 김수임이 동거 중이던 미군 헌병대장으로부터 기밀을 빼내 북한에 넘기고 공산당 활동을 하다가, 수사당국의 수배를 받던 애인 이강국을 몰래 월북시킨 혐의 등으로 1950년 3월 체포되어 6월 15일 사형이 집행된 사건이다. 그럼 지금까지 알려진 자료에 기초해 여간첩 김수임 사건을 재구성해 볼까 한다.

김수임(1911년 경기도 개성 출생)은 원래 가난한 집안에서 태어나 11살 때 남의 집 민며느리로 들어갔다가 그 집에서 나와 어느 선교사의 도움으로 뒤늦게 여학교를 마치고 이화여자전문대학 영문과를 졸업한 후 세브란스 병원에서 미국인 통역사로 근무했다.

한편, 이강국(1906년 경기도 양주 출생)은 일본 동경제국대학 법학과를 거쳐 독일 베를린대학을 졸업하고 1935년에 귀국한 공산주의자로 지적인 면뿐 아니라 체격과 풍채가 좋아 겉으로 봐도 호감이 가는 인물이었고 주색까지 겸비한 사나이였다고 한다.

이들 두 사람은 우연히 갔던 파티장에서 처음 만나 서로 호감을 가지게 되었는데 김수임은 이강국의 첫인상에 매력을 느꼈고 이강국은 김수임의 사교적인 점이 마음에 들었다고 한다. 이들은 이후 자주 만나 데이트를 했고 얼만 안 가 사랑하는 사이가 되었다. 그 후 이들은 아마 김수임이 살고 있던 동네에서 공개적으로 과감하게 애정 표현을 한 것 같다. 그래서 당시 김수임이 살고 있던 마포 공덕동에서는 이들의 애정행각이 선량한 가정주부들에게 나쁜 영향을 미친다며 추방해야 한다는 여론까지 제기될 정도였다고 한다.

그러던 중 8·15해방을 맞이하게 되자 공산주의 사상을 갖고 있던 이강국은 자연스럽게 민전 사무국장으로 활동하게 되었다. 김수임은 자신의 영어 실력을 살려 서울주재 미국대사관 통역사로 취직했다.

이강국이 공산주의 운동에 푹 빠져들면서 김수임을 만나는 횟수가 현저히 줄어들었고 이강국과 자주 만나 정열적인 사랑을 나누었던 김수임으로서는 자신의 육체적 만족을 채울 수 없게 되었다. 거기에다 허영심까지 심했던 김수임은 자연스럽게 서울경찰청의 최고 고문으로 있던 미군 대령과 사랑에 빠지면서 나중에는 그와 동거하게 된다. 그러면서도 이강국을 사모하고 동경하는 마음만은 변함이 없었다고 한다.

반면, 공산당 활동으로 수사당국의 수배를 받고 있던 이강국은 이미 김수임의 도움으로 월북하여 북조선인민위원회 외무국장을 거쳐 북한 정권이 수립되면서 초대 외교부 부상(副相)으로 있다가 다시 '조선상사회사' 사장으로 있으면서 대남공작에 김수임을 끌어들일 것을 계획했다.

이강국은 우선 자신에 대한 김수임의 태도를 확인한 다음 김삼룡(남로당 조직책)의 비서 김형대와 김수임의 이부(異父) 동생 최만용을 통해 자신의 의사를 전달했다. 이들은 이강국의 지시대로 김수임을 찾아가서는 머지않아 이강국을 비롯한 자신들이 중심이 되는 통일정부가 수립된다는 것, 김수임에 대한 이강국의 사랑은 변함이 없으며 결혼할 날만 기다리고 있다는 것, 따라서 김수임이 이강국을 위해 일해 줄 것을 기대한다는 것 등을 전달하고 김수임의 동의를 얻어내는 데 성공했다. 그렇지 않아도 이강국에 대한 사랑의 감정을 갖고 있던 김수임은 당장 자기 집을 남로당 중앙간부 아지트로 사용하는 데 승낙하고 사실상 당에 가입하게 된다.

그후부터 김수임은 동거 중이던 서울시 경찰국 고문으로부터 군과 경찰의 비밀자료를 수집, 앞집에 살던 최만용을 통해 당에 보고했다. 또한 당시 육군특무대에 체포되어 사형선고를 받고 형무소에 수감 중이던 남로당 군사부 간부 이중업을 군 프락치를 시켜 빼내게 한 다음 자신의 집에 며칠 숨겨두었다가 자신이 근무하던 미국대사관 관용차를 태워 월북시키기도 했다.

이처럼 북한을 위해 활동하던 김수임과 이강국이 수사당국에 의해 체포된 것은 1950년 3월이다.

당시 우리 군과 경찰의 기밀이 그때그때 흘러나간다는 의심과 함께 남로당이 대공요원들의 계획을 미리 파악하고 사전에 대비하고 있다는 느낌을 갖고 있던 서울시 경찰국에서는 그러한 정보들이 고위층 간부들을 통해 측근으로 흘러 나갈 것이라는 예상을 하고 정보원들을 총동원해 군경 고위층이 접촉할 만한 '유한마담(유한계급의 부인 즉, 생활이 넉넉해 놀러 다니는 것을 일삼는 부인이라는 의미)'들을 집중 감시했다. 그러던 중 서울시 경찰국 수사과에 근무하는 경찰관이 김수임이 남로당에 연루되어 있다는 뜻밖의 정보를 입수하게 된 것이다.

이에 따라 당국은 서울 종로구 옥인동에 있던 김수임의 집주변에 정보원들을 집중 배치해 감시했다. 이때 고관 및 유명 인사들이 밤이면 밤마다 김수임의 집에 모여 음주가무를 즐기는가 하면 유한마담들도 빈번하게 출입하고 있다는 것이 발각된다. 이와 함께 당국은 김수임의 집에 정체가 불분명한 인물도 가끔 출입한다는 사실과 아울러 김수임이 8·15전에 이강국과 맺었던 사랑이 아직도 지속되고 있다는 정보를 입수하게 된 것이다.

그러나 당시 김수임은 서울시 경찰국의 최고 고문으로 있는 미군 대령과 동거하고 있었고 그의 집 2층에는 영국인이 거주하고 있던 터라 그의 집에 출입하는 수상한 인물에 대한 불심검문도 자유롭게 할 수 없는 등, 김수임의 범죄사실과 관련된 추가 단서를 확보하는 데는 상당한 어려움이 있었다. 때문에 말썽이 생기지 않을 정도의 범위 내에서 내사를 진행할 수밖에 없었다. 당국은 이러한 어려움을 극복해가며 여러 가지 증거를 확보한 후 1950년 3월 김수임을 체포했다. 당시 그로부터 권총 3정과 실탄 200여 발 및 북한에 보내려던 많은 기밀 문서들이 압수되었다.

당시 김수임이 이강국과 북한을 도와 수행했던 중요한 임무는 앞서 언급한 이강국·이중업의 경우와 같이 남로당 간부들의 탈출 및 월북을 도와주고 고급 기밀정보를 수집해 북한에 제공한 것이다. 이는 김수임의 범죄사실과 관련한 당시 기소 내용을 보아도 알 수 있다. 여기에는 1948년 12월 말과 1949년 2월에 남로당원 박민호·김용봉에게 미군 철수 문제와 한국 군경의 무장 문제 관련 정보를 제공했다고 기재되어 있다. 이외에도 이강국의 연락원으로 남파된 신태희 등 남로당원들과 그들이 가지고 온 무기와 실탄 등을 자신의 집에 숨겨주고 그들에게 무전기와 차량, 자금을 제공하는 등 편의를 보장해주는 단순 임무도 수행했다고 한다. 1950년 3월 (음력 02월 01일)에 체포된 김수임은 6월 10일 사형을 선고받고 6월 14일에 형이 집행되었다.

김수임의 애인 이강국은 전쟁 중이던 1953년 3월 박헌영과 이승엽을 위시한 구 남로당 지도부 인사들과 함께 '미제의 고용간첩'으로 낙인찍혀 체포된 후 1956년 처형당했다.

한편, 지난 2008년 8월 미국 AP통신은 그동안 기밀로 지정되어 있다가 해제되어 미국 국립문서보관소에 보관되어 있는 1950년대 비밀자료 기록을 분석한 결과 이전에 알려졌던 김수임 사건이 사실과 다르다고 보도한 바 있다.

AP통신이 입수한 국립문서보관소 비밀자료 기록에 따르면, 당시 김수임과 동거하며 미군 철수 계획 같은 중요한 기밀을 넘겨준 것으로 알려졌던 미군 헌병대장 존 베어드 대령은 민감한 정보에 접근할 수 있는 권한이 없어 김수임에게 넘겨줄 기밀도 없었다는 것이다. 또한 AP통신은 존 베어드 대령과 다른 미 육군 장교들이 김수임을 변호할 수 있었지만 자신들의 난처한 상황을 회피하기 위해 서둘러 한국을 떠난 것으로 기록되어 있다고 전했다. 결국 김수임은 한국 경찰의 고문에 못이겨 하지도 않은 일을 허위 자백했다고 미군 관계자들은 결론지은 것이 확실하다는 이야기다.

아울러 1956년 미 육군정보국 비밀자료에 의하면, 이강국은 미 중앙정보국(CIA)의 비밀조직인 JACK(Joint Activities Commission, Korea) 즉, '한국 공동활동위원회' 소속인 사실이 드러났다고 한다. 즉, 김수임의 애인이자, 남한에서 공산주의자로 활동하다 월북해 초대 외교부 부상으로 발탁되었던 이강국도 실은 미 중앙정보국 요원이었을 가능성이 있다고 AP통신은 분석했다.

AP통신의 분석대로라면 김수임은 미군 철수 계획과 관련된 중요한 기밀을 제공할 수도 없었거니와, 공산당원이 아니라 CIA요원인 이강국을 도와주다가 한국 경찰에 체포된 후 고문에 못이겨 자신이 "북한 간첩"이라는 거짓 자백을 한 채 처형당한 인물로만 남게 된다.

이 글을 쓰는 필자도 의문점과 궁금증이 생기지 않을 수 없다. 그래서 좀더 적어보련다.

김수임과 동거했던 존 베어드 미 육군대령은 '미군 철수 계획'을 작성한 부서에 근무하지 않고 한국 수사기관의 고문으로 있었기 때문에 당연히 미군 철수 계획을 수립하는 데 직접적으로 개입하거나 접근할 수 있는 권한은 없을 것이다. 그러나 그가 미군 철수 계획에 따라 움직여야 할 당사자(미국)라는 점, 특히 그는 계급이 대령이었기 때문에 미군 철수 계획을 보고받거나 적어도 통보받을 수 있는 위치에 있었다. 또한 존 베어드 대령은 한국 수사기관인 서울시 경찰국의 최고 고문으로 근무하면서 미군 측과 늘 교류하는 위치에 있었고 미군 고위급 장교로 한국에 와있던 자신의 동료들과도 접촉하고 있었기 때문에 오히려 당시 주한미군 내에서 계획되거나 진행되고 있던 현안에 대해서는 더 꿰고 있을 가능성도 있다.

미군 철수 계획이 실행되면 자신도 미국으로 돌아가야 할지 모르니 자신의 향후 계획에 대해 동거인인 김수임에게 이야기하는 것은 어쩌면 당연한 일이다. 아울러 존 베어드 대령을 비롯한 미 육군 장교들이 김수임을 변호할 수 있었지만 자신들의 난처한 상황을 회피하기 위해 서둘러 한국을 떠난 것은 존 베어드 대령이 김수임 사건에 연루되어 있었다는 방증이 아닐까 싶다. 또한 김수임의 애인이었던 이강국은 북한에서 '미국의 고용간첩'으로 몰려 숙청당했는데, 그가 정말 미국에 고용된 간첩이었는지 아니면 북한 수사당국의 혹독한 고문에 못 이겨 허위로 자백한 것인지는 지금도 정확히 알 수는 없다.

이런 궁금증들은 이미 통일을 이룩한 독일처럼 남북이 통일되고 난 후 남과 북에서 예전부터 보관하고 있던 기밀문서들을 모두 들여다 보면 속이 시원하게 풀릴 거라 생각한다. '여간첩 김수임 사건'은 여전히 '진행형'이라고 쓴 까닭이다. 이를 두고는 독자들의 현명한 판단과 이해를 바란다.

좌절된 대남정보 수집 공작

북한의 정보 수집 공작은 내무성 정보처가 주로 담당·수행했는데, 동 부서가 감행한 대표적인 공작이 1949년 1월 변기학 등 대남정보공작대 요원들이 활동하다 검거된 '내무성 정보공작대 사건'이다.

1947년 3월부터 활동을 시작한 북한 내무성 정보처 직속 대남정보공작대 총책 서완석은 먼저 변기석·김연진 등 2명을 포섭하고 이들을 통해 고려통신사 정치부장 최명소, 사회부장 유동열 등 고려통신사 직원들과 함께 부인신문사 기자, 중학교 교사, 회사원 등을 포섭하여 간첩조직을 구축하는 데 성공했다. 이들은 서완석의 지시 하에 직업을 적극 활용하여 남한 각 기관의 기밀과 함께 독립촉성국민회와 한국민주당, 대동청년단 등 정당, 사회단체의 구성 및 동향 등을 수집해 북한에 보고했다.

이들이 북한에 보고한 정보 가운데는 국회 의사록과 서북청년단 명단도 있었다. 이러한 활동을 벌이던 당시 서울 마포경찰서는 변기

학이 남로당 중앙위 조사부원으로서 남한 정보를 수집하여 북로당에 보고한다는 첩보를 입수하고 내사를 벌여 변기학과 김연진·윤도명·김용진 등 4명을 검거하는 데 성공했다. 그러나 조직 책임자인 서완석을 비롯한 유동렬·방석남·김신기·최명소 등 5명은 도주했다.

북로당에서도 별도로 정보 수집 공작을 진행했으나 능력 있는 공작원들이 부족해 내무성 공작조직과 겹치는 경우가 있었던 것으로 보인다. 북로당이 직접 정보 수집에 나섰다가 수사당국에 의해 적발된 것이 바로 '북로당 직계 남한 정보공작대 사건'이다.

북로당 직속 남한 정보공작대는 위에서 언급한 바 있는 내무성 정보처 직속 대남정보공작대 총책 서완석(당시 40세)이 만든 조직이었다. 서완석은 내무성 정보처 직속의 정보공작대를 운영하다 1949년 1월 변기석 등 조직원들이 적발·검거되면서 도주한 바 있다. 그러나 서완석이 북로당 직속 정보공작대를 계속 운영한 것으로 보아 소속만 달리한 채 정보 수집 공작은 지속적으로 전개한 것으로 보인다.

이 조직에는 서완석이 1949년 4월 포섭한 대구사범학교 출신 송남헌(당시 36세)과 1949년 1월 이혁기(당시 29세)에 의해 포섭된 평북 신의주 출신의 박석삼(당시 28세), 1949년 1월 이혁기와 박석삼에 의해 포섭된 김한제(당시 28세) 등이 있다. 또한 1948년 10월 조선통신사 기자 김용종에 의해 포섭된 후 북한 내무성 보위국 정보처 직속 남한 정보공작대원으로 활동하다 1949년 3월 북로당원이며 남한 정보공작대원인 안효성(당시 36세)의 권유로 동 공작대에 가입한 연희전문 출신의 유동렬(당시 30세)도 있었다. 그리고 1949년 4월 송남헌에 의해 포섭된 서울대 출신의 이응규(당시 39세)와 송남헌의 권유로 민족자주연맹에 가입하여 활동하다 1949년 4월 동 조직에 가입한 경성제대 출신의 이본영(당시 37세) 등도 있다. 이외에도 김철구, 오영주, 박상호, 백일환, 남충렬, 문일민 등으로 구성되어 있었다.

서완석은 조직을 총무부, 행동대, 연락부, 재정부 등으로 편성했다. 이 조직은 북한 내무성 보위국 정보처 직속 남한 정보공작대와 함께 남한 내 각종 기밀을 수집해 북로당에 보고하는 임무를 맡았다.

한편 서완석은 안효성을 책임자로 하고 유동렬·송남헌·이본영·이응규 등을 대원으로 하는 정당·사회단체 공작대를 별도로 구성했다. 이들은 정당과 사회단체 내부에 직접 침투해 활동하면서 관련 정보를 수집하는 일종의 '프락치' 역할을 담당했다.

이들이 입수해 북한에 보고한 정보는 남한 각 기관의 중요 기밀뿐 아니라 남북협상 이후 각 정당과 단체의 동향 및 활동 내용까지 포함했다. 이러한 활동을 벌이던 중 1949년 5월 박석삼·유동렬·김한제·송남헌·이본영·이응규 등 6명이 검거되었고, 나머지는 도주했다.

당시 북한이 감행하다 적발된 대남공작 사건 중에는 '북한 대남 정보원 사건'도 있었다. 이 사건은 1946년 9월 남한 정부 각 부처의 기밀과 우익 및 중단 정당, 단체의 동향 등과 관련된 정보를 수집 보고하라는 임무를 받고 단신으로 남파된 김기환(당시 37세)이 현덕환·엄경선·김영균·최옥순 등을 조직원으로 포섭한 후 이들을 통해 정보를 수집하다 양심의 가책을 느낀 조직 책임자 김기환이 1949

년 1월 자수함으로써 알려지게 된 사건이다. 이들이 북한에 보고한 정보 가운데는 5·10선거에 대한 법규와 함께 이청천·김성수·조소앙 등 유력 인사들의 동향도 있었다.

아울러 '강동정치학원 출신자 남파 사건'도 있었다. 이 사건은 경남 창원 출신으로 1947년 7월 월북한 후 8월 초에 강동정치학원에 입학하여 11월 중순까지 약 100일 동안 사상교육과 훈련을 받고 11월 25일 남파된 김준덕(당시 25)이 서울에서 접선을 시도하던 중 12월 6일 경찰에 검거된 사건이다.

이외에도 남한에서 좌익 활동을 하던 강준수, 오학진, 이귀석 등이 월북해 평양(강동으로 예상)정치학원에서 교육을 받고 당 조직 확대 강화를 통한 인민공화국 수립 여건 조성 등의 임무를 받은 후 1948년 12월 31일 38선을 넘어 침투하다 파주경찰서 경찰관의 불심검문에 의해 검거된 '북한 대남공작대 사건'이 있다. 그뿐 아니라 '대남정보공작 기도 사건'도 있는데 이는 남로당 경북 포항지구당 조직책으로 활동하다 1948년 8월 북한이 주도한 소위 '8·25 남북총선거'에 포항 대표로 월북해 남한 대표자대회에 참석했던 이상갑(당시 49세)이 북한 정치 간부학교에서 교육을 받고 내무성으로부터 남한의 각종 정보를 수집해 보고하라는 임무를 받고 1949년 7월 남파되어 활동하다가 8월에 검거된 사건이다.

● 김수임 연결 라인 조직도

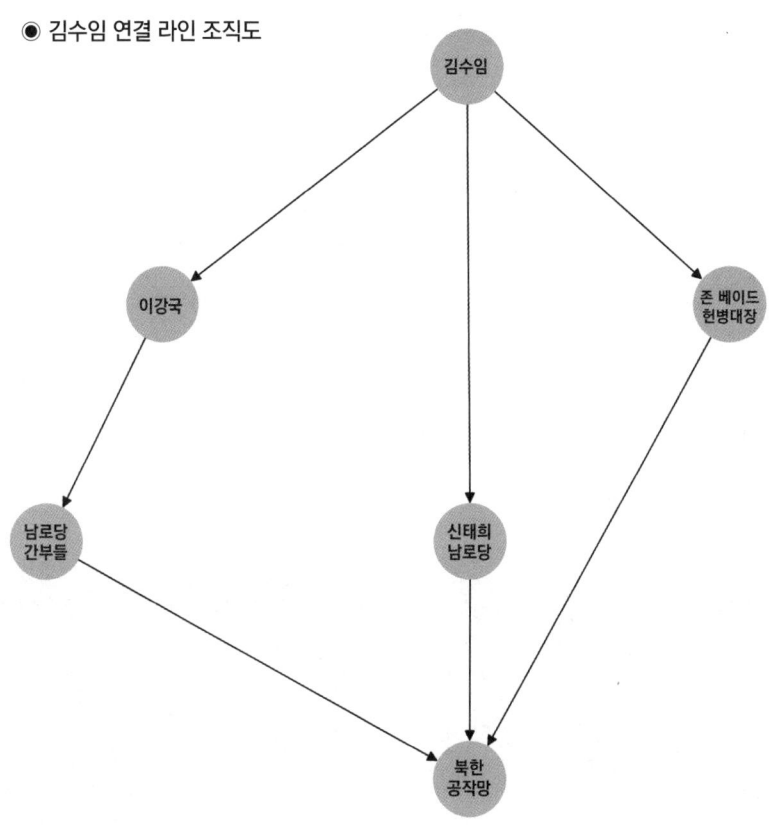

이강국과의 연결고리
김수임은 일본·독일 유학파 출신 공산주의자 이강국과 연인 관계를 맺으면서 공산당 활동에 깊숙이 들어감. 이강국은 남로당 간부들과 연계해 활동했고, 김수임은 그를 통해 남로당 조직과 북한 공작망에 포섭됨.

북한을 위한 주요 임무
김수임은 이강국과 함께 남로당 간부들의 월북을 지원하고, 미군 철수 및 한국 군경 무장 관련 정보를 수집하여 북한에 제공 또한 남파된 신태희 등 남로당원들의 무기·실탄 은닉, 자금·차량·무전기 제공 등 직접적인 공작 지원을 담당

미군 헌병대장과의 관계
김수임은 동거하던 미군 헌병대장 존 베어드 대령으로부터 기밀을 입수한 것으로 알려졌으나, 후일 공개된 미군 자료에서는 그가 실제로 기밀 접근 권한이 없었다는 점이 밝혀짐 따라서 일부 정보는 김수임이 직접 수집했다기보다 남로당 네트워크를 통한 전달·지원 역할이 컸던 것으로 보임.

2장 Chapter 2

6·25와 공작 전쟁

전쟁 초기 대남공작

6·25전쟁 당시 북한의 대남공작은 크게 2단계로 구분할 수 있다.

첫 단계는 북한군이 전쟁을 일으킨 지 3일 만에 서울을 점령한 데 이어 경상도 일부 지역을 제외한 남한 지역 대부분을 장악하면서 추진했던 전쟁 초기 공작이다.

두 번째 단계는 전쟁 후기 공작이라고 할 수 있다. 이때에는 미군의 인천상륙작전으로 낙동강까지 내려갔던 북한군에 대한 보급선이 끊기면서 어쩔 수 없이 북한군이 점령했던 남한 지역에서 철수하게 되면서 공작을 진행했다.

북한은 6·25전쟁을 일으킨 다음 인민군이 점령한 남한 지역에서의 전체적인 당·정 업무를 지도·장악하기 위해 종전의 노동당 중앙위원회 대남연락부를 '서울 현지지도부'로 재빨리 개편했다. 물론 지도부 책임자에는 남한 사정에 밝은 남로당 지도부 출신의 이승엽을 임명하고 김웅기를 부책임자로, 이주상과 방학세 등 북한 출신을 성원으로 임명하는 등 남한 출신과 북한 출신을 적절히 배합했다.

6·25전쟁 당시 북한의 대남공작은 성시백과 같은 특출한 개인에 의존하지 않고 '정치공작대'라는 조직에 의존해 치밀하고 계획적으로 이루어진 것이 특징이다.

전쟁 초기 북한은 인민군이 점령한 남한의 '해방지역'에 노동당 조직 재건과 인민정권기관, 사법검찰기관, 내무기관 및 사회단체들을 새로 조직하거나 재건하는 한편 인민위원회 선거와 토지개혁 등을 실시하는 등의 공작을 추진했다. 이를 위해 전쟁 전, 이미 정치적 역량이 뛰어난 간부들로 정치공작대를 조직해 일정한 교육을 시킨 다음 남침하는 북한군의 후속 부대로 점령지역에 파견했다.

북한은 정치공작대를 조직할 때 이들이 남한 지역에 파견되어 활동해야 하는 것만큼 우선 남쪽에 연고가 있는 남로당 출신 간부들을 선발했다. 당시 북한에는 남한에서 공산당 및 좌익 활동을 하다가 수사당국의 수배령이 내려 활동이 불가능하거나 여타 이유로 월북한 남로당 출신 간부들이 많이 있었다. 이들 가운데는 소련 고급 당학교 등에 유학 가서 공부하고 있던 간부도 있었고 북한의 각급 기관에서 간부로 일하거나 대남공작부서의 간부로 활동하는 사람도 적지 않았다. 이와 함께 북한의 중앙당학교와 정치아카데미 등에 입학해 공부하고 있던 인원도 있었다. 북한은 각 기관의 간부로 활동하거나 소련 유학 및 간부 양성기관에서 공부하던 남로당 출신 간부들을 정치공작대로 선발한 다음 그들의 수준과 능력 등을 감안해 도당위원장이나 도인민위원장, 시·군급 당위원장 및 인민위원장 등으로 임명해 출신지방에 파견했다.

정치공작대는 북한 출신 간부들도 선발하여 포함시켰다. 북한 출신 간부들은 그동안 노동당과 행정기관 등에서 간부로 활동하고 있던 능력 있는 대상들을 선발해 정치공작대에 포함시키고 이들에게는 북한군이 점령한 남한 지역의 각 도·시·군 단위 노동당 또는 인민위원회 부책임자(부위원장)로 임명해 파견했다. 그러나 실제로는 북한 출신 간부들에게 실질적인 권한을 행사하도록 하는 한편 책임자(위원장)로 임명한 남로당 출신들을 감시 견제하도록 했다.

이와 함께 북한의 사법검찰, 내무기관에서 일하고 있던 북로당 출신들을 점령지역의 각 도·시·군 사법검찰, 내무기관의 부책임자로 임명해 파견하고 북한 지역의 민청, 직업동맹, 농민동맹 등 근로단체 조직 간부들도 점령지역의 해당 단체 부책임자로 임명해 파견했다. 아울러 각급 인민위원회 선거와 토지개혁 등 민주주의개혁을 지도하고 거들기 위해 각 도·시·군·면 단위에 정치공작대를 파견하여 선거와 토지개혁 등을 실시하도록 했다. 물론 점령지역의 각 도·시·군 단위 인민위원회 및 민청, 직업동맹, 농민동맹 등은 해당 지역에서 선거를 통해 새로 조직하거나 구성하고 거기에서 위원장을 선출하도록 하는 방식을 택했다. 그리고 북한 지역 내 당기관, 인민정권기관, 교육 및 언론기관 간부들로 정치선전공작대를 조직해 점령지역의 각 도·시·군 단위에 파견, 해당 지역 주민들에게 「김일성 장군의 노래」를 가르쳐 주고 북한 체제와 토지개혁의 우월성 등을 선전하는 등 정치선전·선동을 전개했다.

이처럼 복잡하면서도 중요한 작업들이 단기간 내에 추진되었다는 점에서 볼 때 북한이 전쟁에 대비해 사전에 얼마나 치밀하게 준비했는지 소름이 끼칠 정도다.

사전 준비 및 조치를 취한 북한은 6월 28일 인민군이 서울을 점령하자 이승엽을 서울시 인민위원장 겸 서울 현지지도부 책임자로 임명해 파견하는 동시에 미리 조직해 놓았던 정치공작대도 각 지역에 파견했다. 아울러 박헌영에게는 서울 현지에 들어가 이승엽의 서울지도부를 장악·지도하라는 과업을 주었다. 이에 따라 박헌영은 7월 3일 밤 서울에 은밀히 잠입해 중앙청 뒤편 민가에 거처를 잡고 이승엽을 중심으로 한 서울지도부를 장악했다. 이승엽의 서울지도부(일명 노동당중앙위원회 현지지도부)를 장악한 박헌영은 점령지역에서의 당·정·사회단체 조직 재건을 비롯한 모든 업무를 총괄했다.

북한은 이 같은 조치와 함께 각 지역에 파견되는 정치공작대가 점령지역에서 수행할 임무와 지침도 하달했다. 북한은 인민군 최고사령관 및 군사위원장 김일성 명의로 발표한 「우리 조국 수도 서울해방에 대하여」라는 방송 연설과 노동당 중앙위원회 정치위원회 결정 「해방지역에서의 당·정·사회단체의 재건과 토지개혁 및 인민군 원호 사업을 신속히 조직 진행할데 대하여(진행하는 문제에 관하여)」를 통해 점령지역에 파견된 정치공작대에 구체적인 지침을 하달하고 이를 강력히 추진하도록 했다.

점령지역에 파견된 정치공작대들은 무엇보다 '해방지역'에 당·정·사회단체 조직들을 재건하는 작업을 추진했다.

이 가운데 정치공작대들이 점령지역 내에서 가장 먼저 추진한 것은 각급 단위의 최고 지도기관인 노동당 조직을 재건하는 공작이었다. 노동당 조직 재건은 중앙 조직이라고 할 수 있는 이승엽의 서울지도부가 이미 조직되었기 때문에 도 → 시 → 군 → 면 단위로 내려가면서 각급 당 위원회를 재건하는 하향식 방식으로 조직했다. 노동당 조직 재건에 뒤이어 인민정권 기관인 임시인민위원회와 사회단체 조직들을 재건하는 작업을 추진했다.

점령지역에서의 당·정·사회단체 조직 재건은 북한에서 파견한 남로당 및 북로당 출신의 정치공작대원들이 중심이 되어 형무소에서 탈출한 남로당 간부 및 좌익분자들, 산으로 들어가 빨치산 활동을 했던 유격대 출신 간부들, 피신하거나 잠복했던 남로당 간부 및 당원들을 적절히 조합해 조직하는 방식으로 추진되었다. 그리고 당·정·사회단체 조직 간부를 임명할 때는 앞서 언급한 것처럼 해당 지역 출신의 남로당 간부를 책임자에 앉히고 북로당 출신 간부를 부책임자에 임명하도록 했다.

특히 점령지역의 각 도당위원장 및 부위원장은 북한 노동당 중앙원회에서 임명했는데, 당시 임명된 남한 지역의 각 도당위원장 및 부위원장은 다음과 같다.

서 울 시 당위원장 김응빈(소련 고급당학교)
부위원장 한창근(노동당 중앙위 조직부 책임지도원)

경 기 도 당위원장 박광희(소련 고급당학교)
부위원장 김광익(중앙당 조직부 책임지도원)

충청북도 당위원장 이성경(소련 고급당학교)
부위원장 정태수(중앙당 조직부 책임지도원)

충청남도 당위원장 박우현(소련 고급당학교)
부위원장 유영기(황해도당 조직부장)

전라북도 당위원장 방순표(소련 고급당학교)
부위원장 조병하(함북도당 조직부장)

전라남도 당위원장 박영발(소련 고급당학교)
부위원장 김향선(평북도당 조직부장)

경상북도 당위원장 박종근(소련 고급당학교)
부위원장 이영섭(함남도당 조직부장)

경상남도 당위원장 남경우(소련 고급당학교)
부위원장 김삼홍(평남도당 조직부장)

이와 같이 북한은 인민군이 점령한 남한 지역의 각도 도당위원장에 소련 고급당학교에 가서 공부하고 있던 남로당 출신 간부들을 소환해 임명했다. 이들이 남한 사정을 잘 알고 있고, 남한 출신이기 때문에 남한 주민들의 신뢰도 쉽게 얻을 것이라는 것이 북한 지도부의 생각이었다. 그리고 부위원장에는 북한에서 중앙당 조직부 책임지도원이나 도당 조직부장 등의 당 조직 지도 경험이 풍부한 책임간부들을 선발하여 임명했다.

또한 점령지역에서 당 및 정권기관, 사회단체들을 급속하게 재건함에 따라 발생하는 간부 부족 현상을 해결하기 위해 남한 지역의 각 도에 도당학교를 설치하고 도당학교들에는 각각 100여 명의 당원들을 선발, 입학시켜 1개월 간 단기로 교육한 다음 간부로 임용했다. 그리고 남로당 간부 및 유격대원들을 양성하던 강동정치학원은 전쟁 발발과 함께 해체했기 때문에 일반 간부를 양성하던 평양의 중앙당학교나 내각 간부학교에 남로당 출신 간부들을 입학시켜 중간급 간부로 양성해 파견했다.

이러한 준비 하에 노동당 재건 작업에 들어갔는데, 당세포나 초급당위원회 등 노동당의 기층조직 재건은 기존 남로당에 입당해 활동했던 남로당원들을 재심사해 등록하는 방식으로 진행했다. 그리고 이렇게 조직된 기층조직들을 상급당 조직인 군·시·도당 위원회가 체계적으로 지도하는 방식으로 노동당을 재건했다.

노동당 조직 재건과 함께 각급 인민정권기관 즉, 인민위원회를 만드는 공작도 추진했다.

이를 위해 먼저 북한군이 강점한 지역에 들어가 도·시·군·면·리

(里)까지의 각 단위에 임시인민위원회를 조직하고 다음 단계에서 임시인민위원회 주도로 선거를 실시해 정식 인민위원회를 구성하는 방식으로 인민정권기관을 조직했다. 그리고 각급 인민위원회가 지역의 북한군 원호(지원·구호 활동), 의용군 초모(민간인을 대상으로 의용군을 모집하는 활동), 주민초본 발행, 지방질서 유지 등 행정 전반을 담당했다.

그러다 북한군에 의한 점령지역이 남쪽으로 확대되자 1950년 7월 14일 최고인민회의 상임위원회를 열고 점령지역에서의 합법적인 인민정권기관 수립을 위한 선거 실시 문제를 논의한 후「해방지역에서 지방정권 기관인 인민위원회 수립을 위한 선거를 실시할데 대하여(선거를 실시하는 문제에 관하여)」제하로 된 정령을 발표해 이를 본격적으로 추진했다.

정령의 주요 내용은 도를 제외한 시·군·면·리 단위에서 인민위원회 선거를 실시할 것과 구체적인 선거 일자는 도 임시인민위원회가 결정하고 선거지도부를 구성하는 것으로 되어 있었다. 이와 함께 점령지역에서의 인민위원회 선거를 총괄·감독하는 기관인 중앙선거지도위원회도 만들었다. 중앙선거지도위원회 책임자에는 내각 국가검열상을 역임하고 있던 김원봉을 임명했으며 부책임자에는 정순명·김응기를 임명했다. 아울러 이종갑·현훈·정칠성·이황기·방학세 등을 중앙선거지도위원회 성원으로 임명했으며 각 도·시·군·면 단위까지 선거위원회를 구성하도록 했다.

이러한 준비 하에 7월 15일~9월 13일까지 50일간 점령지역에서 각급 인민위원회 선거를 실시했다. 이에 따라 당시 전투가 진행되고 있던 경상북도 8개 군, 경상남도 9개 군, 제주도를 제외한 전국의

108개 군과 1,186개 면 등에서 선거가 실시되었고, 그 결과 점령지역에 각급 인민위원회가 조직되었다. 당시 각급 인민위원회 위원장에는 북한에서 정치공작대로 파견된 해당 지역 출신의 남로당 간부가 선출되었으며 부위원장 또는 서기장에는 북로당 출신정치공작대 간부가 선출되었다.

한편, 점령지역에서의 사법검찰기관, 내무기관 및 사회단체들을 조직하는 작업도 인민위원회 선거와 함께 정치공작대로 파견된 간부들에 의해 차곡차곡 추진되었다.

그리고 북한군의 강점지역이 남쪽으로 확대되자 '서울지도부' 일부 인원들을 대전에 내려보내 '대전지도부'를 구성하고 새로 점령한 지역에서의 당·정·사회단체 조직 재건 공작을 장악·지도했다.

이인모는 종군기자가 아니라 정치공작원

이인모(1917.08.24~2007.06.16)는 지난 1993년 김영삼 정부 출범 이후 북한으로 송환된 비전향 장기수이다. 북송 1호인 셈이다.

지금까지 알려진 바에 의하면, 이인모는 한국전쟁 당시 종군기자로 활동하다 미군의 인천상륙작전으로 북한군이 남쪽에 고립되면서 지리산으로 들어가 빨치산 활동을 하던 중 검거되어 7년간 복역했다. 그러다 1959년 출소한 후 1961년 부산에서 지하당 활동 혐의로 붙잡혀 15년형을 선고받아 실형을 살고 두 차례 더 복역하는 등 총 34년간 옥살이를 한 뒤 1988년 석방되었다. 그후 북한은 1991년 9월 평양방송을 통해 이인모의 송환을 요구했고 1992년 개최된 남북고위급회담에서도 이인모의 송환을 줄기차게 주장했다. 그러던 중 1993년 3월 19일 김영삼 정부에 의해 북한으로 송환되었다. 김정일은 이인모가 송환되자 대대적인 연도 환영식을 열었고 그를 "신념과 의지의 화신"으로 치켜세우면서 공화국영웅칭호를 수여하고 부총리급 대우도 해주었다.

우리가 일반적으로 알고 있는 것과 달리 이인모는 종군기자가 아니었다. 이인모는 6·25전쟁 초기에 정치공작대원으로 남파된 북한 노동당 간부 출신 공작원이었다.

이인모는 8·15광복 이전까지는 고향인 함경남도 풍산(현 양강도 김형직군)에서 반일운동을 했고, 광복 이후에는 함경남도 신포로 나와 거기에서 군당 선전부 간부를 역임했다. 그러다 6·25전쟁 발발과 함께 정치공작대에 선발되어 북한군이 점령했던 전라도 지역에 파견돼 노동당과 인민위원회를 조직하고 토지개혁을 실시하는 등의 공작임무를 수행했다.

그러나 미군의 인천상륙작전과 한미연합군의 서울수복으로 더 이상 남쪽 지역에서 노동당 간부로서의 활동을 할 수 없게 되자 지리산으로 입산해 빨치산 대원들을 김일성과 북한정권에 충성하도록 교양하는 유격대정치부 선전·선동 담당 간부로 활동했다. 그때 빨치산 대원들의 충성심을 자극하는 기사도 썼는데, 이를 이유로 검거된 후 자신을 "종군기자"라고 우긴 것이다. 그러나 전쟁 당시 이인모의 역할에 대해 대한민국 재판 기록에는 의용군 강제 모집이나 빨치산 활동 등이 적시되어 있다. 앞서 언급한 것처럼 북한에서 파견된 정치공작대와 그에 의해 조직된 각급 인민위원회가 의용군 강제 모집 등을 담당하고 있었던 점을 고려하면 이인모가 정치공작대로 파견된 간부였음을 알 수 있다.

빨치산 활동을 하던 이인모가 군경에 의해 검거된 것은 1952년이며 그후 7년간 복역하다 1959년에 출소한 뒤 얼마 안 돼 바로 북한 노동당 대남공작부서와 연계되어 지하당 조직 활동 즉, 간첩 활동을 했다. 이인모가 간첩 활동을 하다 검거된 시점이 1961년이니까 출소 후 바로 북한노동당과 연계된 셈이다. 이인모가 노동당 간부로 활동하다 정치공작대원으로 선발되어 파견된 능력 있는 공작원이 아니었다면 그가 출소한 지 얼마 되지도 않아 노동당 연락부에서 그에게 간첩을 보내 관계를 맺고 지하당을 조직하라는 임무를 주지는 않았을 것이다.

이 같은 이유로 김정일은 1990년대 초반 북한이 이인모의 송환을 추진할 때 이인모를 파견하고 그가 출소한 뒤 다시 관계를 맺고 임무를 주었던 노동당 사회문화부(구 연락부)는 뒤로 빠지도록 했다. 그러고는 이인모의 임무 수행과 아무런 관계가 없는 노동당 통일전선부가 전면에 나서서 이인모의 송환 문제를 주도하도록 했고 이인모에게도 연락을 보내 한국전쟁 당시 직업을 철저히 '종군기자'라고 주장하도록 종용한 것이다.

그러나 이인모가 북한에 송환된 다음에는 원래 그를 파견하고 조종했던 노동당 사회문화부(옛 연락부)가 그의 신병을 관리했고, 그로부터 한국에서 진행한 공작 결과를 모두 보고받은 다음 통일전선부에 넘겨 북한 주민들을 상대로 한 선전·선동에 활용하도록 했다.

위에서 언급한 내용은 지금이라도 이인모의 실체에 대한 인식을 바로잡을 필요가 있다는 생각에 필자가 북한에서 직접 보고 경험한 내용을 가감 없이 적은 것이다.

점령지역에서의 토지개혁 실시

북한은 인민군이 점령한 남한 지역 주민들의 대부분이 농민이라는 점을 감안해 이들의 환심을 얻는 것이 중요하다는 판단 하에 6·25전쟁을 일으킨 후 곧바로 점령지역에서 토지개혁과 관련된 조치를 취했다.

김일성은 한국전쟁이 발발한 지 불과 8일밖에 지나지 않은 7월 3일 노동당 중앙위원회 정치위원회를 열고 「해방지역에서 토지개혁을 실시할데 대하여」라는 결정을 채택하도록 하고, 다음 날인 7월 4일에는 최고인민회의 상임위원회를 개최해 11개 조항으로 된 「해방지역에서의 토지개혁 실시에 대하여」 제하의 상임위 정령을 발표하도록 했다.

당시 발표한 최고인민회의 상임위원회 정령은 북한이 1946년 3월 실시했던 토지개혁 법령 내용과 거의 동일한 내용이었다. 다만 북한 지역에서는 토지개혁을 실시할 때 일본 정부나 일본인, 친일 민족반역자와 5정보(약 15,000평 또는 5헥타르 이상 되는 토지) 이상의 토지를 소작 경영하는 지주(地主)가 소유한 토지는 물론 가축과 주택 등을 모두 몰수했으나 남한 지역에서 토지개혁을 단행할 때는 미국과 이승만 정부 및 지주 소유의 토지는 일체 몰수하고 자작농의 경우 5~20정보까지 인정해준 것이 다른 부분이다. 물론 몰수한 토지에 대해서는 토지가 없거나 적은 농민들에게 무상으로 분배한다는 '무상분배'의 원칙은 동일했다. 이를 통해서도 우리는 김일성과 북한 지도부가 6·25전쟁을 사전에 얼마나 치밀하게 준비했는가를 잘 알 수 있다.

북한 지도부는 토지개혁 실시와 관련된 정령을 발표함과 동시에 토지개혁을 위한 준비 작업에 착수했다.

우선 정치공작대를 동원해 북한이 발표한 토지개혁과 관련된 법령 내용을 농민들에게 선전하기 위한 선전·선동 공작을 벌이도록 하는 한편, 열성 농민들을 동원해 군중대회를 열고 그들이 토지개혁을 요구하도록 부추겼다. 북한에서 토지개혁을 실시할 때 써먹었던 방식 그대로였다.

이와 함께 토지개혁을 실행할 말단 행정단위인 리(里)에 고용농민과 토지가 없는 농민, 토지가 적은 농민 5~9명으로 '농촌위원회'를 조직하고 이들이 토지개혁을 전부 주관하도록 했다. 그리고 중앙과 각 도·시·군·면 단위까지 조직된 '토지개혁위원회'가 이를 지도하도록 했다.

한편, 북한 간부들 가운데 500여 명을 선발해 '토지개혁지도원'으로 임명하고 그들을 평양에 불러 모아 토지개혁 관련 강습을 실시한 다음 각 농촌위원회에 파견했다.

이러한 준비과정을 거쳐 7월 중순부터 8월 중순까지 1개월 동안 일사천리로 토지개혁을 실시했다.

먼저 각 지역에 조직된 농촌위원회에서 토지를 몰수할 대상(사람)과 면적에 대한 조사와 함께 몰수 및 분배에 대한 구체적인 계획을 수립한 다음 농촌위원회 총회를 열고 논의·승인받는 절차를 거치도록 했다. 그 다음에 농촌위원회 총회에서 승인된 토지개혁 계획과 절차에 기초하여 토지를 몰수하고 몰수한 토지를 분배대상으로 확정한 농민들에게 분배하는 작업을 진행하도록 했다. 마지막으로 각급 인민위원회가 토지를 부여받은 농민들에게 '토지분배증서'를 발급해 줌으로써 '법적인 완결성'을 보장하도록 했다.

이로써 북한에 의한 토지개혁은 서울시와 경기·강원·충남·충북·전북 지역 전역과 6·25전쟁 이전에 남한 지역이었던 황해도 옹진과 연안 등에서 완전히 실시되었으며 전투가 진행되고 있던 전남·경북·경남 등에서는 절반 정도 지역에서 실시되었다.

토지개혁이 완료되자 8월 18일 곧바로 '현물세제' 실시를 내각 결정으로 공포했다.

인적·물적 자원의 약탈

6·25전쟁을 일으켜 서울과 남한의 많은 지역을 점령한 북한이 중요하게 추진한 것은 남한의 인적·물적 자원을 북한으로 강제로 빼앗아가는 것이었다. 쉽게 말하면 '인적·물적 자원의 약탈'이라고 표현할 수 있다.

이를 위해 북한이 점령지역에서 정치공작대와 인민위원회 등을 내세워 무엇보다 중요하게 추진한 공작이 의용군 강제징집이다. 전쟁을 일으킨 북한으로서는 전쟁 승리가 가장 시급하고 중요한 과제였기 때문에 전선에서 싸울 북한군 병력을 증강하기 위한 의용군 강제징집 작업을 진행한 것이다.

북한은 의용군 강제징집을 위해 인민군이 서울을 점령한 지 5일째 되는 7월 3일 정치공작대와 인민위원회 등을 동원해 좌익계 청년 학생 15,000여 명을 서울운동장에 집합시키고 '전선지원 결의대회'를 열도록 한 다음 시가행진을 진행하는 방식으로 의용군 입대 분위기를 조성했다. 북한의 '뛰어난' 선전·선동 능력을 보여준 대표적인 사례라 할 수 있다.

이러한 분위기를 확산시키기 위해 7월 6일 노동당 정치위원회를 열고 「의용군 초모사업에 대하여」 제하의 결정서를 채택·공포한 다음, 결정서에 준해 남한 지역의 청년 학생들을 북한군에 끌어가기 위한 강제징집을 감행했다. 결정서에는 18세 이상의 청년들을 의용군으로 선발하되 우선 남로당 출신과 보도연맹에 가담했던 자, 노동자와 빈농 출신 청년들을 지원입대 방식으로 의용군에 받아들일 것을 요구하는 내용이 담겨 있었다.

노동당 결정서가 채택된 후 그것을 관철한다는 명목으로 각 도·시·군 단위에 파견한 정치공작대와 노동당 및 인민위원회, 사회단체 등을 동원해 '의용군 초모위원회'를 구성하도록 하고 각 조직에 초모인원도 할당한 다음 조직적으로 의용군 강제징집 공작을 추진했다. 특히 의용군 초모에는 북한노동당의 하부조직인 민주청년동맹과 민주학생연맹이 선두에 섰으며, 이들은 청년 학생들의 집회와 모임을 조직하고 그 자리에 모인 학생들을 강제로 의용군에 끌어가는 방식과 학교와 직장, 거리와 가정 등을 수색하여 닥치는 대로 모조리 끌어가는 방식으로 초모를 감행했다. 말이 초모일 뿐 강제 징집이었다. 이렇게 징집된 인원들은 의용군훈련소에 끌고 가 일정기간 군사훈련을 시킨 다음 북한군 부대에 편입시켰다.

이와 별도로 각 지방마다 의용군으로만 편성된 '의용군여단'을 만들고 이들을 전투에 투입하기도 했다. 이렇게 조직된 부대가 경북의 안동여단과 충남의 대전여단, 전북의 전주여단과 전남의 광주여단 등이다. 북한은 남한 출신의용군들을 회유하고 그들의 사기를 진작시킨다는 차원에서 의용군 전체를 대표하는 '의용군 총사령부'를 조직하고 총사령관에는 남로당 부위원장이었던 이기석을, 부사령관에는 허성택을 임명했다. 북한도 이와 같은 방식으로 강제징집된 청년 학생들의 수가 40여 만 명에 이른다고 자신들이 발간한 『조국해방전쟁사』를 통해 자랑하고 있다.

다음으로 북한군이 점령한 지역에서 김일성과 북한 지도부가 감행한 주요 공작의 하나는 우익계 인사들을 회유·협박·체포해 강제로 입북시키는 것이었다. 아울러 정치적 성향과 무관하게 수준 높고 능력 있는 과학자·기술자들과 경제·문화·교육계 인사 등 각계에서 활동하고 있던 남한의 우수한 인적자원을 북한으로 약탈해 가기 위한 작업도 추진되었다. 물론 남로당계 인사나 좌익계 인물들은 대부분 스스로 퇴각하는 북한군을 따라나섰기 때문에 강제 입북시킬 필요가 없었다.

이를 위해 김일성은 북한군이 서울을 점령한 뒤 곧바로 「해방된 남조선에서 정치·경제·교육·문화·과학 분야의 주요 인사들을 포섭하고 재교양하여 그들과의 통일전선을 강화할데 대하여」라는 노동당 명의의 결정서를 채택했다.

북한이 노동당 결정서를 채택하고 남한의 인적 자원 약탈에 나선 것은 유능한 인적 자원을 확보해 자신들의 취약한 정치·경제적 기반을 강화하는 동시에 김일성 정권이 남과 북을 모두 대표하는 통일정부, 한반도 유일의 합법 정부라는 점을 강조해 정통성을 확보하려는 데 있었다. 이와 함께 북한군의 무력 남침을 '조국 해방전쟁'으로 둔갑시키고 동족상잔을 정당화하는 데 있어서도 중요했기 때문이다. 물론 북한의 요구에 불응해 북송을 거부하거나 불만을 표출하는 인사들에 대해서는 반동으로 몰아 숙청·제거함으로써 반대 세력을 약화시켰다.

북한은 노동당 결정서 발표 이후 이를 집행하기 위한 전담조직을 만들었다. 말하자면 '요인북송 공작조직'인 셈이다. 그러나 그들 내부에서는 "모시기 공작" 또는 "모시기 작전"으로 명명했다. 이와 함께 "모시기 공작"은 북한 내무성 정보국이 주도하도록 하고 중앙당 해당 실무부서와 서울 현지지도부가 협조하도록 했으며 여기에 조국전선 중앙위원회를 참여시키기로 했다.

이에 따라 조직된 "요인 모시기 공작" 전담조직은 당시 내무성 부상 겸 정보국장으로서 서울 현지지도부 성원으로 임명되어 서울에 나와 있던 방학세를 책임자로 하고 정보국 부국장들인 김창수와 김춘삼도 부책임자로 하여 구성되었다. 김관섭·최종희·김철·김병찬 등은 모시기 공작 전담조직의 성원으로 임명했으며 이외에도 국회 프락치 사건 관련자들, 남로당원들, 민청원 및 협조자들이 전담조직에 포함되었다. 물론 방학세 부상 겸 정보국장의 지휘를 받는 북한 내무성 소속의 내무원들은 행동대원으로 활동했다.

이렇게 만들어진 요인 모시기 공작 전담조직에서는 내무성 정보국장 방학세의 지휘 하에 먼저 북한으로 끌고 가거나 제거할 인물의 명단을 작성하고 이들을 분류하는 작업을 진행했다. 말하자면 명망 있는 정치인으로부터 이름은 널리 알려지지 않았지만 북한에 꼭 필요한 인물까지 포함해 모든 북송대상 명단과 제거대상 명단을 구체적으로 작성하고 그들을 평가해 북한을 적극적으로 지지하는 인물, 중도적인 입장을 취하고 있는 인물, 북한을 반대하는 자 등으로 분류하고 이들을 각각 어떻게 처리할 것인지 구체적인 계획을 수립하도록 했다.

이를테면 북한정권 수립에 참여했던 남한의 정당·단체 소속 인물, 북한의 지령에 따라 국회를 비롯한 한국의 정당·단체에 잠입해 활동했던 인물 및 동정자, 1948년 4월 평양에서 진행된 남북연석회의에 참가했던 정당·단체 소속 인사들을 '적극적 지지자'로 분류했다. 그리고 적극적인 지지자로 분류된 대상에 대해서는 서울 현지에서 협조할 대상, 평양으로 데려가 활용할 대상, 평양에서 3개월간 세뇌교육을 실시하고 돌려보낼 대상 등으로 재분류했다.

또한 적극적인 지지자는 아니지만 자진출두해 북한에 협력하겠다고 나오는 인사들, 강제연행 또는 체포되었으나 북한에 협력하겠다는 인사에 대해서는 중도적 성향의 인물로 분류하고 이들 역시 귀가시키거나 현지에서 협조할 대상, 평양으로 보내 세뇌시킬 대상 등으로 재분류했다. 그리고 강제연행 및 체포된 인사 가운데 북한에 대한 협력을 거부하고 반대 입장을 취하는 대상에 대해서는 평양으로 끌고가 감금할 대상, 서울 현지에 구금할 대상 등으로 재분류했다.

한편, 요인 모시기 전담조직은 신문이나 포스터에 주요 인사의 자진출두 및 자수를 권고하는 공고문을 발표했다. 특히 대한민국 정부에 충성하거나 협조했던 인물들에게 자수를 권고한 것이 주목된다. 예를 들면 '국회의원 ○○○가 자수하여 따뜻한 보호를 받고 있으니 피신하고 있는 사람들도 하루빨리 자수해 자신의 죄를 용서받기 바란다'는 내용으로 공고를 발표한 것이다. 물론 자수대상들이 찾아올 사무소 위치와 시간에 대해서도 알려주었다. 당시 자수자들에게 공고했던 연락사무소는 서울 중국 다동에 있던 '성남호텔'이었다. 이 호텔은 요인 모시기 전담조직이 사무실로 쓰고 있었다.

이와 함께 모시기 공작 전담조직에서는 북송할 요인들의 소재를 파악하는 작업과 함께 자수하지 않는 인사들을 연행, 체포하기 위해 서울 시내는 물론 각 도시와 농촌에 산재해 있는 북송 대상들의 집과 연고 관계자들의 거주지까지 방문·수색하는 작업을 진행했다.

이러한 계획 하에 요인 모시기 공작을 본격적으로 추진하던 북한은 미국의 인천상륙작전으로 어쩔 수 없이 서울에서 돌연 퇴각하게 된다. 일이 이렇게 되자 심사를 위해 집결시켰던 인사들은 그들의 개별적인 의사와는 관계없이 전원 강제 입북시키고 말았다. 말 그대로 남한의 인적 자원을 약탈한 셈이다.

앞서 언급한 것처럼 북한이 모시기 공작을 시작할 때는 자신들에게 꼭 필요한 몇몇 인사를 제외하고는 수많은 남한 사람을 무작정 강제로 입북시킬 생각은 없었다. 교양이 필요한 일부 인원을 평양에 데리고 가서 일정 기간 사상교육을 시킨 다음 원래 생활하던 곳으로 돌려보내려고 계획했던 것은 사실이다. 북한이 6·25전쟁을 일으킨 후 단기간 내에 한국군을 낙동강 방어선까지 밀고 내려갔으니 승전은 따놓은당상이라고 믿었기 때문이다. 그러나 미처 예상치 못한 상황에서 급작스럽게 퇴각하게 되었기 때문에 이것저것 생각해볼 겨를도 없이 집결시켜 놓은 인원을 무작정 북한으로 데리고 간 것이다.

남한 인사 강제 입북은 북한군 병사들의 인솔 하에 서울에서 평양까지는 군용트럭으로 이동했고 북한 지도부가 평양에서 퇴각할 때에는 그들을 따라 압록강변의 강계·만포·혜산까지 거의 도보로 끌려가야 했다. 이 과정에 전투기 폭격과 북한군의 학대 및 불법 사살 등으로 많은 납북인사들이 희생되었다.

이처럼 북한의 강제 납북으로 남한의 우수한 인재들이 무수히 북한에 끌려갔다. 그 가운데는 김규식, 조소앙과 같은 임정요인과 제헌 국회의원을 비롯한 유명 정치인들은 물론 경제계와 학계·언론·출판·교육·과학·문화·예술 등 다양한 분야의 인재들도 포함되어 있었다. 우리가 잘 알고 있는 전설적인 무용가 최승희와 시인 정지용, 소설가 이광수와 박태원 등 이름 있는 예술가와 문인들도 6·25전쟁 당시 북한에 빼앗긴 남한의 우수한 인적 자원이다.

6·25 당시 북한에 빼앗긴 남한 인재들 가운데는 '비날론 발명가'로 유명한 이승기 박사(1905~1996)도 있다. 이승기 박사는 북한에서 누에박사 계응상, 나무박사 임록재, 새(鳥)박사 원홍구와 함께 김일

성이 생전에 가장 아꼈다고 전해진 4명의 과학자 중 하나다. '비날론'은 북한에서 '주체섬유'라고 부른다.

전남 담양 출신의 이승기 박사는 일제강점기 때 일본으로 건너가 1931년 교토대학(공학부)을 졸업한 후 다카스키 연구소에서 연구원으로 일하면서 공학박사 과정을 밟았다. 1939년에 당시 일본에서 가장 유명했던 사쿠라다 교수의 지도를 받으면서 공학박사 학위를 취득했다. 당시 그의 박사학위 논문은 일본에서도 '합성섬유 1호'라 불리는 '비날론' 발명에 관한 내용이었다. 이승기 박사는 석회석을 구워 만든 카바이드에서 '비날론'이라는 화학섬유를 세계 최초로 얻어내는 데 성공한 세계적인 화학자 겸 발명가였다.

8·15광복 이후 귀국한 이승기 박사는 서울대학교에서 공대학장으로 근무하면서 과학연구와 함께 학생들을 가르치다 북한의 요인 "모시기 공작" 대상으로 선정되어 가족과 함께 북한으로 들어갔다. 월북 이후인 1952년에는 북한 과학원 화학연구소장에 임명되었고 1956년에는 북한에서 가장 높은 학위인 원사가 되었다.

특히 김일성은 이승기 박사가 월북한 이후 그의 연구 성과를 바탕으로 1961년 함경남도 함흥에 2·8비날론공장을 건설하도록 했고 비날론공장 건설이 끝난 다음에는 핵무기와 화학무기 연구에 종사하도록 한 것으로 알려졌다. 김정일은 1996년 이승기 박사가 사망하자 국장(國葬)으로 장례를 치르게 했다.

이처럼 북한이 6·25전쟁 시기에 약탈한 남한의 인적 자원 즉, 전시납북자는 약 10만 명에 달하는 것으로 알려져 있다. 그중 국가에 의해 공식적으로 전시납북자로 인정된 인원이 4,777명이며, 1950년 12월 서울수복 직후 대한민국 공보처 조사통계국이 작성한 납북자 관련 최초 명부에는 서울 지역 납치자만 2,400여 명에 이른다.

북한은 위에서 언급한 것처럼 한국전쟁 시기에 인적 자원만 약탈한 것이 아니라 귀중한 문화유산도 약탈해갔다. 대표적인 것이 바로 『조선왕조실록(적상산본)』이다. 당시 김일성은 『조선왕조실록』을 북한으로 가져가기 위해 별도로 북한군 정예부대를 동원한 것으로 알려졌다.

인민군 퇴각과 혼란 수습

북한은 서울을 포함한 남한 지역 대부분을 장악하고 낙동강 방어선까지 진출했던 전쟁 초기에 북한에서 파견한 정치공작대와 기존의 남로당원들을 동원해 노동당 재건 및 인민위원회와 사회단체 등을 조직하고 토지개혁을 실시하는 작업과 함께 의용군 강제징집, 남한의 인적·물적 자원 약탈 등을 위한 공작을 추진했다. 이러한 작업들은 당연히 **북한이 전쟁에서 승리해 남한 지역을 모두 점령하고 한반도 전체를 통치할 것이라는 전제 하에 추진되었다.**

미군의 성공적인 인천상륙작전으로 낙동강 방어선까지 진격했던 북한군은 보급선이 끊겨 어쩔 수 없이 퇴각하지 않으면 안 되었다. 따라서 전쟁 초기와 같은 방식으로 공작을 추진할 수는 없었다.

북한이 점령지역에서 본격적으로 시행했던 노동당 조직 재건 작업도 마찬가지였다. 북한은 자신들이 일으킨 6·25전쟁에서 승리할 것이라 믿었고 그렇게 되면 당연히 남한 전 지역을 자신들이 영원히 통치할 것으로 생각했기 때문에 지하에 있던 노동당원을 밖으로 끌어내 마음대로 드러내놓고 합법적으로 공개적인 조직활동을 벌였다. 그러다 보니 전에는 자기가 사는 지역이나 마을에 노동당원이 있는지 없는지, 있다면 누가 노동당원인지 전혀 몰랐던 주민들이 이제는 노동당원이 누구인지, 노동당원들이 어떤 활동을 했는지 모두 알게 되었다. 그래서 노동당원들은 더 이상 한국군과 유엔군이 점령한 지역에서 조직활동은 고사하고 생활조차 할 수 없는 형편이 되었다.

이 같은 여건과 상황에서 북한은 한국군과 미군을 위시로 한 국제연합군 즉, 유엔군이 점령한 지역에서 유격대 활동을 강화하면서 지하당을 재건하기 위한 공작과 정보 수집 등에 역점을 두고 대남공작을 전개했다.

북한 지도부는 먼저 갑작스런 인민군 퇴각에 따른 남한 내 혼란을 수습하기 위한 작업을 진행했다. 미처 북한군을 따라 퇴각하지 못하고 잔류한 노동당원들과 대중단체 조직원들을 각 도·시·군 당위원회의 지도 하에 산악지대로 입산시켜 이들로 유격대를 편성한 후 당 조직의 지도 하에 습격과 파괴, 살인과 약탈 등을 통해 연명하게 했다.

북한노동당 지도부는 전황이 불리해 인민군이 전략적으로 후퇴하게 되었다는 점을 설명하고 각 당 조직을 비합법적인 지하당으로 전환, 식량을 비롯해 미국과 한국군이 이용할 수 있는 모든 것을 숨기거나 파괴하고, 활동이 가능한 모든 당원 및 조직원들은 산악지대로 들어가 각 도당 지도부의 지도 아래 유격대 활동에 참가할 것을 지시했다. 이에 따라 1950년 9월 말과 10월 초에 각 도당 지도부에서는 지정된 산악지대로 산하 당 조직들과 대중단체 가담자들을 이동시키고 입산자들을 규합해 유격대를 편성했다. 유격대에는 북한에서 정치공작대원으로 파견되었다가 인민군을 따라 퇴각하지 못한 노동당 및 정권기관, 사회단체 간부, 내무원 및 정치보위원들과 대열에서 떨어진 인민군도 합세했다.

한편, 1949년부터 지리산지구에서 인민유격대 2병단을 편성해 유격전을 전개했던 이현상 유격대는 인민군대가 영호남 지역으로 진격하자 하산하여 출신 지방의 당 및 인민정권 기관 간부로 활동하고 일부는 이현상의 지휘 하에 인민군대에 합류해 협동작전을 펼쳤다. 그러다가 인민군이 패주하자 다시 지리산지구로 입산한 다음 후퇴의 길에 올라 1950년 11월 중순 강원도 세포군 후평리에 당도했다.

이 무렵 '서울지도부' 책임자로서 남한 점령지역 내 전체적인 업무를 총지휘하고 있던 이승엽이 후평리에 먼저 도착해 후퇴해오는 당원 및 간부, 개별적으로 후퇴하는 인민군 장병들을 규합해 유격대를 편성한 다음 다시 남파시키는 공작을 지휘하고 있었다. 따라서 이승엽은 후퇴해 들어온 이현상과 여운철 등 남로당의 주요 간부들과도 만나 향후 남한 내에서의 당 조직과 유격대 활동에 대해 논의했다.

당시 이승엽은 충청남북도와 전라남북도, 경상남북도 등 6개 도당에 대한 지도 권한을 여운철에게 위임하고 이현상에게는 유격대의 통일적인 지도 권한을 위임했다. 물론 이는 전적으로 이승엽의 독자적인 판단에 따른 결정이었고, 이 결정은 나중에 이승엽에 대한 숙청의 빌미로 작용하기도 했다.

아무튼 이승엽의 지시에 따라 강원도 후평리에 편성된 남조선 인민유격대는 이현상을 부대장으로 하여 지리산을 향해 다시 남하를 시작했다. 이때 이현상 휘하에는 유격대원 약 800여 명이 있었다.

남조선 인민유격대 창설과 이현상

이러한 가운데, 북한은 1950년 12월과 1951년 1월 중순 조선인민군 최고사령관 김일성의 명령에 따라 북한군 퇴각과 함께 산악지대로 들어가 활동하고 있던 각 도당 산하 유격대를 '남조선 인민유격대'의 각 지대별로 통합·개편하는 등 유격대 조직의 지휘체계를 정비하는 작업을 했다. 이는 향후 인민군의 재진격에 대비해 남한 내에 제2전선을 형성하기 위해서였다.

이에 따라 우선 소백산지구에서 활동하던 서울시와 경기도 출신 당원들로 인민유격대 제1지대를 편성하고 서울시당 위원장인 김응빈을 지대장으로 임명해 강원도 남부지대와 경북 북부 태백산, 소백산 지역으로 옮겨 활동하도록 했다. 제2지대는 충남북도당 유격대와 강원도 원주지방 유격대로 편성하고 충북도당위원장 윤상철을 지대장으로 임명해 속리산과 영동, 계룡산을 거점으로 해서 충남북 및 강원 일부 지역에서 활동하도록 했다.

제3지대는 경북도당 유격대와 남도부 유격대로 편성하고 경북도당 위원장 박종근을 지대장으로 임명한 다음 일월산과 태백산을 거점으로 경북남부 및 경남북부 지역에서 활동하게 했다. 이현상 전북도 인민위원장 겸 지리산유격대 사령관을 지대장으로 임명한 제4지대는 전남북도당 유격대로 편성해 지리산과 덕유산, 백운산과 운장산 등을 거점으로 전남북, 경남서부 지역에서 활동하도록 했다.

경남도당 및 청도 동부지구 유격대로 편성한 제5지대는 길원필 경남도 인민위원장을 지대장으로 하여 운문산과 지리산, 관용산을 거점으로 경남 중남부 지역에서 활동하도록 했다. 남충열 충북도당위원장을 지대장으로 하는 제6지대는 충청남북도당 일부 및 강원도당 일부로 편성해 대둔산 등지를 거점으로 충남북 및 강원도 지역에서 활동하게 했다.

전선으로부터 거리가 멀리 떨어진 남부 지역에는 북한 지도부의 방침이 제대로 전달되지 않아 자체적으로 각 도당의 지휘 하에 유격활동을 벌이고 있었다. 말하자면 위에서 언급한 북한 지도부 방침과 별개로 움직이고 있었던 것이다. 충청남도에서는 도당위원장 박우현을 대장으로 하는 충남도당 유격대가 대둔산을 거점으로 활동하고 있었고 충북에서는 도당위원장 이성경 등 도당지도부 지휘 하에 속리산을 근거지로 하여 유격활동을 하면서 습격, 파괴, 약탈 행위를 자행하고 있었다. 방순표를 사령관으로 하고 조병하를 부사령관으로 하여 편성된 전북도 유격대는 장수와 무주, 남원과 고창 등 각 군당 유격대 단위로 활동하고 있었고 전남지방에서는 도당위원장 박영발 등 도당지도부 지휘 하에 백운산과 월출산, 백아산 등에서 활동했다. 경남도에서는 도당위원장 남경우 등 도당지도부의 지휘 하에 지리산에 입산해 활동했으며 경북 지역에서는 도당위원장 박종근 등 경북도당 지도부가 지휘하는 유격대와 남도부 유격대가 북부 지역과 서북부 지역에서 각각 활동하고 있었다.

바로 이러한 시기에 이승엽으로부터 임무를 받은 이현상 유격대가 태백산맥을 타고 1950년 12월 말경 충북 단양지구에 진출한 후 경북 문경경찰서를 기습하는 등 유격전을 전개하면서 제천지구로 이동했다가 속리산을 거쳐 1951년 3월 덕유산에 이르러 남부 지역 충청남북도와 전라남북도, 경상남북도 등 남부 지역 6개 도당 대표자회의를 소집한 것이다.

남한 지역 6개 도당 대표자협의회에서 이현상과 여운철 등은 이승엽으로부터 전권을 위임받았다는 사실과 함께 이승엽과 협의한 활동방향을 전달한 다음 유격대와 노동당 조직을 개편했다.

각 도에서 활동하고 있던 유격대를 통합하여 남부군단으로 개편하고 이현상이 총사령관, 이영희가 부사령관이 되었다. 남부군단에는 충청남북도당 유격대와 경남도당 및 전북도당 유격대만 포함시키고 경북도당과 전남도당 유격대는 제외시켰다. 이현상의 남부군단은 주로 지리산에 근거지를 두고 전북과 경남 산악지대 중심으로 습격과 파괴, 약탈과 살인 등을 감행했다. 노동당 조직은 6개 도당을 통일적으로 지도하는 '남부지도부'로 개편하고 여운철이 총책임자가 되었다.

이렇게 해서 남한 내 노동당 조직과 유격대 조직이 일원화되고 유격대와 노동당 조직에 대한 통일적인 지휘체계가 확립되었다. 그런데 문제는 노동당 간부들이 지대장이 되고 이들이 노동당보다는 유격대 지휘체계 위주로 조직을 운영하게 되면서 자연스럽게 노동당 조직이 약화되거나 유명무실화될 수밖에 없었다는 것이다.

지구당 개편과 유격대 약화

이러한 가운데 김일성은 1951년 8월 31일 노동당 중앙위원회 정치위원회를 열고 정치위원회 결정서 제94호 「미(未)해방 지구에 있어서의 우리당 사업과 조직에 대하여」를 채택했으며, 결정서 집행 차원에서 당 활동과 유격대 활동을 분리시켜 각 도당 체계를 5개의 지구당 체계로 개편했다.

당시 채택된 결정서에는 6·25전쟁 전에는 당 조직이 투쟁을 잘 했으나 전쟁이 발발한 이후 북한 지도부는 대중을 동원한 폭동이나 빨치산 투쟁을 통해 인민군의 작전을 지원할 것으로 믿었는데 그렇게 하지 못했다는 지적이 있었다. 말하자면 **김일성과 북한 지도부는 전쟁을 일으키면 남쪽에서 수십만이 폭동을 일으킬 것이라는 남로당 박헌영의 말을 믿고 전쟁을 일으켰는데 막상 전쟁을 일으키고 보니 남쪽에서는 거기에 호응하는 사람들이 별로 없었다**는 것이었다. 따라서 **김일성과 북한 지도부는 옳았는데 남한 내의 당 조직들이 잘못해서 전쟁에서 밀리고 있다**는 것이었다. 이에 따라 앞으로 지하당 사업을 한층 강화해야 한다고 강조하면서 종전의 행정구역에 따른 조직체계를 일단 보류하고 잠정적으로 남한 전역을 5개 지구로 나누었다.

새로 편성된 제1지구당에는 서울, 경기 지역을 포함시키고 제2지구당에는 울진(당시에는 울진이 강원도였음)을 제외한 남강원도 전 지역, 제3지구당에는 논산을 제외한 충청남북도 전 지역을 포함시켰다. 그리고 경상북도와 강원도 울진, 낙동강 동쪽 경남 밀양, 창녕, 양산과 울산, 동래, 부산 지역을 포괄하는 제4지구당을 조직하고 제5

지구당은 낙동강 서쪽의 경남 지역과 전남북 전 지역 및 제주도와 충남 논산 지역을 관할하도록 했다. 이렇게 조직된 각 지구당 조직위원회는 해당 지역의 간부 인사는 물론 지하당 조직들을 수습·재건하고 유격대를 지도하는 등 지구당 관할 지역의 모든 당 활동을 지도했다.

그러나 노동당 정치위원회 결정은 효과적인 연락수단이 없어 남한 각 지역의 산악지대에 산재되어 있던 유격부대들에 제때 전달되지 못해 1952년 중반에 가서야 실제적인 조치들이 취해졌다. 이에 따라 노동당과 유격대를 지대 단위로 일원화했던 지휘 및 지도체계가 1952년 중반에 이르러 지구당 지도 체제로 개편되었다.

그럼에도 정치위원회의 결정은 현실과 동떨어진 내용이 많았기 때문에 그것을 집행하는 과정에 여러 가지 변화가 불가피했다.

서울과 경기 지역을 포괄하는 제1지구당 조직위원회는 김점권을 위원장으로, 한창근과 박원회를 부위원장으로 북한 지역인 황해도 봉산에 조직되었다가 1951년 10월 말 개성으로 이동했다. 1지구당에서는 서울 지역에 공작원들을 침투시켜 지하당 조직 재건을 시도했으나 많은 인적·물적 피해만 내고 성과를 내지 못하자 업무를 중앙당 연락부에 넘겨주고 1952년 4월경 해체되었다.

강원도를 담당하는 제2지구당 조직위원회 역시 북한 지역인 강원도 회양군에 창설되었다가 남한 지역인 강원도 삼척으로 이동하려 했으나 실패한 후, 제1지구당과 마찬가지로 1952년 5월에 지구당의 업무를 연락부에 넘겨주고 해체되었다.

충남북 지역을 담당하는 제3지구당 조직위원회는 연락이 늦어

1952년 5월에 이르러서야 구성되었다. 당시 북한은 6·25당시 충북 청주시당 위원장이었던 신장식을 제3지구당 조직위원회 성원으로 임명한 다음 속리산에서 활동하고 있던 충남북도당 간부들에게 파견해 정치위원회 결정을 전달하도록 함으로써 제3지구당으로 조직을 개편할 수 있었다. 경상북도와 강원도 울진, 낙동강 동쪽의 경남 및 부산 지역을 포괄하는 제4지구당 조직위원회는 중앙당에서 조직위원장으로 임명해 파견한 이구형에 의해 1952년 6월 만들어졌다. 제5지구당 조직위원회 역시 1952년 10월 지리산에서 조직개편 회의를 갖고 이현상을 조직위원장으로, 박영발(전남도당 위원장)을 부위원장으로 하여 뒤늦게 출범했다.

그러나 이 시기는 노동당 지도부에서 기대했던 것과 달리 이미 남한 내 유격대들이 전멸된 상태였기 때문에 지구당으로 개편하더라도 별 효과는 없었을 것이다.

대남공작부서 개편과 남조선유격대 지원

노동당 정치위원회 결정서에는 미(未)해방 지구의 당 및 유격대 활동을 지도하기 위해 중앙당에 연락부를 설치하고 여기에서 인민군 최고사령부 유격지도처의 업무를 관할하도록 하는 내용도 담겨 있었다.

김일성은 6·25전쟁 발발 이후, 노동당 중앙위원회 산하의 대남공작기구인 연락부가 거의 해체 상태에 이르자, 이를 재건하고 확대하기 위한 조치를 추진했다. 그는 연락부를 '노동당 서울현지지도부'로 개편하여 조직을 새롭게 정비하고 대남공작 역량을 강화한 것이다.

김일성은 노동당 서울현지지도부 책임자에 임명했던 이승엽을 평양으로 불러들여 노동당 대남담당비서에 임명하고 배철을 연락부장에 임명했다. 그리고 윤순달·박승원·이송분 등을 부부장에 임명했다. 아울러 연락부 내에는 조직공작과, 조사정보공작과, 선전교양과, 작전지도과, 유격지도과, 후방공급과, 재정과, 통신연락과, 초대소 관리과, 간부과, 종합과, 의무과 등의 부서를 두고 남한 내 지하당 조직과 유격대들에 대한 전체적인 지도를 하도록 했다.

이와 함께 남한 내 유격대 활동을 지휘하고 있던 인민군 최고사령부 직속 유격지도처(일명 526군부대)를 노동당 연락부 산하에 배속시키고 연락부장 배철이 유격지도처장을 겸임하도록 했다.

유격지도처 부처장은 김영식이었는데, 여기에는 작전지도과, 연락소지도과, 연락통신대지도과, 간부대열과, 정찰조사과 등이 있었다. 그리고 전쟁발발 후 해체되었던 대남공작전담 연락소와 사업소들을 1951년 7월을 기점으로 재건했다. 이때 재건된 연락소가 동부연락소(강원도 회양군 내금강면), 중부연락소(강원도 회양군 난곡면), 서부연락소(황해북도 금천군 구어면), 개성연락소(개성시 자남동) 등이며 서해를 통한 해상침투와 대남물자교역을 담당하는 연백사업소와 옹진사업소도 설치되었다.

노동당 정치위원회 결정서에는 또한 지하당 간부 및 유격대 지도자들을 양성하기 위해 1천여 명의 인원을 훈련시킬 능력을 가진 간부훈련소를 설치해야 한다는 내용도 포함되어 있었다.

이 같은 결정에 따라 1951년 10월 황해북도 서흥군 율리면 오동리 산속에 1천여 명의 지하당 간부들과 유격대 지휘성원들을 수용하고 그들에게 교육과 훈련을 시킬 수 있는 금강정치학원을 조직하여 중앙당 연락부가 이를 직접 운영하도록 했다.

　당시 금강정치학원 원장은 서울시당위원장이었던 김응빈(인민유격대 제1지대장)이었고, 정치부원장에는 송을수(전 강동학원 부원장, 전 서울학원 원장), 후방부원장에 이인동(전 전평부의장, 중앙당 재정경리부 부부장), 군사부원장에 임호(전 인민유격대 제6지대 참모)가 임명했다. 그리고 초급당위원회와 간부부, 기술부, 병원 등도 꾸려졌다.

　초기에 금강정치학원의 학제는 1개월 단기반과 3개월반, 6개월반 등으로 편성했다가 1952년 초에 들어서면서 중대 및 소대 단위로 개편했다. 1개 중대는 60~70명이었고 4~5개 소대로 편성했다. 1~18중대는 당 간부 출신으로서 수준이 높은 자를 공작원 후보자로 양성하는 과정이었고, 21~24중대는 중간수준급의 간부를, 31~33중대는 평당원과 문맹에 가까운 수준 낮은 자들을, 51~52중대는 고령자들을 편입시켰다. 71~72중대는 과오를 범한 낙오자들을 편입시켰다.

　금강정치학원에서는 지하당 공작에 필요한 정치이론교육, 군사훈련과 함께 자동차운전, 이발, 목공, 토공, 시계수리 등 신분위장에 필요한 기술교육도 실시했다. 이와 같은 내용으로 약 6개월 간 교육을 실시한 다음 1952년 3월 금강학원 학생들의 1단계 교육훈련을 종결짓고 지하공작원 및 유격대원으로 부적합한 300명 정도의 인원으로 유격대 제10지대를 편성해 황해도 연백지구에서 농사를 짓게 했다.

한편, 당시 북한노동당 중앙위 연락부와 유격지도처에서는 전멸 상태에 빠진 남한 내 유격대를 되살리기 위해 금강정치학원에서 훈련시킨 유격대 지휘성원들을 남한의 각 지역 유격대에 파견해 역량을 보강하기 위한 공작원 침투에 주력했다.

유격대 지휘성원으로 파견되는 자들은 인민군 지휘관 또는 유격대 지휘관 경험을 가진 자로서 금강정치학원에서 유격대 교육 훈련을 받은 후 추가적인 교육과 훈련을 실시한 다음 1952년 8월부터 5회에 걸쳐 각각 20~50여 명 단위로 소부대로 편성해 남쪽으로 침투시켰다. 그러나 이들 가운데 많은 인원이 침투 도중 군경 토벌대와 조우하여 사살되었고, 살아남은 자들은 정전을 전후한 시점에 남한 내 잔존 유격대 소멸과 함께 사살 또는 체포·처형되었다.

1952년 하반기에 이르러는 지리산의 이현상·박영발·방순표 중심의 제5지구당 지도부와 그 산하 유격대인 김지회 부대와 이영희 부대를 제외한 다른 지구당 지도부와 유격대들이 거의 전멸되다시피 했다.

이러한 상황에서 1952년 10월 초 "미(未)해방 지역에서의 지하당 조직과 인민유격대들의 활동정형과 나타나고 있는 편향에 대하여(남한 지역에서의 지하당과 유격대 활동 실태, 그리고 활동 중 나타난 문제점들)"를 논의하고 지하당 조직들과 유격대들의 활동에서 나타나고 있는 편향과 결함을 시정할 것을 지시했으나 이 역시 현실과는 거리가 먼 것이었기에 제대로 실행될 수 없었다.

남로당 지도부 숙청과 유격대의 괴멸

1952년 12월 15일 개최된 노동당 중앙위원회 제5차 전원회의 이후 전원회의 문헌 논의를 명분으로 박헌영·이승엽을 위시한 구 남로당 지도부를 숙청함에 따라 그들이 지도적 위치를 차지하고 있던 대남공작부문에도 많은 변화가 일어났다.

김일성과 북한 지도부는 노동당 중앙위원회 제5차 전원회의 결정을 채택하고 노동당 중앙위원회 명의로 전체 당원들에게 '붉은 편지'를 보내 전원회의 결정 논의 사업과 반(反)종파 투쟁을 동시에 벌이도록 했다. 이러한 조치는 북한 내부뿐 아니라 대남공작조직과 남한의 각 지하당 조직, 유격대 조직들에서도 취하도록 했다.

이에 따라 대남공작부문에서는 노동당 중앙위원회 제5차 전원회의 결정 논의와 박헌영·이승엽 등 구 남로당 지도부의 반종파 투쟁을 동시에 진행하게 되었으며, 이 과정에 박헌영과 이승엽은 물론 연락부장 배철과 부부장 윤순달·박승원 등 중앙당 연락부의 주요 간부들이 미국의 간첩으로 몰려 체포 구금 제거되었다.

이러한 상황에서 김일성과 북한 지도부는 1953년 3월 노동당 중앙위원회 정치위원회를 열고 종전의 노동당 연락부와 그 산하기구들을 전면 해체하고 새로운 기구로 조직을 개편할 것을 결정했다. 정치위원회 결정에 따른 연락부 조직기구 개편은 1953년 3월 중순~9월 말까지 6개월 남짓한 기간 동안 진행되었다.

북한 지도부가 중앙당 연락부를 비롯한 대남공작 기구를 전면 해체하고 새롭게 편성한 것은 박헌영·이승엽 등 남로당 지도부 때문에 기존의 연락부 조직과 공작 전술 등이 전부 남한 정보기관에 노출되었다는 것이 이유였다. 말하자면 구 남로당 지도부가 대남 공작과 관련된 비밀을 모두 남쪽에 넘겼기 때문에, 대남공작에서는 보안이 생명인데 이것이 보장되지 않는다는 것이 이유였다.

우선 기존의 노동당 연락부 조직 기구를 모두 폐지하고 전혀 새로운 조직기구로 개편했다.

새로 구성된 노동당 연락부 부장에는 갑산파 두목으로 8·15광복과 함께 서대문형무소에서 출옥하여 6·25전쟁 시기 인민군 총정치국 부국장을 역임했던 박금철이 임명되었다. 부부장에는 어윤갑과 김창수, 최달현, 장지민, 전인선, 이수영, 박영순, 장원철 및 이상규 등 9명이 임명되었다.

인민군 3군단 정치부군단장 출신의 어윤갑은 기존 당 조직들을 수습 및 재건하는 조직공작 제1부문을 담당하고, 전쟁 발발 전 연락부장을 하다가 전쟁 때 내무성 정보국 부국장에 임명되었던 김창수는 새로운 조직을 구축하는 조직공작 제2부문을 담당했다.

전 인민군 총정치국 부국장 겸 적공부장이었던 최달현은 특수기관 및 국군을 상대로 하는 공작을 담당하는 조직공작 제3부문을 담당했으며, 연안파 출신으로 중앙당 조직지도부 부부장을 역임했던 장지민은 해외우회 침투공작을 담당하는 조직공작 제4부문을 담당했다. 전 중공군 사령부 문화연락부장이었던 전인선은 공작원의 침투 및 복귀 시 안내를 담당하는 제5부문을 담당하고 경성제국대학 출신으로 학병동맹 책임자로 활동하다 평양시 인민위원회 부위원장을 역임했던 이수영은 남한의 각 분야 정보를 조사, 연구, 분석하는 제6부문을 담당했다. 김일성 빨치산 출신으로 인민군 최고사령부 통신부장이었던 박영순은 중앙당의 모든 통신연락을 담당하는 제7부문을, 인민군 군단정치부장을 역임했던 장원철은 공작원 침투에 필요한 일체 장비와 물자 등을 보급하는 제8부문을 담당했다. 전 중앙당 재정경리부 부부장이었던 이상규는 연락부와 산하 조직에 필요한 주부식물 등 생필품을 보급하는 제9부문을 담당하도록 했다.

다음으로 기존에 조직했던 연락부 산하의 동부와 중부, 서부 등 각 지역연락소 및 방향(특정 임무나 작전을 수행하기 위해 설정된 작전 구역·작전 단위)들을 전면 폐지하고 위치와 조직을 전부 변경시켰다. 해상의 경우 동·서 연락소를 강원도 고성과 황해도 연안에, 육상연락소를 평강에, 한강과 임진강을 통한 침투를 전담하는 개성연락소를 두었다. 한편, 각 연락소 산하에는 2~3개의 전투 방향을 두었고 1개 방향에는 3개의 전투 안내조를 두었다.

또한 기존의 유격지도처는 물론 공작원 교육훈련 기지였던 금강정치학원과 통신연락훈련소, 평북도 의주에 있던 공작원 특수기술훈련소(낙하산), 개성과 황해도 연안의 포구에 있던 대남교역연락소들도 전면 폐지했다.

이러한 가운데 남한 지역에서 활동하는 유격대에 대한 한국 군경의 토벌작전이 본격화되자 여러 지역에서 활동하던 유격부대들이 지리산으로 집결해 참호를 파고 대부대 진지전과 자체 방어전을 벌이는 동시에 역량보존을 위한 식량 약탈 등에 급급했다. 이현상의 총지휘 하에 지리산으로 집결한 유격부대들은 1951년 12월 초~1952년 3월 중순에 걸치는 공비토벌 전투사령부 예하 부대들의 대토벌 작전으로 치명적인 타격을 입고 여기저기로 뿔뿔이 흩어져 도망 다니면서 연명를 위한 보급 투쟁마저도 제대로 할 수 없는 처지에 이르렀다.

여기에 1952년 말부터 시작된 박헌영·이승엽 등 남로당 수뇌부에 대한 숙청은 남한 내 유격대원들의 사기를 현저하게 저하시켰으며, 정전협정 체결은 이들에게 사형선고를 내린 것과 같은 사건이었다.

결국 남한 내 노동당 지구당과 유격대 활동은 1953년 8월 군경 토벌부대의 본격적인 대토벌 작전에 의해 지리산유격대 총사령관 이현상이 지리산 빛장골에서 사살되고 1954년 초에 제5지구당 지도부 성원들인 박영발과 방순표, 조병하와 김신우 등이 사살된 후 마지막까지 지탱하고 있던 김지회 부대와 이영희 부대의 전멸, 남도부 부대의 소멸과 함께 남도부가 생포됨으로써 종말을 고했다.

지하당 재건과 정보 수집 공작

인민군 퇴각 이후 북한은 남한 내 유격대 활동을 지원하는 공작뿐 아니라 파괴된 지하당을 재건하고 각종 대남정보를 수집하기 위한 공작을 전개했다.

북한은 산악지대에 은둔해 군경의 토벌에 의해 소멸되어 가고 있던 각 지구당 조직들을 수습하는 동시에 이들의 활동을 활성화시키기 위해 공작원 양성 및 파견에 주력했다. 또한 경찰, 국군 등 한국의 특수기관에 공작원을 잠입시키기 위한 공작도 전개했다.

지하당 재건 및 특수기관 잠입을 위한 공작은 북한군이 재남침할 때까지로 기간을 정하고 2~5명으로 구성된 공작조와 가짜 부부로 구성된 공작조 또는 개별 공작원을 침투시키는 방식으로 진행되었다.

기존의 지구당을 지하당으로 재건하기 위한 공작은 2~5명으로 구성된 공작조를 기본으로 개별적인 공작원들을 침투시켜 전개했다. 이 같은 공작은 당시 노동당 중앙위원회 연락부와 제1지구당 및 제2지구당 지도부가 담당했다. 중앙당 연락부에서는 충청남북도 지역을 포괄하는 제3지구당, 전라남북도 지역에 조직된 제4지구당, 그리고 경상남북도 지역을 담당하는 제5지구당에 대한 공작을 담당하고 서울시와 경기도 지역은 개성에 있던 제1지구당 지도부에서, 강원도 지역은 회양군에 있던 제2지구당 지도부에서 직접 담당했다. 그러다가 제1, 2지구당 지도부가 해체된 1952년 6월경부터는 중앙당 연락부에서 모든 지하당 재건 공작을 담당했다.

지구당 지도부 보강 및 지하당 개편 공작을 위해 남파되는 집체 공작조는 1951년 말~1952년 말까지 설악산과 소백산 등 동부 지역의 산악 루트를 통해 은밀히 침투한 다음 백두대간을 타고 충청도와 전라도, 경상도 지역으로 이동하거나 경기도 지역으로 침투하는 전술을 구사했다.

이들은 많은 경우 침투 과정에 아군 토벌대와 조우하여 교전 끝에 사살되었으나 일부 인원은 공작 지역까지 침투하는 데 성공하기도 했다. 실제로 당시 제5지구당(경상도)에 파견된 선동규, 이승제 외 3명의 공작조와 조선기, 윤기홍 외 3명의 공작조가 공작 지역인 경상도 지역까지 침투에 성공한 바 있다. 또한 제4지구당(전라도)에 파견된 정치범, 조용제 외 3명의 공작조와 김기만 강영호 외 수명의 공작조도 침투에 성공했으며 제3지구당(충청도)에 파견된 신창식, 유기찬 외 수명의 공작조도 공작 지역까지 침투하는 데 성공했다.

한편, 지하당 조직을 수습하거나 특수공작 및 기존 조직 보강을 위해 남파되는 개별공작원 및 부부공작조는 주로 황해도, 개성 등 서부 지역으로 침투해 서울과 경기, 충청 지역으로 침투하는 전술을 구사했다. 부부공작조는 표면적으로 부부행세를 하는 가짜 부부 공작조였다.

일부 개별 공작원과 부부공작조는 우익분자로 위장시킨 다음 합법적으로 침투시키는 전술을 구사하기도 했다. 이를 위해서는 우선 남파공작원들을 우익 반동분자로 위장시킨 다음 북한 내무성과 사전 결탁하여 이들을 우익 반동분자들이 많이 감금되어 있는 내무서 유치장과 감옥에 구금한다. 이렇게 구금된 공작원은 형식적인 '고문'도 받고 그 과정에서 현장에 이미 구금되어 있는 우익분자들과 같이 생활하면서 그들과 친분을 맺고 그들의 환심을 산 다음 내무기관이 관대히 처리하는 방식으로 석방시키면 그들과 같이 월남을 모의하여 선박을 훔쳐 타고 월남하거나 이미 월남한 사람들이 드나들고 있는 황해도 지역의 선을 찾아 월남하는 방법으로 침투했다.

북한은 공작원들의 신분을 위장시켜 남한에 침투시키는 전술을 구사했다. 먼저 유엔군이 북진했을 때 공작원들을 유엔군과 한국군에 협조했던 '치안대' 같은 단체의 일원 중, 미처 남쪽으로 피하지 못한 인물로 위장시켰다. 이렇게 신분을 위장한 공작원들은 황해도 연선(沿線) 지역에 들여보냈는데, 이 지역은 이미 월남한 사람들이 첩보 활동이나 유격대 활동 등 대북공작을 위해 자주 이용하던 곳이었다. 그들은 이곳에서 월남자 가족들과 비밀리에 접촉하거나 기존 공작 라인을 이용해 남한으로 침투했다.

이 시기 남파된 공작원들은 대부분 남한 출신으로 6·25전쟁 때 월북하여 금강정치학원에서 함께 공작원 훈련을 받은 남로당 간부들이라는 점과, 모두가 자기 출신 지역에 침투했다는 특징이 있다.

같은 지방 출신들이 동일한 훈련기관인 금강정치학원에서 집체교육을 받았기 때문에 상호 얼굴을(서로 얼굴을) 알고 있었고 이로 인해 한 명이 체포되면 같은 지방 출신의 공작원들이 연이어 체포됨으로써 공작이 실패할 수밖에 없었다. 서울·경기 지방으로 침투하는 공작원들은 동일한 침투 루트를 사용했기 때문에 서울로 들어오는 미아리고개나 무악재에서 검문·검색에 의해 거의 다 체포되다시피 했다. 아울러 공작원들의 침투 시기가 주로 달이 없는 무월광(無月光) 시기에 이루어졌기 때문에 이 시기에 집중적으로 경계 및 검문·검색을 강화함으로써 대부분 체포될 수밖에 없었다.

그럼에도 대남침투에 성공한 공작조 및 공작원들도 있었다. 대표적으로 침투에 성공한 가짜부부 공작조가 바로 경북 안동 출신의 유양필과 경북 문경 출신의 신대복 공작조였다. 이들은 1952년 5월 서울과 대구 지역의 지하당 조직 재건 임무를 받고 침투에 성공한 후 서울에 정착해 생활하다가 신대복은 1961년 3월에 월북하고 유양필은 계속 공작활동을 벌이다가 1962년 초에 체포·처형되었다.

또한 6·25전쟁 전 내무부 치안국 경무과장으로 활동하면서 북한의 공작임무를 수행하다 검거되었던 김정제도 당시 대남침투에 성공했던 케이스라 할 수 있다. 김정제는 8·15광복 이후 남로당 중앙특수부 소속 비밀당원으로 내무부 치안국 경무과장으로 재직하면서 임무를 수행하던 중 정체가 노출되어 6·25전쟁 직전에 검거되었다. 그러나 북한군의 서울 점령으로 탈옥에 성공한 후 월북했다가 1951년 6월 공작원으로 선발되어 밀봉교육을 받고 남한에 침투했다. 대남침투에 성공한 김정제는 자신의 월북 사실과 신분을 숨기고 전쟁 초기부터 시골에 피신해 있다가 나타난 것으로 위장해 정부 고위층에 침투하여 공작기반을 구축했다. 이후 북한 공작지도부의 지령에 따라 정부와 자유당의 고위층과 많은 접촉을 하면서 고급정보를 수집·보고하는 등 공작임무를 수행하다 1957년 8월에 적발되었다.

이와 함께 대구에서 공작활동을 하다가 체포된 손대수의 경우에도 대남침투에 성공했던 사례다. 손대수는 광복 직후부터 경북지방 남로당 간부로 활동하면서 1946년 10월 항쟁에 적극 가담했으며 북한군 남침 때는 남로당 간부로 합법적으로 활약하다가 인민군 패주 시 인민군대에 자원입대해 평양 방어전투에서 큰 공을 세워 국기훈장 제1급까지 수여받은 바 있다. 그러다가 1951년 10월 인민군대에서 제대한 후 금강정치학원에 들어가 남파공작에 필요한 교육과 훈련을 받은 후 1952년 8월 경상도 지역을 담당한 제4지구당 간부로 임명되어 침투에 성공했다. 백두대간을 타고 대구 지역에 침투한 후 제4지구당 지도부와의 접선에 성공했으며, 이후 제4지구당 북부지구 소지구당 위원장으로 임명되어 팔공산에 근거지를 두고 대구 시내를 중심으로 공작활동을 전개했다. 경북 지역의 제4지구당 지도부가 완전 소멸된 이후에는 지구당 지도부 및 대구시내 지하당 조직 재건을 위해 대학 강사를 비롯해 많은 사람들을 포섭하여 활동하다 1959년 7월 말에 적발 검거되어 처형되었다.

● 공작원 이인모의 일대기

이력
출생 1917년 8월 24일, 함경남도 풍산(현재 양강도 김형직군)
사망 2007년 6월 16일
신분 북한에서 공화국영웅 칭호를 받은 비전향장기수
특징 1993년 김영삼 정부에 의해 송환된 "북송1호"

초기 활동
8·15 해방 전까지 고향에서 반일운동에 가담
해방 이후 함남 신포에서 군당 선전부 간부로 활동

전쟁 시기
전쟁 발발 후 정치공작대원으로 선발되어 전라도 지역에 파견됨
임무는 노동당 조직, 인민위원회 설치, 토지개혁 집행 등 정치공작 수행
인천상륙작전 이후 북한군이 퇴각하면서 지리산으로 들어가 빨치산 활동 전환
역할은 유격대 정치부 선전·선동 담당 간부
대원들에게 충성심을 고취하는 기사 작성
1952년 체포 → 7년 복역(1959년 출소)

전쟁 후
1959년 출소 직후 다시 북한 노동당 대남공작부서와 연결
1961년 부산에서 지하당 활동 혐의로 체포 → 15년형
이후에도 두 차례 추가 복역 → 총 34년간 옥살이
1988년 석방

북송
북한은 1991년부터 이인모 송환을 지속 요구
1993년 3월 19일, 김영삼 정부가 그를 북송
북한 도착 시 대대적인 환영식
김정일은 그를 "신념과 의지의 화신"이라 칭송하고 공화국영웅칭호 수여, 부총리급 대우

정리
일반적으로는 "종군기자"로 알려졌으나 실체는 정치공작대원 출신 공작원
빨치산 활동·의용군 강제 모집 및 선동·지하당 재건 공작 등에 깊숙이 관여한 인물
북한에서는 체제 선전용 상징 인물로 활용됨

Chapter 3
3장

휴전, 끝나지 않은 전쟁

휴전을 전후한 1950년대 북한의 대남공작은 김일성이 미국의 고용간첩으로 몰아 숙청한 구 남로당 지도부의 잔재 및 여독 청산을 위한 대대적인 공작조직 개편과 함께 간신히 존재를 유지하고 있던 남한 지역 유격대 수습, 파괴된 지하당 재건 등에 주력한 것이 특징이다. 이와 함께 전후 남한의 혼란한 정국을 이용해 과거 해방공간에서 활동했던 공산주의자와 민족주의자들을 포섭하고 이들을 내세워 진보정당을 창당하는 공작도 추진했다. 물론 이러한 공작은 대부분 남한에 연고를 둔 남한 출신 공작원들을 활용해 전개되었다.

대남공작기구 정비 및 확대

앞서 언급한 바와 같이 북한 지도부는 1953년 3월부터 6개월 동안 구 남로당지도부에 대한 숙청과 함께 노동당 중앙위원회(중앙당) 대남공작부서인 연락부에 대한 전면적이고 대대적인 개편 작업을 진행했다. 사실상 연락부의 명칭만 그대로 두었을 뿐 완전히 해체하고 새로 만드는 수준의 개편 작업이었다.

여기에 그치지 않고 연락부장을 수시로 교체하고 조직기구를 끊임없이 개편하는 등 전후의 복잡한 환경에 대처하여 대남공작을 보다 공격적으로 전개하기 위해 여러 조치를 취했다.

무엇보다 김일성은 정전협정이 체결된 지 일주일 남짓 지난 1953년 8월 5일 당중앙위원회 제6차 전원회의를 열고 '남로당계 반란음모 사건'을 들고 나와 이를 정당화하는 한편 주영하와 장시우 등 9명의 간부들을 남로당에 동조했다는 이유로 숙청했다. 이와 함께 기존의 '북조선 혁명기지노선'에 기초한 대남적화통일 의지를 다시 한 번 확인했다.

김일성은 1953년 5월~1959년 2월까지 5년 남짓한 기간에 중앙당 연락부장을 4명이나 교체하는 등 대남공작에 대해 상당한 관심을 보였다. 김일성의 각별한 관심은 남로당계 숙청으로 공석이 된 중앙당 연락부장에 자신의 측근이라고 할 수 있는 갑산파 출신의 공산주의자 박금철을 임명한 것을 보면 알 수 있다. 전쟁이 끝나기 전인 1953년 5월 연락부장에 임명한 박금철이 1954년 11월까지 1년 반 정도 하다가 중앙당 조직부장으로 승진 이동하자 그 후임으로 소련파 출신으로서 내무성 부상 겸 정보국장을 역임하던 박일영을 연락부장에 임명했다. 박일영도 1년 반 정도 하다가 1956년 4월 불가리아 대사에 임명되면서 그만두게 되자 그 자리에 과거 5호실 실장을 거쳐 중앙당 사회부장을 역임했던 임해를 임명했다. 임해는 약 3년 정도 연락부장 업무를 수행하다가 1959년 2월 중순에 연락부 부부장이었던 어윤갑이 연락부장으로 승진·임명되면서 그만두었다. 이러한 사실은 당시 김일성이 대남공작에 얼마나 많은 관심을 가졌느냐 하는 것을 보여준다.

또한 중앙당 연락부의 조직체계도 수시로 개편했다. 제1공작부문과 제2공작부문을 제1공작부문으로 통합해 당 조직 공작부문으로 개편하고 제3부문의 특수공작부문을 확대·개편하여 여당과 야당, 정권에 대한 공작을 동시에 담당하도록 했으며 국군공작도 육군과 해군, 공군 등 군종별 담당 인원을 대폭적으로 증원시켜 연락부 제2공작부문으로 개편했다. 그리고 1955년 초에 이르러서는 제4공작부문인 해외 우회공작부문에 대한 조직구성을 마무리했다.

이와 함께 1956년 중반기에 중앙당 연락부 산하 연락소 가운데 서해안으로의 침투를 담당하던 황해도 연안연락소를 폐지하고 해주연락소를 신설했으며 그 소속으로 연안과 옹진 등에 전투방향을 다시 내오도록 했다(다시 세우도록 했다). 또한 동해안으로의 침투를 담당하던 강원도 고성연락소를 폐지하고 원산연락소를 신설했으며 그 산하에 고성, 청석, 고저 전투방향을 신설했다. 그리고 육상부문의 평강연락소(강원도) 산하에 3개 전투방향과 개성연락소 산하에 2개 전투방향도 신설하는 등 연락소들을 확대했다. 당시에 조직된 연락소의 명칭이나 조직체계가 노동당 작전부로 이관되어 1990년대까지 대부분 그대로 존재했다는 것이 전직 대남요원들의 진술이다.

이 시기 해외 공작부문에서는 중국 광동성에 연락소를 신설하여 홍콩, 마카오를 통한 해외 침투 및 공작을 전담하도록 했으며, 1958년 말에는 독일 동베를린(일명 동백림)에 해외 공작 연락소를 설치하고 체코 프라하에는 출판물 선전거점을 신설했다.

이와 함께 노동당 산하에 새로운 대남공작기구와 공작원 양성기관 설립도 연이어 추진했다.

먼저 1956년 4월 노동당 정치위원회 결정으로 노동당 중앙위원회(중앙당)에 문화부를 신설했다.

이때 신설된 중앙당 문화부는 직접적인 대남공작은 하지 않고 대남정치선전·선동 및 남한과 해외자료 조사 연구, 일본 조총련에 대한 지도 등을 전담했다. 그리고 1959년 12월에는 문화부 산하에 남한과 해외의 정치, 경제, 군사, 사회 등 전 분야에 대한 조사와 대남정책 수립에 필요한 자료들을 전문적으로 조사·분석하고 연구하는 '남조선연구소'를 신설했다. 초대 남조선연구소장에는 저명한 사회경제학자였던 김광식을 임명했다.

또한 노동당 중앙위원회에 대남공작 지도부와 한국 현지 지하당 조직 및 대남침투요원들과의 연락을 전담하는 통신부를 신설했다.

중앙당 통신부는 대남연락 임무는 물론 대남공작원들과의 무전통신 연락에 필요한 무전기의 개발과 훈련, 암호체계 개발 등 실제적인 통신연락을 보장하는 역할을 수행할 뿐 아니라 한국의 각

방송과 공개 및 비공개 무전통신 내용을 감청해 분석하고 그 결과를 연락부와 문화부 및 그 산하기관에 배포해 활용토록 하는 임무도 수행했다.

한편, 1953년 9월 13일에는 남한 출신 간부들에 대한 재교육을 강화해야 한다는 노동당 중앙위원회 상무위원회 결정에 따라 개성시 만월동에 송도정치경제대학을 설립했다.

이 대학에는 당시 중앙당학교 분교와 김일성종합대학에 분산 입학시켜 교육 중이던 남한 출신자들만 입교시킨 후 이들을 장차 한국을 적화통일한 후 남한 지역의 당 및 정치기관, 행정·경제기관에서 활동할 중요 간부들을 양성했다. 그러나 이 대학을 졸업한 대상 가운데 대남공작원으로 선발되어 남파된 경우도 있었다. 이와 같이 송도정치경제대학은 적화통일 후 남한에 파견할 일반 간부 양성과 함께 대남공작원 양성을 겸하고 있는 사실상 대남공작 교육기관이라고 해도 과언이 아니었다.

이와 함께 과거에 폐지한 대남공작원 전문 양성기관인 금강정치학원을 대체할 대남공작요원 교육훈련기관도 신설했다.

그것이 바로 1957년 1월 30일 김일성고급당학교 분교 형식으로 창설된 '조선노동당 중앙위원회 정치학교(약칭 정치학교)'이다. 일명 '통일대학' 또는 '순안정치대학'이라고도 불렸던 중앙당정치학교의 초대교장에는 김광빈을 임명했다. 아울러 정치학교 교장은 중앙당 연락부 부부장을 당연직으로 겸임하도록 했다. 교장 밑에는 정치부와 군사부, 교무부와 후방부(지원부서)를 두었다.

정치학교 졸업 후에는 공작원으로 적합한 인원들을 다시 선별한 다음 공작원에 임명된 대상들은 개별적으로 연락부가 직접 운영하는 초대소에 다시 수용돼 대남공작 임무 수행에 필요한 별도의 교육과 훈련을 받은 다음 남파되었다. 실제로 1965년 9월 7일 경기도 안성에서 검거된 남파간첩 최남섭은 1963년 12월~1965년 2월까지 약 1년 반 정도 정치학교에서 간첩교육을 받은 후 1965년 7월 남파될 때까지 5개월 동안 초대소에서 공작임무 수행에 필요한 전술교육을 개별적으로 받았다.

1957년 1월 30일 창설된 중앙당정치학교는 그후 1970년대 중반에 이르러 '금성정치군사대학'으로 명칭을 바꾸었다가 1980년대 초에는 '노동당중앙위원회 직속 정치학교'로, 1990년대 초에는 현재의 김정일정치군사대학으로 명칭을 바꾸었다.

정치학교 창립 10주년이 되는 1967년 1월 30일에는 당시 학장으로 있던 김일성의 빨치산 동료 전창철의 요청으로 김일성이 정치학교를 방문하기도 했다. 그래서 김정일정치군사대학에서는 대학(정치학교) 창립 기념일이자 김일성의 현지지도 날짜인 1월 30일을 의미하는 '130'에 연락소 용어을 붙여 '130연락소'라는 명칭을 사용하기도 하고, '695군부대'라는 위장 명칭을 사용하기도 한다.

국가기구인 민족보위성과 사회안전부 내에도 대남정보 업무를 전문으로 하는 공작기구들을 신설·개편했다.

원래 북한 민족보위성 정찰국에서 대남공작을 시작한 것은 인민군이 정식으로 편성되기 전 북조선임시인민위원회 당시인 1946년 8

월 15일 보안간부 훈련대대를 창설하고 인민군의 핵심간부 양성을 시작한 때부터라고 할 수 있다. 당시 보안간부 훈련대대에는 내부에 총참모부가 있었고 그 예하에 정찰국이 있었다. 초대 정찰국장에는 보안간부훈련대대 참모장을 역임하고 있던 김일성의 빨치산 동료 안길(본명 안상길)이 취임했으나 그가 1947년 12월에 사망한 후 이상조, 박금철 등을 거쳐 1953년 이후 김일성의 또 다른 빨치산 동료 박성철이 취임했다가 1959년에는 차두손이 임명되었다.

정찰국의 기본임무는 북한군의 전쟁수행에 필요한 대남군사정보 수집이었으며 부차적으로는 무장 군사정찰을 겸한 휴전선 침투 루트 개척, 공작원 호송안내 임무도 담당했다.

한편 북한은 1955년 4월 노동당중앙위 정치위원회 결정에 따라 정찰국 산하에 독립적인 공작기구인 특수정찰국을 신설하고 여기에서 기존에 민족보위성 정찰국에서 수행하던 대남, 대외 군사정보 수집 공작을 전담하도록 했다. 그리고 1960년 4월에는 과거 노동당 연락부에 소속되어 남파간첩 호송안내 임무를 수행하고 있던 716군부대를 특수정찰국에 이관했다.

이와 함께 내무성 사회안전국 내에 있던 정보공작국을 확대·개편하여 대남및 대외 정치, 경제, 과학, 기술 등 전 분야의 정보 수집 공작을 전담하도록 했다.

지리산유격대 수습 공작

북한은 위와 같이 대대적인 대남공작조직 개편과 공작원 양성기관 설립 등 대남공작을 위한 준비를 빈틈없이 갖추는 한편 잔존 역량을 동원해 대남공작을 중단 없이 전개하는 데도 주력했다.

무엇보다 기존부터 활동하고 있던 지하당 조직과 당원들을 수습하여 당 조직을 재건하기 위한 공작을 추진했다.

앞서 언급한 바와 같이 지리산과 태백산 등 주요 산악지대에서 활동하던 빨치산 대원들과 지구당 조직원들은 국군과 경찰의 강력한 공비토벌·소탕작전에 의해 거의 소멸되다시피 했다. 그러나 이러한 상황에서도 일부 살아남은 자들은 군경의 토벌을 피해 광대한 지리산 줄기와 골짜기로 숨어 다니며 간신히 명맥을 유지하고 있다가 정전을 맞이했다.

이 같은 여건에서 노동당 연락부에서는 유격대와 지구당의 잔존 세력들을 연계 및 재수습하여 박헌영·이승엽 등 남로당 수뇌부와 기존 연락부가 끼친 해독과 영향 및 잔재를 청산하는 동시에 당 조직을 재건하기 위한 공작을 추진했다.

정전 전후 시기까지 남한 내에 잔존해있던 세력은 이현상·박영발·방순표 등 지리산지구의 전남북에 있는 일부 당 조직과 유격대, 그리고 남도부·이병희를 중심으로 하는 경상남도 일부 당 조직과 유격대 정도였으나 이들마저도 중앙당과의 연락은 두절된 상태였다. 오대산과 태백산, 속리산 등을 중심으로 활동하던 세력은 이미 전멸되어 당 조직과 유격대와 같은 조직된 역량은 남아있지 않았으며 개별적으로 살아남은 몇 명의 간부와 당원들이 산악에 몸을 숨기고 명맥을 유지하고 있을 정도였다.

이러한 상황에서 중앙당 연락부에서는 1953년 4월 당시까지 잔존해있던 지리산지구의 이현상·박영발·방순표 등 제4지구당과 남도부·이병희의 제5지구당에 각각 지도연락공작조를 파견하기로 결정했다.

지도연락공작조의 임무는 우선 현지에 침투하여 당 조직 및 유격대를 찾아내 접선·연계한 후 내부 상황을 구체적으로 파악한 다음 박헌영·이승엽의 여독과 잔재를 청산하기 위한 사상투쟁을 조직하는 것이었다. 다음으로 이승엽의 지시에 의해 기존에 만들어졌던 유격대의 지구당 조직체계를 해체하고 사상투쟁을 통해 검증된 간부와 당원들을 재임명, 재배치 한 다음 이들을 하산시켜 도시와 농촌에 자리 잡게 하고 해당 지역의 당 조직과 당원들을 재수습 연계하여 조직을 재건하도록 하는 것이었다.

이를 위해 중앙당 연락부에서는 제4지구당과 제5지구당에 파견할 2개의 지도연락공작조 구성에 착수했다.

각 지도연락공작조는 5명으로 구성하되 책임자에는 유격투쟁 경험을 가진 도당 부위원장급 간부를 임명하고 2명의 조원은 전투경험이 있는 중간급 간부들로, 나머지 2명은 무전기술을 가진 간부들로 구성했으며 모두 무기를 소지하기로 했다. 한마디로 무장공작조인 셈이다.

먼저 제4지구당의 이현상 측에 보내는 지도연락공작조는 소백산

지구에서 활동하다 군경의 토벌이 심해져 1952년 3월 입북했던 제1지대 연대장 출신 정도완을 책임자로 임명하고 나머지 인원들 역시 제1지대 홍현기 부대에서 선발하여 구성했다. 제5지구당의 남도부 측에 보내는 지도연락공작조는 경남 하동 출신으로서 제1지대에서 정치부연대장을 지낸 강병철을 책임자로 임명하고 나머지는 1952년 말 남도부 부대에서 중앙당에 연락원으로 보냈던 3명과 제1지대 중대장 출신 간부 등을 포함해 5명으로 구성했다.

지도연락공작조 구성이 완료된 다음에는 중앙당 연락부장 박금철과 대남담당비서였던 김일성의 빨치산 동료 김일이 직접 이들을 만나 공작임무를 부여했다.

공작임무를 부여받은 2개의 지도연락공작조는 우선 임무 수행 지역인 지리산까지 무사히 침투하기 위해 인민군 특수정찰요원들이 훈련받는 특수훈련소에 입소해 1개월 동안 고강도의 특수훈련을 받도록 했다.

중앙당 연락부에서는 공작조가 훈련받고 있는 특수훈련소에 어윤갑 부부장을 직접 보내 앞으로 지도연락공작조가 임무를 어떻게 수행할 것인가에 대해 구체적으로 토론하고 계획을 수립하도록 했다. 말하자면 지도연락공작조가 지리산 현지까지 어떻게 침투해 접근할 것인가, 지리산에 도착해서는 잔존 당 조직 및 유격대 간부들을 어떻게 찾아내 접선할 것인가, 그들과 접선한 후에는 박헌영·이승엽의 여독을 청산하는 사상투쟁을 어떻게 조직할 것인가, 유격대의 지구당을 해체하고 간부들과 당원들을 검증한 후 재임명, 재배치하는 작업은 어떻게 할 것인가, 도시와 농촌으로 내려보낸 간부들과 당원들은 어떤 방식으로 당 조직 재건 공작을 지도할 것인가, 도시와 농촌에 내려가 활동하는 당원들은 중앙당과는 어떤 방식으로 연계·연락을 실현할 것인가 등 전체적인 임무 수행 방법에 대해 구체적으로 논의하여 계획을 수립했다.

약 2개월 동안 위와 같은 준비과정을 마친 2개의 무장 지도연락 공작조는 1953년 6월 하순 1주일 간격을 두고 산악지역인 동부전선 휴전선을 넘어 침투했다.

이현상이 활동하는 제4지구당에 파견되는 정도완 공작조는 1953년 6월 20일 경에 휴전선 철책을 넘어 침투한 후 태백산맥과 소백산맥의 산악 루트를 통해 8월 초순에 지리산에 당도했다. 이들은 보름 동안 지리산지구를 헤매면서 찾은 끝에 8월 20일경 이현상·방준표·박영발 등 제4지구당 지도부와 접선하는 데 성공했다.

그러나 제5지구당에 파견된 강병철 공작조는 임무 수행에 실패했다. 그들은 6월 말에 휴전선 철책을 넘어 침투한 뒤 정도완 공작조와 동일한 루트를 따라 8월 말에 무사히 지리산지구에 도착하는 데까지는 성공했으나 제5지구당 지도부를 찾아 헤매던 중 빨치산 토벌에 나섰던 대규모 군경토벌대와 조우해 포위되었다. 이러한 상황에서 강병철 공작조는 중앙당 연락부에 자신들이 위급한 상황에 처했다는 무전 보고를 한 뒤 전투를 벌이다 전원 사살되었다.

지리산유격대 괴멸을 초래한 북한의 공작

제4지구당 지도부와 접선한 정도완 지도연락공작조는 중앙당 연락부에서 지시받은 대로 이현상·방준표·박영발·조명하 등 지구당 및 유격대 지도부 간부들에게 중앙당의 결정을 전달하고 자신들이 부여받은 공작임무를 설명했다. 그리고 지도연락공작조의 지시에 무조건 복종해야 한다는 중앙당 연락부의 결정을 전달하고 그대로 따를 것을 강조했다. 이에 대해 제4지구당 지도부 간부들은 정도완 지도연락공작조에 전권을 위임하고 이들의 지시에 따르기로 결정했다.

이에 따라 1953년 8월 말부터 10일 동안 지리산 밑 점골에서는 지도연락공작조 책임자 정도완의 지도 하에 제4지구당 조직위원회가 개최되고 노동당 중앙위원회 제5차 전원회의 결정 관철을 위한 문헌논의(당에서 내려보낸 결정·지침·문헌을 놓고 집단적으로 학습하고 토론하는 정치학습 모임)가 진행되었다. 구체적으로는 '반당 반국가 파괴 암해 종파분자들인 박헌영·이승엽 도당의 여독과 잔재를 청산하기 위한 대책'을 논의한다는 명분 하에 제4지구당 및 유격대 지도부에 대한 숙청 작업이 진행된 것이다.

전라북도 당위원장 겸 제4지구당 부위원장이던 방순표의 기본보고에 이어 전라남도 당위원장 겸 지구당 부위원장인 박영발, 전라북도 당부위원장 겸 지구당 조직부장인 조명하가 토론했다. 또한 박찬규·김선부·박갑출·김정기 등 많은 지구당 간부들과 유격대 간부들이 토론에 참가했다. 이들은 모두 지구당 사업과 유격대 활동에서 박헌영·이승엽 등 남로당 수뇌부의 여독과 잔재를 비판하고 이를 청산할 것을 다짐했다.

특히 이 회의에서는 이승엽으로부터 제4지구당위원장 겸 유격대 사령관으로 임명받아 지리산으로 파견되었던 이현상과 중앙당 전권 대표로 파견되어 제4지구당을 지도했던 여운철 등을 박헌영·이승엽 등 구 남로당 수뇌부의 충실한 심복으로 규정해 비판하고 이들을 처벌하기로 결정했다. 그 결과 이현상은 엄중경고 책벌과 함께 지구당위원장과 유격대대장에서 해임해 평당원으로 강등시키고 여운철은 출당시키는 조치를 취했다. 또한 지구당 조직위원회와 잔존하는 유격대 김지희 부대를 해체하기로 결정했다. 이와 함께 지구당 및 유격대 간부들과 대원들은 사상검토를 거쳐 재평가, 재등록한 다음 출신 지역과 공작여건, 건강문제 등을 고려하여 경상남도당과 전라남도당, 전라북도당 산하 조직에 배속시켰다. 그리고 모든 당원 및 유격대원들은 자신이 소속된 당 조직의 지도를 받으면서 출신 지역 등에 내려가 당 조직 재건공작을 벌일 것을 지시했다.

그러나 중요한 것은 회의에서 논의·결정된 내용 가운데 조직을 해체하고 간부들을 해임하는 등 내부적인 조직문제는 집행되었으나 나머지 후속조치는 실행하지 못했다는 것이다. 말하자면 중앙당의 지시대로 지구당 및 유격대를 해체하여 경남도와 전남도, 전북도당에 배속시키고 해당 당 조직의 지시 하에 출신 및 연고 지역으로 내려가 당 조직 재건 활동을 벌이도록 했으나 거의 시작도 해보지 못하고 대부분의 인원이 전멸되고 말았다.

우선 중앙당 연락부로부터 이현상의 제4지구당에 대한 지도연락 임무를 부여받고 파견되었던 정도완 공작조가 임무를 수행한 후 북한으로 복귀하지 못하고 거의 전멸되다시피 했다.

원래 정도완 공작조는 임무를 기본적으로 수행한 다음 지리산지구에서 빠져나가 소백산줄기와 태백산줄기 등 기존에 침투할 때 사용했던 산악 루트를 따라 북한 지역으로 복귀하려 했다. 그러나 1953년 가을에 접어들면서 군경의 대대적인 토벌작전이 전개되는 바람에 미처 지리산지구도 빠져나가지 못하고 지구당 주요 간부들의 비트를 전전하면서 토벌을 피해 다니다가 조장 정도완 등 3명이 사살되고 말았다. 간신히 살아남은 2명 역시 지구당을 해체할 때 노출 및 건강상 문제로 월북하기로 결정된 10여 명의 인원을 데리고 피신해 다니다가 사생결단으로 지리산지구를 빠져나왔으나 소백산과 태백산맥을 타고 북상하는 과정에서 토벌대와 조우하여 대부분 사살당하고 3명만 겨우 살아남아 1954년 8월 말에 휴전선을 넘어 복귀하는 데 성공했다.

이와 함께 지구당 및 유격대 간부를 역임했던 인물들도 대부분 사살되거나 체포되었다.

지구당위원장 겸 지리산유격대장으로 활동하다 평당원으로 강등된 이현상은 앞서 언급한 바와 같이 회의가 끝나고 1주일 후인 1953년 9월 17일 지리산 빗장골에 머물다 사살되었으며 방순표는 1954년 1월 초 덕유산의 비트 앞에서 머뭇거리다 사살되었다. 전쟁 전 북한 지역의 함경북도당 조직부장을 역임하다 제4지구당 해체 후 경남도당 위원장에 임명된 조병하는 지리산 비트에 은신해 있다가 1954년 2월 초에 토벌대에 의해 생포된 후 사형에 처해졌다. 전남도 유격대장 김선우는 덕유산 비트에 숨어있다 1942년 2월 말 군경 토벌대에 포위되자 스스로 목숨을 끊었다.

이렇게 지구당 및 유격대 주요 간부들이 1954년에 접어들어 토벌대의 소탕작전에 의해 제대로 된 반격도 해보지 못하고 전부 사살되었으며 유일하게 잔존해있던 김지희 부대도 토벌대에 의해 전멸됨으로써 지리산지구의 지구당 및 유격대는 흔적마저 없어지게 되었다.

물론 일부 간부들이 중앙당 연락부의 방침 및 지구당 조직위원회의 결정에 따라 도시와 농촌으로 내려가 지하당 조직 재건을 위한 공작을 벌이다가 체포된 경우도 있었다.

경남도당 간부인 김병인·김상홍·박찬규 등은 부산으로 잠입해 지하당 조직을 재건하기 위한 공작을 펼치다 박찬규는 1954년 봄에 체포·처형되었고 김삼홍은 1954년 여름에 체포·사살되었다. 김병인은 1954년 12월에 부산에서 체포되었다. 전남도당 재건공작을 위해 광주에 잠입했던 박갑출은 1955년 6월에 체포되었고 전북도당을 재건하기 위해 전주에 잠입해 활동하던 김정기는 1957년 10월에 체포되었다.

이렇게 볼 때 지리산지구에 잔존해있던 지구당 및 유격대가 전멸하다시피 한 것은 당시 북한 대남공작부서의 전략과 전술이 결정적으로 오류였다는 점을 보여준다.

한편, 노동당 연락부에서는 속리산지구에 제3지구당 지도부 및 당원들이 생존해 있을 것으로 예상하고 1953년 7월 말에 박영학을 조장으로 하여 5명으로 구성된 지도연락공작조를 침투시켰다. 그러나 이들은 1개월 동안 속리산지구 산악지대를 헤매다가 허탕만 치고 복귀했다.

또한 연락부에서는 경북의 제5지구당 일부 잔존 세력을 수습하기 위해 1953년 7월 중순 조장 김일기 등 지도연락공작조를 파견했으나 이들 역시 침투 후 1개월 동안 소백산지구와 경북 북부 산악지역을 헤매다가 그냥 돌아오고 말았다.

결과적으로 지리산지구를 비롯한 남한 산악지역의 지구당 조직 및 유격대를 찾아내 연계·연락을 실현하고 재수습한 다음 이들을 출신 지역 등에 내려보내 지하당 조직을 재건하려 했던 북한의 대남공작계획은 실패로 끝나고 말았다.

도시와 농촌에 잔존하는 당 조직 및 당원들과의 연계 공작

그러나 도시와 농촌에 잔존하는 당 조직과 개별적인 당원들을 재수습하기 위한 공작에서는 일정 정도 성공하기도 했다. 당시 도시와 농촌에 잔존해있는 당 조직과 당원들에 대한 수습 및 재연계 공작은 중앙당 연락부 조직공작 제1부문이 담당하고 있었다.

연락부에서는 도시와 농촌에 잔존해있는 당 조직과 당원들에 대한 수습 및 재연계 공작을 위해 먼저 남한 지역에서 시·군당 위원장이나 부위원장을 역임하다 입북한 간부들을 대상으로 해당 지역의 조직현황을 구체적으로 파악하기 위한 기초자료 조사 작업부터 진행했다. 그 다음 조사한 기초자료를 바탕으로 연계수습 및 재건공작 대상을 선정하고 이들에 대한 공작을 기존 남로당 조직에서 간부로 활동했던 인물들에게 맡기기로 했다. 물론 남로당 활동 과정에 박헌영·이승엽 등의 영향을 받지 않은 인물, 실무능력까지 갖춘 인물들을 공작원으로 선발했다. 공작원으로 선발된 대상은 6개월

~1년 동안 대남침투와 관련된 훈련과 함께 지하당공작을 위한 각종 실무교육을 받은 후 파견하도록 했다. 이렇게 남파된 공작원들은 공작 지역에 잠입한 후 혈연과 지연 등 이러저러한 연고관계를 활용해 엄호거점을 마련하고 취업과 장사 등을 통해 사회적인 합법을 얻은 다음(정상적인 사회활동을 하는 것처럼 위장) 당원을 탐색 연계하여 조직을 재건하도록 했다.

특히 연락부에서는 전라남도 지역의 간부 및 당원들이 대량으로 지리산에 입산하여 유격대에 참가했다가 많은 사람들이 사살되기도 했지만 수백 명의 간부 및 당원들이 남광주 임시수용소에 수용되었다가 그 일부가 석방되었다는 소식에 주목했다. 당시 이승만 대통령이 남광주 임시수용소를 방문한 후 정부의 관대한 조치로 수감자들이 시말서만 쓰고 석방된 바 있다. 이때 석방된 수감자들 가운데는 남로당 전라남도 당간부 일부도 있었다. 이들은 석방된 후 광주와 목포에서 살고 있다는 정보를 북한이 입수해 이들을 연계·수습하여 조직을 재건하기로 결정하고 실행에 옮긴 것이다.

이를 위해 먼저 전쟁 시기에 북한으로 들어온 전남도당 간부 출신 인물들을 공작원으로 선발해 남파시키기로 하고 물색에 들어갔다. 이 과정에 전쟁 전에 전남도당 부부장을 역임하다 북한으로 들어와 평남도 순천군 인민위원회 부위원장으로 재직하고 있던 안용규를 적임자로 지목하고 공작원으로 선발했다.

공작원으로 선발된 안용규는 6개월 동안 연락부 초대소에서 생활하면서 침투훈련과 함께 정치사상교육 및 지하당 조직 재건을 위한 실무교육 등을 받도록 했다.

연락부에서는 공작임무 수행에 필요한 교육 및 훈련 과정을 이수한 안용규에게 지리산에서 하산해 생활하고 있는 간부 및 당원들을 물색해 연계한 다음 철저한 심사를 거쳐 당원으로 재등록하는 방식으로 당 조직을 재건하라는 공작임무를 부여했다. 이러한 공작임무를 받은 안용규는 안내원의 안내를 받아 1954년 3월 말 전라북도 고창 해안을 통해 침투했다.

침투 후 안용규는 광주와 목포 등을 오가며 동생을 비롯한 연고자들과 접촉하는 과정에 자신의 처가 부산에서 큰 공장을 하고 있다는 사실을 확인하고 동생의 엄호 하에 부산의 처를 만나 안전하게 잠복하는 데 성공했다. 안전한 엄호거점을 확보한 안용규는 주변사람들이 의심하지 않게 활동하기 위해 자신을 처의 인척으로 위장한 다음 수염을 많이 기르고 안 쓰던 안경도 쓰고 헤어스타일을 달리하는 등 변장을 했다. 그런 다음 처의 엄호와 친조카의 안내를 받으면서 광주와 목포, 서울 등에 흩어져 살고 있는 구 남로당 전남도당 관계자들을 물색 조사한 후 접촉 및 접선을 시도했다.

남로당 관계자들을 찾아내면 먼저 해당 인물의 거처를 확인한 다음 아무도 모르게 밤에 불시 방문하여 자신을 소개하고 면담을 한 후 헤어지면서 다음 접선 장소와 시간을 지정해주는 방법을 택했다. 그리고 접선할 때는 한두 번 안전 확인을 거친 후 이상이 없다는 확신이 설 경우에 접선을 실현하고 접선 후에는 그 동안의 활동결과와 앞으로의 계획을 청취하는 방법으로 자격을 심사하고 당원으로 재등록하는 방법으로 공작을 추진했다. 이러한 방법으로 전남도당 간부였던 정태묵과 이추철 등에 대한 공작에 성공했으며,

그 결과는 무인포스트(메시지·보고·지령 등을 전달할 수 있는 은폐된 장소)를 통해 연락부에 보고했다.

이렇게 재수습 공작을 추진하던 안용규는 처의 인척이라며 장사를 돌봐주고 있는 것을 수상하게 여긴 주변사람들의 신고로 경찰에 체포되었고, 경찰서에서 취조 받던 중 2층에서 뛰어내려 자살했다. 이에 따라 그가 접선·연계했던 관계자들은 북한과의 연계가 단절될 수밖에 없었다.

그러나 안용규가 연계·수습했던 정태묵은 1964년 여름 북한 공작지도부가 또 다른 남로당 전남도당 간부였던 최영도를 포섭하는 데 성공한 뒤 그의 주선으로 다시 북한과 연계되었다. 정태묵과 관련해서는 뒤에서 자세히 언급하련다.

안용규뿐 아니라 동일한 임무를 받고 남파된 공작원들도 지하당 조직 재건활동을 하다 검거되었다.

전라북도 당간부 출신인 노장환은 잔존 노동당간부 및 당원들을 연계·수습하라는 임무를 받고 1953년 3월경 전북 부안 해안으로 침투해 전주에 잠입하는 데 성공했다. 그후 노장환은 2년 동안 혈육인 동생의 비호를 받으면서 서울과 광주 등을 전전하며 전북도 당 조직 재건을 위한 공작과 함께 정당 내 거점 확보를 위한 공작을 진행하다가 주변 사람들의 신고로 1955년 2월에 체포되었다.

경남도당 출신의 공작원 강영동은 경남도 내 잔존 간부들과 당원들을 연계·수습하여 재등록하라는 임무를 받고 1957년 9월경 경북 감포 해안으로 침투한 후 부산에 잠입해 형의 엄호를 받으면서 당 조직 재건공작을 하다 1960년 8월에 체포되었다.

또 다른 경북도당 간부 출신의 천경석은 1955년 2월에 경북 영해 해안으로 침투하여 경북 영양에 살고 있던 형의 엄호 하에 강원도 삼척의 장성탄광에 탄부로 취업한 다음 탄부들 가운데 잠입해 있던 구 조직 관계자들을 탐색 및 심사하여 당원으로 재등록 하는 등 활동하다가 1960년 7월경 중앙당에서 파견된 지도연락공작원이 먼저 체포되어 노출되는 바람에 체포되었다.

이와 같이 간첩들이 검거됨으로써 공작에 실패한 경우도 있었지만 노출되지 않고 끝까지 공작임무를 완수하고 돌아간 공작원들도 적지 않았을 것으로 보인다.

신(新)조직 구축 공작도 동시에

북한 대남공작부서에서는 이미 파괴되거나 연계가 끊어졌던 당 조직과 당원들을 수습하고 재연계하는 공작뿐 아니라 기존 조직과는 전혀 무관한 새로운 지하당 조직 즉, 신조직을 구축하는 공작도 전개했다. 이러한 신조직 구축 공작은 연락부의 제2조직공작부문에서 담당했다.

신조직을 만드는 공작은 주요 도시나 산업지대, 교통 요충지대를 위시해 정치, 경제, 군사적으로 중요한 의의를 가지는 도시와 지역을 중심으로 거점조직을 구축하는 방식으로 진행했다.

이를 위해 남한에 연고가 있으면서도 남로당 조직과는 무관한 남한 출신의 인물을 공작원으로 선발했다. 가급적 8·15 전후 입북한 남한 출신으로 출신 지역이나 거주했던 지역에 인맥이 남아있는 인물들 가운데 북한에서 일정한 직책의 간부로 활동하고 있는 대상들 가운데 물색했다. 그리고 남로당 간부 출신이라도 서울에서 중앙기관 간부로만 활동해 출신 지방은 물론 다른 지역에 노출이 없거나 아주 적은 간부라면 적격이었다.

이러한 대상들을 공작원으로 선발한 다음 6개월~1년 동안 초대소에 입소시켜 침투를 위한 훈련과 지하당 조직 구축 방법 등 대남공작에 필요한 훈련 및 교육을 이수하도록 한 후 침투시켰다.

대표적인 신조직 구축 공작 사례로는 충청남도 아산 출신의 김종성의 사례를 들 수 있다.

김종성은 1930년대 초반 북한 지역인 함경북도 청진제철소에 취직해 노동을 하다 8·15해방을 맞이했다. 그래서 선반기술과 자동차운전, 선박수리 기술 등 여러 가지 기술을 보유하고 있었다. 8·15 전까지 그는 명절 때마다 고향인 아산에 살고 있던 부모형제를 찾아 고향나들이를 했으며 8·15 후에는 일찍 공산당에 들어가 평양학원과 보안간부학교를 졸업하고 38선 경비대 소대장과 중대장으로 복무했다. 6·25전쟁 시에는 인민군 대대장으로 참전하여 전쟁 중에 연대장, 군사부사단장까지 승진했다가 1954년 군사관료주의자로 비판을 받고 제대 후 함경남도 인민위원회 부위원장을 역임하고 있었다.

이러한 김종성이 공작원으로 선발된 것은 그의 나이가 44세 때인 1955년 초였다. 그는 노동자 출신으로서 성질이 활달하고 배짱이 좋을 뿐 아니라 군사지휘관을 오래 했기 때문에 사상이 투철하고 추진력과 실무능력도 탁월했으며 재남 연고관계도 좋아 공작원으로 선발되는 데 유리했다.

남파공작원으로 선발된 김종성은 7~8개월 동안 대남침투와 신조직 구축 공작에 필요한 각종 훈련 및 교육을 받고 1955년 10월 충남 아산만 해안으로 침투하는 데 성공했다.

전쟁 때 월남한 것으로 자신의 신분을 위장하고 아산과 서울에 있는 연고자들을 찾아간 김종성은 그들의 도움으로 영등포 철공소에 기술자로 취직했다. 그리고 시민증을 분실한 것으로 위장해 복덕방을 하는 지인을 내세워 관계자들에게 금품을 주고 정식으로 시민증도 발급받음으로써 완전한 합법 신분을 얻게 되었으며, 연고자와 합작으로 소규모 철공소를 경영하는 데까지 이르게 되었다. 한편 천주교 교인으로 위장해 성당과 종교 단체에도 적극 참가하고 향우회, 종친회 모임에도 열성적으로 참여하여 주변 사람들과의 인맥관계를 넓혔으며 이 과정에 포섭 가능한 인물들을 발견하고 이들과의 관계를 발전시키는 등 공작이 순조롭게 진척되었다.

이렇게 되자 어서 빨리 큰 성과를 올리고 북한으로 복귀해 연락부 간부들이 아니라 김일성 앞에서 큰소리를 쳐 보겠다는 공명심과 조급성이 앞서게 되었다. 이에 따라 한두 명도 아닌 5~6명과 한꺼번에 섣불리 정치적 관계를 형성하고 이들과 비밀조직을 구성하여 활동하던 중 노출되자 서울을 탈출해 부산으로 피신했다. 그리고 1960년 4·19 직후 아산의 연고자를 내세워 소형 어선을 구입해 그해 7월 월북했으나 다시 임무를 받고 1961년 3월에 재침투하여 활동하다 검거되고 말았다.

남북협상파 잔류인사들에 대한 공작

정전 이후 북한 노동당 연락부에서는 8·15 해방 정국에서 남북협상에 참여했던 정당 및 사회단체 인사들 가운데 월북하지 않고 남한에 잔류해있는 인사들을 포섭하기 위한 공작도 진행했다.

남북협상에 참여했던 많은 인사들이 이미 월북한 관계로 잔류해 있는 인사들을 물색하기도 좋았고 월북 인사들을 파견할 경우 비교적 쉽게 접근이 가능했기 때문에 이들은 당시 북한 대남공작부서의 중요한 포섭 대상이 될 수밖에 없었다. 이러한 공작은 연락부 제3조직부문 즉, 정당공작과에서 담당하여 진행토록 했다.

권태휘는 당시 잔류 남북협상파 인사들에 대한 포섭공작에 투입된 대표적 인물이라고 할 수 있다. 김규식의 민족자주연맹에서 활동하면서 1948년 4월 남북협상 때 김규식의 특사로 두 번이나 평양에 왕래한 바 있는 권태휘는 6·25전쟁 때 자진 월북했다. 따라서 남한에 잔류 중인 민족자주연맹계통의 인물들과는 잘 아는 사이였다.

이에 따라 중앙당 연락부에서는 권태휘를 공작원으로 선발한 다음 3개월 동안 초대소에서 대남침투 및 공작에 필요한 훈련과 실무교육을 시킨 다음 남한에 침투해 김규식의 민족자주연맹 계열의 주요 잔류인사들인 김성숙과 배성룡·신숙·이경석 등을 접촉해 포섭하라는 임무를 주었다. 공작임무를 받은 권태휘는 1956년 10월 말 안내원들의 도움을 받아 한강 수중침투 루트를 통해 김포 해안으로 침투하는 데 성공했다.

서울에 잠입한 권태휘는 친인척 등 연고자들을 먼저 찾아가 숙식 및 엄호거점을 만든 다음 주요 포섭 대상들인 배성룡과 김성숙·신숙·이경석 등과 각각 개별적으로 접촉을 시도했다. 포섭 대상들과 개별적으로 만난 권태휘는 자신이 찾아온 목적을 설명하면서 이들에게 북한과 손을 잡고 투쟁할 것을 설득했다. 그러나 이들은 대부분 "지금은 때가 아니다. 때가 되면 나서서 할 터이니 그리 알고 빨리 돌아가라. 오래 있으면 서로가 위험하니 빨리 떠나는 것이 좋겠다"며 권태휘의 요구를 거부하거나 소극적인 반응을 보였다. 그러고는 더 이상 만나주지도 않는 등 회피하기까지 했다.

이에 권태휘는 "앞으로 당신들이 때가 되면 나서서 평화통일을 위해 힘써 주리라 믿는다. 평양의 높은 분들에게도 그렇게 전달하겠다" 하고 침투한 지 약 5개월 만인 1957년 3월 초에 빈손으로 복귀했다. 그는 복귀 후 당시 담당 부부장이었던 최달현으로부터 공작 실패에 대한 추궁을 받고 고민하다 심장마비로 사망했다.

해방 정국에서 조소앙의 비서로 활동했고 삼균청년동맹위원장과 한독당·사회당 중앙집행위원을 역임하다가 6·25전쟁 때 자진 월북한 김홍곤도 협상파 잔여 인물들에 대한 포섭공작에 투입되었다.

김홍곤은 자진 월북 후 사회안전성 정보국 요원으로 있다가 북한이 남한 출신자들을 간부로 양성하기 위해 설립한 개성 송도정치경제대학에 입학해 공부하던 중 1957년 5월에 중앙당 연락부 공작원으로 선발되었다.

연락부에서는 김홍곤을 초대소에 입소시켜 5개월 동안 대남침투 및 포섭공작에 필요한 훈련과 실무교육을 시킨 다음 1957년 11월 중순 구 사회당 및 한독당계 인사들을 포섭하라는 임무를 부여해 남파했다. 김홍곤은 안내원들의 안내를 받아 한강 침투 루트를 통해 김포 해안으로 침투한 후 서울에 잠입했다.

서울에 들어온 김홍곤은 친인척들의 도움을 받아 엄호거점을 구축한 다음 주요 포섭 대상자들인 조시원·김학규·조경환·조윤제 등을 몇 차례씩 접촉해 찾아온 목적 등을 설명하면서 북한과 협력할 것을 설득했으나 좋은 반응을 얻지 못했다. 나중에는 접촉마저 꺼리고 회피하는 지경에 이르렀다.

그렇게 되자 이들과의 접촉은 포기하고 자신과 연고관계에 있으면서 야당에 관여하고 있던 김경철과 서울대학교 학생 신분이었던 백병기를 포섭하여 북한과 연계시키는 데 성공했다.

복귀할 때는 포섭 대상들인 조시원과 김학규·조경환과 조윤제 등을 찾아가 "앞으로 정세가 호전되면 평화통일 기치를 들고 통일운동에 나서줄 것을 바란다"는 부탁을 남기고 1958년 4월 중순에 침투했던 한강의 김포 해안에서 접선해 북한으로 돌아갔다. 절반의 성공이었던 셈이다.

그러나 김홍곤이 포섭했던 김경철과 백병기는 그후 북한 공작부서의 지령에 따라 몰래 입북해 공작교육을 받은 다음 공작금까지 받아가지고 다시 남한으로 돌아와 활동하다 모두 체포되었다.

1950년대 중반에 본격적으로 전개된 남북협상파 잔류인사들에 대한 포섭공작은 해외를 통해서도 추진했다.

남북협상파 잔류인사들을 포섭하기 위한 해외 공작에 투입된 대표적인 인물이 안우생과 정동익이다.

안중근의 조카인 안우생은 8·15광복 이후 김구의 비서로 일할 때 이미 거물급 북한 공작원인 성시백에게 포섭되어 그의 지시에 따라 활동했던 베테랑 공작원이었다. 안우생은 김구의 비서로 오랫동안 일하는 과정에 김구와 혈육과도 같은 끈끈한 관계를 맺고 있었기 때문에 성시백의 지시에 따라 1948년 4월 평양에서 진행된 남북연석회의에 김구가 참석하도록 설득하는 데 결정적 역할을 했던 것이다.

그는 김구의 비서로 일하면서 한국독립당 중앙집행위원으로도 활동했기 때문에 한독당 관계자들을 포함해 8·15해방 전후 중국과 남한 지역에서 독립운동이나 남북협상에 관여했던 거의 모든 사람들과 깊은 인간관계를 가지고 있었다.

북한은 남북협상파 잔류인사들 일부가 홍콩에 머물고 있으며 남한에 있는 인사들도 홍콩을 빈번히 왕래하고 있다는 정보를 수집하고 이들에 대한 공작을 추진하기로 한 다음 전쟁 때 월북해 평양에서 살고 있던 김구의 비서 출신 안우생에게 공작임무를 부여했다.

안우생은 1955년 봄부터 6개월 동안 공작에 필요한 교육과 함께 구체적인 공작계획을 수립한 다음 중국 광동성에서 마카오 거주 화교 상인으로 위장하고 마카오를 거쳐 합법적으로 홍콩에 잠입했다.

홍콩에 잠입하는 데 성공한 안우생은 당시 홍콩에 체류하고 있거나 남한에서 홍콩을 왕래하던 친척들과 김구의 친족들, 한독당 관계자들을 접촉해 북한과의 협력을 요청하는 등 포섭을 시도했으나 인간적인 대화에서 벗어나지 못함으로써 확실하게 포섭하는 데는 실패했다. 그나마 접촉했던 인물들이 모두 홍콩을 떠나게 되자 더 이상 공작을 지속할 수 없게 되었고, 결국 안우생은 공작 지역인 홍콩에서 철수할 수밖에 없었다.

안우생과 함께 정동익도 남북협상파 잔류인사 포섭 공작에 투입되었다. 정동익은 8·15광복 이후 남북협상파 정당에서 활동하다 전쟁 때 일본으로 밀항해 일본에서 조총련 조직에 관여하던 중 공작원으로 선발되었다.

정동익은 조총련 중앙의 대남공작조직으로부터 '서울에 잠입해 과거 협상파 잔류인사들과 정치적 비밀관계를 형성하라'는 지령을 받고 1957년 가을 서울에 잠입한 뒤 장건상·장준하·김성숙 등과 접촉하는 등 암약하다 1959년 여름에 적발·체포되었다.

편지 공작

정전 직후 북한의 대남공작은 남북협상파로 활동하다 월북한 상층 인물들의 편지를 휴대하고 침투한 다음 포섭 대상을 접촉해 설득하는 방식으로도 진행되었다.

대표적인 사례는 6·25전쟁 전에 김구의 한국독립당 중앙집행위원을 지냈고 전후에는 야당인 민주당에 들어가 국회의원으로 활동하고 있던 강원도 평창 출신의 황호연을 포섭하기 위해 남파된 그의 친동생 황인연을 꼽는다.

북한 노동당 대남공작부서인 연락부에서는 민주당 국회의원 황호연이 과거에 김구의 남북협상 및 통일노선을 적극 지지했던 인물이라는 점에 주목하고 그를 포섭하기 위한 계획을 세우고 1956년 여름 그의 친동생 황인연을 공작원으로 인입했다(끌어들였다).

연락부에서는 황인연의 형 황호연이 과거에 남북협상을 지지했던 인물이라는 점, 여기에 국회의원이라는 점 등을 고려해 당시 북한 최고인민회의 상임위원장 김두봉의 편지와 남북협상파의 주요 인물로서 북한에 들어가 재북평화통일촉진협의회 의장으로 활동하고 있던 조소앙과 엄항섭이 쓴 자필편지를 황인연에게 주어 휴대하도록 했다. 황인연이 황호연을 포섭할 때 위력한 증거자료 및 압박수단으로 활용하기 위해서였다.

황인연은 6개월 동안 초대소에서 대남침투와 지하당공작에 필요한 훈련 및 실무교육을 받은 후 연락부가 가져다 준 요인들의 편지를 휴대하고 1957년 봄 중부 산악지역 침투 루트를 통해 강원도 평창에 있는 고향집까지 침투하는 데 성공했다.

고향집에 도착한 황인연은 가족들을 만나 그들의 비호를 받으면서 서울에 있던 형 황호연과 접촉해 평양에서 가지고 간 최고인민회의 상임위원장 김두봉의 편지와 조소앙, 엄항섭의 편지를 전달하고 설득했다. 형 황호연은 처음에 편지조차 받지 않고 자수를 권하다가 황인연이 강하게 반발하자 "어서 빨리 북한으로 돌아가라"고 강요했다. 그럼에도 동생 황인연이 북한으로 돌아가지 않고 형을 계속 설득하면서 한편으로는 강하게 압박하자 황호연은 동생의 완강한 태도에 굴복하고 편지를 받아 읽어보고 동생과의 대화에도 응하게 되었다.

황인연은 태도가 약간 달라진 형을 더욱 적극적으로 설득해 그가 전쟁 전에 가지고 있던 정치적 견해를 지속·유지하는 것은 물론 북한과 협력하는 데 동의를 얻어냈다.

공작임무를 완수한 황인연은 북한에 접선신호를 보내고 집에서 안내조와의 접선을 위해 기다리던 중 주변 사람들의 신고로 적발·체포됨으로써 그가 수행했던 공작은 실패하고 말았다.

이와 같이 포섭 대상에 접근해 북한의 거물급 간부나 지인의 편지 또는 애용품을 보여주는 것으로 자신의 신분을 확인 및 증명한 다음 포섭하는 방식의 대남공작은 정전 이후부터 1960년대까지 지속되었다.

거물 간첩 박정호와 진보당

북한은 휴전 이후 대남혁명과 통일을 동일시하는 생각을 갖고 있었으나 그것을 실현하는 방법을 두고는 약간의 변화된 입장을 취했다. 기존에는 전쟁과 같은 폭력적인 방법에만 의존해야 한다고 인식했으나 이 시기에 들어와서는 평화적인 방법에 의한 남한 정권교체나 통일도 가능하다는 입장으로 변한 것이다.

이 같은 입장 변화 배경에는 휴전 이후 남한의 혼란스러운 사회 분위기가 영향을 미쳤다. 북한은 휴전 이후 조성된 복잡한 정세를 이용해 남한 내에 북한의 지원과 조종을 받는 합법적 진보정당을 구축한 다음 그 정당을 선거에 내세워 정권교체를 실현한 후 남한의 진보정권과 북한정권이 연방제 또는 남북연합의 방법으로 통일을 달성하면 대남혁명도 동시에 성공할 수 있을 것이라고 인식하고 있었다.

북한은 이 같은 인식 하에 남한 내에 합법적이고 진보적인 혁신정당을 창당하기 위한 대남공작에 역량을 집중했다. 이를 위해 공작원들을 남파하거나 해외에 파견해 남한의 정관계 고위인사들을 포섭하기 위한 공작을 전개하는 한편, 포섭한 대상들을 내세워 새로운 혁신정당을 만들기 위한 대남공작을 추진했다.

대표적인 진보정당 공작이 바로 북한의 거물 간첩 박정호에 의한 진보당 창당 개입이라고 할 수 있다.

진보당은 1950년대 중반 공산당 출신으로서 제헌의회 의원이자 초대 농림부장관을 지낸 조봉암의 주도로 창당된 합법적인 정당이었으나 조봉암을 포섭해 배후조종한 인물은 지금도 북한 대남공작부서에서 전설 같은 존재로, 대남공작의 대부로 불리는 거물급 남파공작원 박정호였다.

박정호는 원래 평양의 양반가문에서 태어나 해방 전 일본에 건너가 대학을 나온 엘리트 출신의 공산주의자였다. 국내에서 공산주의운동을 하다가 징역을 살기도 했던 박정호는 감옥에서 나온 후 중국으로 건너가 민족주의운동 계열의 인사들과도 교분을 갖는 등 발이 넓은 사람이었다.

해방 이후 평양으로 돌아온 박정호는 김일성이 초기에 장악했던 조선공산당 북조선분국 시절에 평안남도당위원회에서 경리과장으로 활동했다. 그후 조선공산당 북조선분국이 북조선공산당, 북조선노동당으로 확대·강화되는 과정에 김일성의 지속적인 신임으로 노동당의 자금을 총괄하는 재정경리부장이 되었다. 한편 박정호의 가족은 김일성의 가족과 울타리 하나를 사이에 두고 옆집에 살았는데, 그런 관계로 박정호의 아들 박명철은 김일성의 아들 김정일과 어린 시절을 같이 보내는 등 두 가족 간에 두터운 친분을 유지하고 있었다. 이러한 **박정호에게 직접 공작임무를 부여해 남한으로 파견한 사람은 다름 아닌 옆집에 함께 살고 있던 김일성**이었다.

김일성은 6·25전쟁이 발발하기 직전, 박정호를 단독으로 만나 남한에 침투하라는 임무와 함께 남한에 침투한 후 근로인민당 관계자들을 비롯한 남북협상파 인물들과 공산주의자들을 포섭해 지하당 조직을 만들어 활동하라는 공작임무를 부여했다. 김일성에게 절대적으로 충성했던 박정호는 김일성의 제의를 흔쾌히 받아들여 한 번도 해본 적 없는 대남공작에 발을 들여놓게 된 것이다.

당시 김일성은 박정호와의 연락을 취할 때 철저한 보안을 유지하기 위해 박정호가 자신(김일성)을 찾을 경우 '김일성'이라는 이름을 사용하지 말고 '김영환'이라는 가명을 사용할 것을 약속했다. '김영환'이라는 이름은 해방 이후 김일성이 원산을 통해 평양에 처음 입성할 때 사용했던 가명이다. 다시 말하면 박정호가 김일성을 찾을 때는 수신인을 '김일성'이라고 하지 말고 반드시 '김영환'으로 하라는 것이었다.

김일성으로부터 직접 공작임무를 받은 박정호는 노동당 재정경리부장이라는 당시 직책을 이용해 자신이 관리하던 당 자금을 횡령하고 도망친 것처럼 위장하기 위해 실제로 노동당 금고에서 거액의

돈을 가지고 가족들과 함께 야반도주하여 잠적했다. 이렇게 되자 북한 내무성에서는 당 자금을 갖고 도망친 박정호를 체포하기 위해 그의 행적을 추적했으나 끝내 찾을 수 없었다. 그 과정에 박정호가 당자금을 도둑질해 가지고 도망쳤다는 사실이 주변에 알려지게 됨으로써 그가 구상했던 대로 '당 자금을 횡령하고 도망친 사람'으로서 신분을 위장하는 데도 도움이 되었다.

그후 박정호는 6·25전쟁의 혼란 상황을 이용해 황해도 연백 지역에서 활동하고 있던 남한의 대북공작선(HID)과 연계를 맺고 그들의 도움으로 국내에 침투하는 데 성공했다. 박정호의 대남침투가 남한의 대북공작선을 통해 이루어졌기 때문에 북한 내무성에서는 박정호를 간첩으로 낙인찍었고 이에 따라 북한에 남아있던 박정호의 아내와 아들, 딸 등 가족들은 '간첩 가족'으로 몰려 평안북도의 심심산골, 사람이 살지 못할 오지로 추방되었다.

남한 침투에 어렵사리 성공한 박정호는 이전부터 친분관계가 두터웠던 이기붕의 측근을 찾아가 자수의사를 밝혔다. 위장 자수의 방법으로 남한에 정착하기 위해서였다. 박정호는 **"이북에서 공산당 활동을 하던 중 실수를 해서 당자금을 횡령하고 처벌이 무서워 도망쳤다. 전쟁 때 월남하여 과거를 숨기고 여러 도시를 전전하면서 지냈으나 이제는 도저히 불안해서 더 이상 견딜 수 없어 자수하여 편안하게 살아보자 생각하고 당신을 찾아왔으니 도와주기 바란다"**고 간청했다. 그러자 그 친구는 "아주 잘 생각했다. 경찰에 전화를 걸어주겠으니 찾아가 자수하라"는 말을 하며 전화를 걸어주었고, 박정호와 같이 경찰에 출두해 자수를 하도록 도움을 주었다. 이에 따라 박정호는 경찰서에 가서 위장 자수하고 관대한 처분을 받음으로써 서울에 안전하게 정착하는 데 성공했다.

그후 박정호는 전쟁이 끝날 때까지 일체의 활동을 중단한 채 잠복해 있으면서 목재소를 운영하며 돈을 버는 데 집중했다. 그러나 전쟁이 끝나고 자신에 대한 감시가 느슨해지자 과거 공산주의운동을 했던 인물들과 근로인민당 잔류인사들인 장건상, 김성국 등을 만나 인맥을 형성하면서 합법적인 신분을 더욱 공고히 했다. 그 과정에 해방 전부터 공산주의운동을 했고 해방 이후에도 공산당에서 활동하다가 박헌영과의 개인적인 불화 때문에 공산당에서 퇴출된 조봉암을 접촉해 포섭하는 데 성공했다.

구소련 외교문서에 등장하는 박정호

박정호와 관련하여 2020년 5월 18일자 『주간조선』에는 1968년 9월 12~13일 북한을 방문한 드미트리 폴랸스키(1917~2001) 소련 공산당 정치국위원 겸 내각부의장과 김일성의 대화를 기록한 구소련 외교문건을 입수해 보도했는데, 기사 내용을 대략적으로 소개하면 다음과 같다.

김일성이 소련측에 설명한 내용가운데 무엇보다 눈에 띄는 대목은 조봉암의 성향에 대한 소개 내용이다.

김일성은 "이 동무(조봉암)는 배신자가 돼서 이승만에게 넘어간 것이 아니었다. 조봉암은 확고한 공산주의자로 남았다. **공산주의자로 남았던 조봉암은 이승만 편에 살아남고 조국의 평화통일을 위해**

노력하기 위하여 넘어갔다는 편지를 우리에게 보냈다"고 밝혔다.

사실 박헌영과 조봉암은 조선일보에서 함께 기자로 근무한 사이다. 그러나 조봉암은 1946년 당시 조선공산당(남로당의 전신)을 이끌던 박헌영을 비판하는 공개서한을 보낸 뒤 강제 출당된다. 이후 그는 이승만 대통령의 남한 단독정부 수립에 참여해 초대 농림부 장관으로 농지개혁의 기틀을 마련했다.

또한 김일성은 "진보당 당수(조봉암)는 국제공산당(코민테른) 시절에 모스크바에서 유학했고 공산주의적 세계관이 있는 사람"이라고도 소개했다. 실제로 조봉암은 일본 유학 시절 전후로 사회주의에 심취해 '코민테른'이 운영한 공산당 간부 양성기관인 모스크바의 '카우트브(동방노력자공산대학)'에서 수학했다. 조선공산당 창당(1925) 등에 핵심 역할을 한 것은 부인할 수 없는 사실이다.

한편 김일성은 소련 측에 북한의 대남전략에 대해서도 설명했다. 김일성은 "우리 당(조선노동당)의 남조선에 대한 노선은 혁명세력 준비 겸 사회민주화다. 그러나 우리는 그쪽에 있는 우리 사람들에게 총선에 우리와 관계 있는 정당은 자기 후보자들을 출마시키지만 어떤 높은 직위를 얻도록 노력하지 말라고 했다. 1958년에 우리는 이에 대해 안 좋은 경험이 있었다. 한 정당의 나쁜 영도(리더십) 탓에 우리는 큰 상실을 받았다. 이 사건에 대해 솔직하게 말씀을 드리겠다"고 언급했다.

김일성은 남한의 진보당이 자신의 동의 하에 창당되었다는 것도 고백했다. 이는 김일성이 "그(조봉암)는 우리에게 해당 임무를 달라고

했다. 우리는 (조선노동당) 정치국에서 이 편지를 토론했고, 다른 동지들을 통하여 그(조봉암)에게 연결체가 될 수 있는 합법 정당을 설립하자고 제안했다"고 한 발언을 보면 알 수 있다.

김일성은 조봉암의 대선 출마에 대해서도 자신이 동의해주고 지시했다는 점을 인정했다. 이에 대해 김일성은 "조봉암은 이승만에 맞서 대선에 출마할 수도 있다고 생각했다. 그(조봉암)는 우리의 조언을 부탁했다. 우리는 그(조봉암)가 이승만 정권의 장관(농림부장관)이라면 대선에 출마하지 않을 사유가 없다고 판단했고 그렇게 하라고 했다"고 실토한 바 있다.

김일성은 조봉암 측에 선거자금을 건넸다는 사실도 소련 측에 밝혔다. 당시 김일성은 "대선 한두 달 지나서, 어쩌면 그 이전에 미국은 우리가 조봉암에게 선거운동을 위해 돈을 준 사실을 알게 되었다"고 밝힌다. 다만 김일성은 자금의 구체적인 액수는 소련 측에 밝히지 않았다.

물론 위와 같은 김일성의 언급 내용 가운데는 조봉암의 대선 출마(1956년 05월)와 진보당 창당(1956년 11월) 간의 전후 관계가 틀린 것도 있다.

김일성은 조봉암이 북한의 지원을 받아 진보당을 설립한 뒤 1956년 대선에 출마했다는 식으로 소련 측에 털어놓았는데, 당시는 진보당 추진위원회(01월)가 결성된 상황이었다. 실제 창당이 이뤄지지 않아 조봉암은 같은 해 5월 15일 치러진 3대 대선에 무소속으로 출마했다. 진보당의 공식 창당은 대선이 끝난 직후인 1956년 11월에 이루어졌다.

김일성은 조봉암 처형 방식에 대해서도 "총살"이라고 잘못 발언했는데, 실제로 조봉암은 1959년 서울 서대문형무소에서 '교수형'에 처해졌다. 이는 당시 북한이 사형수를 처형할 때 총살 방식을 택하고 있었기 때문에 나온 발언으로 보인다.

김일성에게 보낸 박정호의 자필편지

조봉암 포섭에 성공한 박정호는 공작결과가 담긴 자필편지를 무인포스트를 통해 북한 공작지도부에 보고했다. 당연히 보고서의 '수신인'으로는 '김일성'라는 본명 대신 '김영환'이라는 가명을 적어 넣었다.

박정호의 공작보고 내용이 담긴 자필편지는 우여곡절 끝에 당시 중앙당 연락부장이었던 임해를 통해 동유럽 공산국가 순방을 위해 비행기에 탑승하려던 김일성에게 극적으로 전달되었다.

박정호의 편지를 전달받은 김일성은 그가 남파되기 전에 늘 보아왔던 낯익은 박정호의 필체를 확인하고 '김일성' 대신 '김영환'이라는 가명으로 자신을 찾은 사람은 박정호밖에 없다는 기억을 떠올리면서 그가 살아있음을 직감했다. 따라서 김일성은 너무 기뻐 비행기 트랩에 오르다 말고 연락부장 임해 등 대남공작부서 간부들을 불러 박정호와의 통신·연락을 시급히 복구하는 동시에 박정호의 가족이 어디에 살아 있을 것이라며 그들을 하루빨리 찾아보라고 지시했다. 이에 따라 북한 방첩기관인 내무성으로부터 '간첩 가족'으로 몰려 오지로 추방되었던 박정호의 아내와 자식들이 평양으로 올라와 김일성을 만나게 되었다.

김일성은 그 자리에서 "너희들의 아버지(박정호)가 평소에 갈비탕을 좋아했는데, 그 생각이 나서 갈비탕을 준비했으니 맛있게 먹어라. 이 편지는 너희 아버지가 나에게 보낸 자필편지인데, 나는 편지의 필체를 보고 바로 너희 아버지가 보낸 편지임을 알았다. 너희 아버지 필체는 내가 예전이 많이 보았기 때문에 잘 알고 있는데, 바로 이렇게 생겼다"며 박정호가 자신에게 직접 써 보낸 자필편지를 가족들에게 보여주었다고 한다.

그후 박정호는 김일성의 특별한 관심 속에 진보당의 창당 및 활동을 배후조종하는 등 공작임무를 수행했다. 박정호는 당시 조봉암과 함께 진보당 내에 일반 당원들과는 별도로 심어놓은 비밀당원들을 통해 진보당을 장악하고 지도했다.

이에 대해 김일성은 노골적으로 "남조선 혁명가들은 혁명력량(혁명역량)을 하나로 굳게 묶어세우며 투쟁을 통일적으로 지도할 당을 내올 필요성을 절실히 느꼈으며 그 실현을 위하여 적극 투쟁했습니다. 남조선 혁명가들의 줄기찬 투쟁의 결과로 그리고 남조선 혁명운동 발전의 필연적 요구를 반영하여 1955년 12월에 남조선 혁명가들의 합법적 정당으로서 진보당이 나오게 되였습니다"라며 진보당 창당에 북한이 개입했음을 시인한 바 있다.

북한은 통상 남파공작원이나 남한에서 북한 공작원에 의해 포섭된 대상들을 가리켜 '남조선 혁명가'라는 표현을 사용하고 있기 때문에 김일성이 언급한 대로 진보당 창당과 활동에 북한의 대남공작원 박정호가 개입했다는 것은 이론의 여지가 없을 것이다.

조봉암을 통해 진보당 공작을 전개하던 박정호는 암달러상을 통해 북한이 공작금으로 보내준 미화(美貨)를 한화로 교환하다가 그것이 단서가 되어 1957년 10월 검거된 후 처형되었다. 필자가 북한에서 본 대남공작 관련 자료에는 박정호가 검거된 결정적 원인에 대해 북한으로부터 공작금으로 받은 미화(달러)를 잘못 사용했기 때문이라고 적시되어 있었다.

박정호가 처형된 후 김일성은 박정호의 아내와 자녀들을 불러 격려하고 그들을 모두 대학에 보내 공부시킨 후 노동당과 정부의 주요 직책에 임명했다. 박정호의 외아들 박명철은 대학을 졸업한 후 역도산(본명 김신락)의 딸 김영숙과 결혼해 오랫동안 북한 내각 체육지도위원장(장관급)을 역임했으며 나중에는 국방위원회 참사로도 일했다. 그리고 박정호의 딸 박명선은 노동당 중앙위 선전·선동부 부부장(차관급)을 거쳐 경공업부장(장관)으로 승진했으며, 박명숙은 평양시 대외봉사총국장을 역임했다. 이러한 사실은 북한 대남공작부서가 남한의 진보당 사건에 관여했고 직접적으로는 북한이 대남공작의 대부로 내세우는 거물급 공작원 박정호가 진보당을 배후조종했다는 것을 역설적으로 보여주는 증거라고 할 수 있다.

필자는 1980년대 중반 북한 노동당 대남공작부서에서 평양시 교외 비밀스런 곳에 지어놓은 '남조선혁명사적관'을 참관하는 과정에 현관 정면에 김일성과 함께 콧수염을 기른 박정호가 마주 서서 대화하는 모습을 찍은 사진이 벽면을 가득 채울 정도의 크기로 걸려있는 것을 직접 목격한 바 있다. 이것을 봐도 박정호가 결코 평범한 대남공작원이 아닐 뿐 아니라 대남공작 역사에 내세울 만한 특별한 성과를 거둔 인물이라는 것을 가히 짐작할 수 있다.

이중간첩 양명산과 조봉암

북한 노동당 연락부의 진보당에 대한 공작은 1955년부터 남한의 대북 첩보기관(HID) 첩자로서 대북교역 상인으로 위장하고 북한을 드나들고 있던 양명산을 통해서도 진행되었다.

양명산은 평북 출신으로 8·15광복 전에 공산주의운동에 참여했다가 검거되어 형무소에 수감된 바 있으며 감옥에 있을 때 조봉암을 알게 되었다. 감옥에서 나온 후에는 상인으로 전락해 돈을 벌어 조봉암 등 당시 공산주의운동을 하던 사람들을 적극적으로 도와주었으며 8·15해방 후 북한에서 대남교역상인으로 장사를 하다가 전쟁 때 월남했다.

이에 따라 중앙당 연락부에서는 양명산을 대남공작에 활용하기 위해 전후 북한을 드나들고 있던 위장교역상인 김동혁을 통해 강원도 속초에서 장사를 하고 있던 양명산에게 연락을 취해 북한으로 들어오도록 유도했다. 김동혁으로부터 북한에서 찾고 있다는 전달을 받은 양명산은 1955년 여름 위장교역선을 타고 북한에 들어가 6·25 전에 같이 대남교역을 했던 인물들과 대남공작부서 간부들을 만나 북한에 충성하기로 하고 위장교역상인으로 북한을 왕래하기 시작했다.

양명산은 원래 남한의 첩자였으나 북한을 드나들면서 과거에 공산주의운동을 하면서 가졌던 이념적 성향과 북한이 물질적 대우를 잘 해주는 데 끌려 사실상 북한의 첩자로 전락했으며 남한 첩보기관 관계자들은 자기가 북한과 교역해 번 돈으로 매수했다. 이렇게 북한을 드나들던 양명산은 노동당 연락부 간부들에게 남한에서 갓 출연한 진보당과 당수 조봉암과의 오랜 친분관계에 대해 이야기하면서 조봉암과 다시 접촉해 그를 적극 밀어주려고 하니 적극 도와줄 것을 부탁했다.

노동당 연락부에서는 남한에서 평화통일 구호를 들고 갓 출연한 조봉암의 진보당에 대해 관심을 갖고 있던 차에 양명산의 이야기를 듣고 흥분하지 않을 수 없었다. 이에 따라 연락부장과 부부장이 직접 양명산을 만나 조봉암과의 관계를 재확인한 다음 앞으로 양명산을 통해 조봉암을 공작하기로 결정했다.

그후 양명산은 북한 공작지도부의 지시에 따라 10여 차에 걸쳐 북한을 드나들면서 조봉암과의 접촉상황을 보고했고 그때마다 많은 물질적 예우와 지원을 받아 그것으로 조봉암을 도와주었다. 양명산은 북한으로부터 더 많은 금전과 물질적 지원을 받기 위해 조봉암이 직접 김일성에게 선물로 보냈다는 만년필과 한 장의 친필편지까지 가지고 들어가 전달하면서 그것을 명분으로 많은 지원을 요구해 받아갔다. 당시 조봉암이 김일성에게 보냈다는 자필편지는 지금도 북한 공작부서에 보관되어 있는 것으로 필자는 알고 있다.

물론 당시 노동당 연락부 지도부는 양명산이 가지고 온 만년필과 친필편지에 대해 다분히 양명산 자신의 잔꾀일 가능성이 많다고 판단하면서도 조봉암과의 관계를 더욱 공고히 하기 위해 진위여부를 따지지 않고 그를 물질적으로 적극 지원해 주었다. 연락부가 양명산을 적극 지원한 데는 앞서 언급한 박정호 라인을 통해 양명산이 조봉암과 깊이 관계를 갖고 있다는 사실을 확인했기 때문이기도 하다. 박정호는 6·25전쟁 와중에 대북첩보선(HID)을 타고 남한으로 침투하는 과정에 양명산을 알게 되어 친분관계를 유지하고 있던 터였다.

이렇게 진보당 조봉암에 대한 공작은 앞서 언급한 박정호뿐 아니라 남한의 대북첩보기관 첩자로서 남북교역상인으로 위장해 북한을 드나들던 양명산을 통해서도 적극적으로 전개되었던 것이다. 그러나 양명산이 1958년 1월 검거되어 정체가 폭로되면서 조봉암에 대한 공작도 막을 내리게 되었다.

결국 북한 공작지도부의 조봉암 및 진보당에 대한 공작은 거물급 북한 간첩 박정호와 이중간첩 양명산 등을 통해 복선으로 추진했으나 두 사람이 검거됨으로써 실패하고 말았다.

● 박정호 관련 인물 조직도

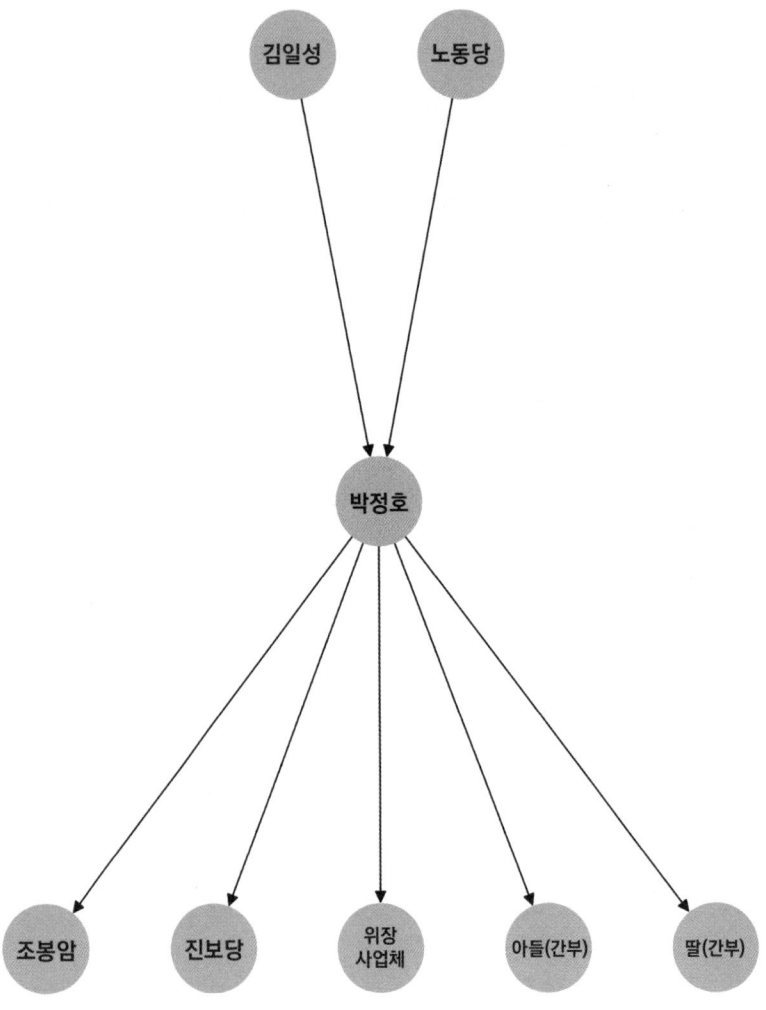

● 박정호 관련 인물 계보

북한 지도부

김일성
박정호를 신임하며 직접 대남공작 지시를 내림
진보당(조봉암 계열) 활용 및 남한 정치세력 포섭 공작을 위탁.

북한 노동당 대남공작부
박정호의 배후 조직
통일전선공작·합법 정당 창출 노선을 직접 관리

남한 정치세력

조봉암(진보당 총재)
진보당 창당 및 활동에 박정호가 깊이 개입
진보당이 합법 정당의 외피를 쓰면서도 북한의 영향권 아래 놓이게 된 핵심 배경

진보당 인사들
일부는 박정호와 접촉하여 북한 노선에 동조
합법 정치 활동을 가장한 대남공작 라인 형성

공작망

북한 공작선 인물
북한 통일전선부·사회문화부 간부들과 직통 라인을 유지
공작금·지령을 전달받아 남한 내 활동 전개

지하활동가 및 위장 사업체 인물
박정호가 운영하던 목재소 등을 통해 은밀히 연결
위장 경제활동을 하며 자금 세탁 및 공작금 전달

자녀
아들은 북한에서 체육계 고위 간부로 성장.
딸은 경공업 분야 간부로 활동.
북한 체제 안에서 '대남공작 열사 후손'으로 대우받음.

Chapter 4
격동의 시대와 지하조직

1960년대 북한의 대남전략은 표면적으로는 각종 선전·선동기관을 내세워 위장 평화공세를 강화하면서 그 이면에서는 대한민국 정부를 전복하기 위해 다양하면서도 폭력적이고 공격적인 대남공작을 전개하는 방식으로 추진된 것이 특징이다.

1960년대 중반까지는 대한민국의 혼란스러운 정세를 틈타 기존에 구축해놓았던 지하당 조직(간첩망)을 정비·확대하는 동시에 새로운 지하당 조직을 만드는 공작을 전개했다. 물론 이러한 작업은 기존에 해왔던 대로 연고(緣故)에 의한 공작을 통해 추진되었다.

그러나 1960년대 후반에 들어서면서부터는 북한의 대남공작이 보다 활발하게, 매우 공격적으로 전개된 것이 특징이다. 1960년대 북한의 대남공작은 그들이 대남공작을 벌여온 80년 역사상 가장 폭력적이고, 가장 공격적인 방식으로 전개되었다고 해도 과언이 아닐 정도다. 그 대표적인 사례가 1968년에 있었던 1·21 청와대기습미수 사건과 울진·삼척 무장공비 침투 사건이라 할 수 있다.

4·19와 대남공작 지도기구 확대

1960년대 벽두부터 이승만 정권의 3·15 부정선거에 항의하는 청년 학생들의 반정부투쟁이 거세게 일어나는 등 남한 내부 정세가 심상치 않음을 판단한 북한 지도부는 4월 14일과 20일에 각각 노동당 중앙위원회 정치위원회를 긴급 소집하고 대책을 논의했다.

특히 4월 20일에 개최된 노동당 중앙위 정치위원회에서는 4·19를 계기로 남한에서 이승만 대통령이 하야할 경우 민주당이 정권을 잡을 것으로 보고, 그렇게 되면 혁신정당들이 급성장하게 될 것이라고 평가했다. 한국의 계급적 토대로 볼 때 소부르조아적 성격이 강하기 때문에 주로 혁신정당이 급격히 성장할 수 있고 정권의 대체 세력이 될 수도 있다는 것이었다. 민주당이 집권하게 되면 새롭게 생겨난 혁신정당이 야당이 되어 양립할 것이며 장기적으로는 혁신정당이 정권의 대체 세력이 될 수 있다고 판단했던 것이다.

이와 같은 판단 하에 다음과 같은 3가지 사항을 결정했다.

첫째로, 평화통일을 위해 남북 제정당 및 사회단체 연석회의를 열어 구국대책을 논의하자는 제의를 하는 등 위장 평화공세를 강화하기로 했다. 남북 제정당(남한과 북한의 여러 정당) 및 **사회단체 연석회의 개최를 빙자한 위장 평화공세는 북한이 아직도 써먹는 수법**이다.

둘째로, 정세 호전에 대비해 지하당 조직을 수습하고 역량을 확대 강화하는 등 조직공작을 대대적으로 전개하기로 했다. 아울러 혁신정당에 대한 공작도 강화하기로 했다. 셋째로는 재일 조총련을 통한 대남평화공세와 통일전선공작을 전개하기로 결정했다. 중요한 것은 위와 같은 3가지 결정 외에 대남공작을 보다 공격적으로 전개하기 위해 대남공작 전담조직을 확대하기로 방침을 정한 것이다.

이에 따라 먼저 '4·19혁명을 지지하면서 남북연석회의를 개최하자'는 내용으로 4월 21일 노동당 중앙위원회 명의의 호소문을 발표했다. 이와 함께 노동당 중앙위 정치위원회 결정에 따라 대남공작 지도기구를 대폭 개편했다.

구체적으로 대남공작 기구인 중앙당 연락부와 문화부를 통합해 지도할 수 있는 노동당 내 중간 지도기관으로서 남조선국을 신설한 것이다. 남조선국은 김일성의 직접적인 지도를 받으면서 연락부와 문화부 등 대남공작조직을 관장하는 지도기관이었다. 초대 남조선국 국장에는 당시 정치위원 겸 직업총동맹 위원장을 역임하고 있던 이효순을 임명했다. 이효순은 일제강점기 발생했던 갑산공작위원회 사건으로 검거되어 처형된 이제순의 동생으로, 당시 노동당 조직부위원장이었던 박금철 등의 추천을 받아 남조선국장에 임명한 것이다. 부국장에는 월남대사를 역임하고 있던 김일성의 빨치산 동료 서철을 불러들여 임명했고, 중앙당 연락부장 어윤갑과 문화부장 김중린은 각각 유임시켰다.

다음으로 중앙당 연락부의 조직기구 및 역량도 확대했다. 연락부에서는 지역담당 조직을 확대하여 도별 단위로 공작과를 구성했다. 이에 따라 서울, 경기, 강원, 충북, 충남, 경북, 경남, 전북, 전남 등 9개의 지역담당과로 개편하고 구성원들도 대폭 증원했다. 그리고 연락부의 상층공작부문기구를 확대·개편하여 국회공작과, 여당공작과, 혁신정당공작과, 통일전선공작과, 합법공간조성공작과로 구성하고 공작단위별 책임지도원제를 신설했다. 연락부에서는 특히 공작원들을 대대적으로 확충하기 위해 공작원선발과를 대폭 확대·개편하고 지도원들을 각 지방으로 내려보내 남한에 연고를 두고 있는 공작원 적임자를 물색·선발하는 동시에 대남공작부서에서 일할 간부들을 선발하는 데도 힘을 집중했다. 이와 함께 공작원 기초교육기관인 중앙당정치학교(일명 순안정치대학, 695군부대)의 기구와 교원 및 교육생들을 증가시키고 공작원들을 비밀리에 수용해 대남침투훈련 및 공작교육을 시킬 수 있는 초대소(안가)를 확충하는 사업도 대대적으로 전개했다.

연락부의 해외 공작부문도 종전 1개과에서 3개과로 확대·개편하고 동베를린(동백림) 및 광동 해외 공작거점을 증원했다.

한편 연락부에서는 공작원들의 대남침투와 복귀를 담당 안내하는 작전부문의 기구와 산하 연락소 조직을 대폭 확대했다. 종전의 해상지도과와 육상지도과로 되어 있던 것을 서해지도과, 동해지도과, 육상지도과로 개편했다. 또한 개성과 해주, 원산과 평강 등 4개 지역에 있는 각 연락소의 기구도 확대해 연락소 참모장제를 신설하고 참모장 중심으로 산하 전투방향을 장악하여 공작원 침투와 복귀를 통일적으로 장악·지도하도록 했다. 그리고 침투작전에 필요한 쾌속선박(간첩선)과 공작원들을 남한에 안전하게 침투시키고 복귀시킬 안내요원들을 확충하는 데도 주력했다.

중앙당 문화부내에 조총련 관련 공작을 총괄하는 기구를 만드는 동시에 산하기구들을 확대·개편하여 대남선전·선동 공세를 강화했다.

문화부 기구 가운데 대남선전·선동 지도과를 대남방송선전과, 대남출판물선전과, 대남특수기구선전과, 대외우회선전과, 대남정치행사과 등 5개과로 확대해 대남선전·선동을 전문화했다. 또한 대남방송 능력을 대폭 증대시키기 위해 대남방송위원회를 확대개편하고 대남 및 대외 전용 방송인 평양방송의 출력도 대폭 증강하고 방송시간도 22시간으로 늘렸다. 출판물에 의한 대남선전·선동을 강화하기 위해 대남출판물을 전문적으로 창작 및 제작하는 출판사(40호실)와 대외 및 대일 선전물을 제작하는 출판사로서 '조국사'를 창설하고 『조국』 제호의 월간지(화보)를 발간하게 했다.

1961년 5월 13일에는 북한의 위장 평화통일 공세를 앞장서서 수행할 선전·선동기구인 '조국평화통일위원회'가 만들어지고 소설 『임꺽정』의 작가인 홍명희가 초대 위원장에 임명되었다.

북한 대남공작부서에서는 위와 같은 조직개편 및 확대, 공작역량 강화 등의 조치를 취하는 동시에 혼란스러운 정세를 틈타 각종 유형의 대남공작을 본격적으로 전개했다.

가족·친척을 간첩으로

북한은 4·19를 계기로 한국 내부가 혼란스러운 틈을 타 기존에 구축되어 있던 지하당 조직(간첩망)을 급속히 확대하기 위해 해당 조직을 만들었던 공작원들을 다시 침투시키는 방식으로 대남공작을 전개했다.

대표적인 사례가 충남 당진 출신남파공작원 김연길에 의해 만들어졌던 형제간첩단 사건이다.

김연길은 충남 당진에서 태어나 6·25전쟁 때 월북하여 정치대학을 졸업한 후 평안남도 인민위원회 간부로 활동하던 중 북한이 대남공작을 본격적으로 전개하던 1958년 초에 공작원으로 선발된 인물이다. 그는 공작원으로 임명된 후 초대소에서 대남침투 및 공작에 필요한 교육과 훈련을 받고 연고관계를 이용해 지하당 조직을 구축하라는 공작임무를 받고 1958년 7월 아산만으로 침투해 친동생 두 명을 접선, 포섭하는 데 성공하고 같은 해 11월에 북한으로 복귀했다.

북한으로 복귀해 초대소에서 재교육을 받으며 대기하고 있던 김연길은 4·19를 계기로 혼란스러운 정세가 조성되자 1차 침투하여 구축한 지하당 조직을 확대하라는 임무를 받고 1960년 7월 재침투했다. 재침투 후 동생들을 접선해 지도하던 중 동생들이 "북한에 가 보고 싶다"는 의사를 밝히자 북한 공작지도부에 보고해 승낙을 받은 다음 같은 해 9월에 두 동생을 대동하고 북한으로 복귀했다. 형을 따라 입북한 두 동생은 1개월 정도 평양에 머물면서 사상

교육과 훈련을 받은 후 10월 말 남해안으로 침투해 고향으로 돌아왔다. 그들이 재침투할 때 받은 임무는 고향을 중심으로 어부들을 포섭해 당 조직을 확대하는 동시에 어선을 구입해 연락공작을 할 수 있도록 하라는 것이었다.

그후에도 김연길은 몇 년 동안 다른 지역에서 활동하고 있던 간첩망과의 연락임무를 띠고 여러 차례 침투하여 동생을 통해 공작임무를 수행했으며, 그 공로를 인정받아 1970년 공화국영웅칭호를 수여받고 중앙당 간부로 활동했다. 그러나 그가 연고공작을 통해 구축했던 남한 내 형제간첩망은 1973년 수사당국에 적발되어 일망타진 되었다.

이외에도 1950년대 후반에 1차로 남파되어 연고자들을 포섭한 후 복귀했다가 4·19 직후 다시 침투해 기존에 만들었던 간첩망을 점검, 확대하는 등 공작활동을 했던 사례는 상당히 많다.

4·19 직후에 북한은 남한 내에 연고가 있는 새로운 인물들을 공작원으로 선발해 필요한 교육 및 훈련을 시킨 다음 남파시켜 간첩망을 구축하기 위한 공작도 동시에 추진했다.

대표적인 사례로 전남 진도 출신공작원 박영민과 그가 진도에 만들었던 간첩망이 적발된 사건을 꼽는다.

전남 진도 출신의 박영민은 6·25 때 입북하여 김일성종합대학을 졸업한 후 직업총동맹에서 간부로 재직하던 중 4·19 직후인 1960년 5월 공작원으로 선발되었다. 초대소에 입소해 대남침투와 간첩망 구축과 관련된 훈련과 교육을 받은 박영민은 고향인 진도에 침투한 후 구 남로당 관계자들을 탐색·접촉해 노동당원으로 포섭하고 이들을 중심으로 진도 지역 지하당 조직을 구성하는 동시에 내륙 지하조직과의 연락거점도 구축하라는 임무를 받았다. 이와 함께 향후 간첩망을 책임지고 이끌어갈 조직책임자를 대동복귀하라는 임무도 부여받았다.

이러한 임무를 받고 같은 해 9월 말경 안내원들의 안내를 받아 진도해안으로 침투해 고향에 잠입한 박영민은 가족들과 접촉해 그들의 비호를 받으면서 여동생의 남편(매제)을 집중적으로 교양해 노동당에 가입시키는 데 성공했다. 그는 북한 공작지도부의 지시에 따라 포섭한 매제를 대동하고 1960년 11월 말경에 북한으로 복귀했다.

대동 월북한 박영민의 매제는 약 2개월 동안 평양에 체류하면서 초대소에서 사상교육과 함께 공작활동에 필요한 훈련을 받았다. 그후 공작지도부로부터 진도를 중심으로 지하조직을 확대·발전시켜 튼튼한 연락거점을 구축하고 내륙과의 침투 및 연락임무를 수행하라는 공작임무를 받고 1961년 2월 초에 진도로 돌아와 주변 인물들을 포섭해 간첩망을 확대하는 등 공작활동을 했다.

박영민은 그후에도 여러 차례에 걸쳐 남한에 재침투하여 기존에 구축해 놓은 간첩망을 점검하고 지하당 조직 관계자들을 대동복귀시키는 등 남파공작임무를 수행했으며 그 공로를 인정받아 연락부 지도원으로부터 과장, 부부장까지 승진했다. 그리고 1970년대에는 해외 공작을 전담하는 부서로 옮겨 유고 자그레브 공작거점 책임자로 활동하다가 간암으로 사망했다. 그러나 박영민이 매제를 중심으로 하여 만들어놓았던 간첩망은 수사당국에 적발되어 일망타진되었다.

물론 이외에도 남한 출신자들이 4·19 이후 새롭게 공작원으로 선발되어 교육 및 훈련을 받고 남파된 후 연고자들을 포섭해 간첩망 구축에 성공한 사례는 많다.

민주 열사로 둔갑한 남파공작원 최백근

2018년 4월 11일 경기도 마석 모란공원 민주 열사 묘역에서는 이색적인 행사가 진행되었다. 이규재 범민련 남측본부 의장을 비롯한 재야단체 인사들이 모여 경기도 구리시 교문리 소재 망우리 묘역에 묻혀 있던 최백근의 유해를 마석 모란공원 민주 열사 묘역으로 이장하고 추모하는 행사였다.

그러면 이들이 '항일운동가', '민족통일운동가'로 추앙하며 유골을 이장하고 추모한 최백근은 누구인가?

북한의 대표적인 월간 화보지 『조선』 2006년 7월호에 김일성이 1993년 1월 최백근의 아들 최병건을 비롯한 유가족을 접견한 후 함께 찍은 기념사진이 실린 바 있다. 관련 기사에서 북한은 최백근을 공화국의 영웅이자 '조국통일상' 수상자라 소개하고 있다.

2019년 4월 11일 재야단체 인사들이 추모한 인물은 북한으로부터 공작임무를 받고 남파되어 활동하다 우리 수사당국에 검거되어 처형된 거물 간첩 최백근이었다.

필자가 북한에 있을 때 대남공작부서 부부장 등 고위 간부들로부터 들은 바에 의하면, 김일성은 말년에 회고록을 쓰면서 과거에 자신과 특별한 연고를 맺고 있었던 인물이나 유가족들을 찾아 만난 바 있다. 그 가운데는 성시백·박정호·이현상·최백근 등 대남공작과 관련된 유가족도 있었다.

이는 최백근이 평범한 공작원이 아니라 대남공작의 대부로 알려져 있는 성시백과 박정호, 그리고 지리산 빨치산 대장이었던 이현상과 어깨를 나란히 할 정도로 상당히 비중 있는 남파공작원, 거물간첩이었다는 것을 말해주고 있다.

1914년 전남 광양에서 태어난 최백근은 일제강점기에는 독립운동을 했고 해방 직후에는 여운형이 주도한 건국준비위원회(건준)에 들어가 건준 총무부장이던 최근우 밑에서 일을 했다. 한편 최백근은 서울에서 남조선신민당을 결성했다가 조선공산당과 조선인민당 등과 합당해 남조선노동당(남로당)을 창당하는 데 주도적 역할을 했던 백남운의 측근으로도 활동했다. 그러나 실제로는 해방 이후 남한에서 활약하다 검거 처형된 북한의 거물급 남파간첩 성시백과 조직적 연계를 가지고 활동한 공작원이었고 북조선노동당의 일원이기도 했다. 최백근은 북한 공작지도부와 성시백의 지시에 따라 남한의 주요 인사들이 1948년 4월 평양에서 개최된 남북연석회의에 참가하도록 적극 설득함으로써 회의를 성사시키는 데 중요한 역할을 했다.

최백근은 자신의 측근이자 남북협상파 주요 인물 가운데 한 사람이었던 백남운이 1948년 8월 신변에 위협을 느껴 월북한 이후에도 남한에 남아 공작활동을 계속하다가 6·25 때 월북했다. 그가 언제 결혼했는지는 확인할 수 없으나 현재 북한에는 그의 아들딸 5남매가 살고 있다.

최백근이 다시 공작원으로 발탁되어 남파된 시점은 북한 대남공작지도부가 전후의 복잡한 틈을 타 남한 내에 지하당 조직 재건공작을 본격적으로 진행하던 1955년이다.

당시 지하당 조직 재건 임무를 받고 남한에 침투한 최백근은 자신의 월북 사실과 간첩신분을 은폐하기 위해 먼저 군 특수부대(HID) 고급장교로 있는 학교동창을 찾아갔다. 그 다음 동창이자 친구인 군 고급장교에게 자신이 그동안 부역관계로 피신생활을 해왔으나 더 이상 지속할 수 없어 해당 기관에 자수하여 과거를 깨끗이 털어놓고 용서를 빌고 새롭게 출발하려 하니 도와달라고 간청했다. 그의 간청을 받아들인 군 고급장교의 도움을 받아 최백근은 관계기관에 자수하게 되었고 재판에서도 친구인 군 고급장교의 신원보증으로 비교적 짧은 2년 단기형을 받았다. 형무소에서 2년 만기 복역을 마친 최백근은 출소와 함께 합법적인 남한 사람의 신분을 얻게 되었다.

형을 마치고 나온 최백근은 서울에 정착한 후 형무소에 들어가 있는 동안 끊겼던 북한 공작지도부와의 연락관계를 복구하기 위해 여러 가지 방식을 시도했다. 먼저 북한에서 남파공작을 위한 준비를 할 때 미리 약속한 대로 일정기간 동안 정해진 날짜와 시간에 해당 주파수를 맞추고 방송을 들어보았으나 약정된 신호와 암호전문이 나오지 않았다. 이와 함께 북한 공작지도부에 보고할 내용을 적어 이미 약정한 대로 서울근교의 무인포스트에 묻어놓고 수개월

기다려 보았으나 연락물이 그대로 묻혀 있는 등 북한 공작지도부의 움직임이 감지되지 않았다.

이렇게 되자 최백근은 자신이 형무소에서 출옥한 사실을 북한 공작지도부가 모르고 있거나 아니면 자신이 위장 자수하여 형을 살고 나온 사실에 대해 북한 공작지도부가 불신하고 있기 때문이 아닐까 라고 생각하면서 불안감을 감출 수 없었다. 이러한 우려와 불안감을 갖고 생활하던 최백근은 고민 끝에 스스로 북한에 들어가 대남침투 이후 활동과정 및 결과를 보고한 후 정당한 평가를 받는 동시에 연락관계도 회복하겠다는 결심을 하고 입북 방법을 모색했다.

그러던 중 고향의 학교동창이면서 당시 남한 대북첩보기관인 HID의 지방 파견대장으로 있으면서 위장 자수할 때 신원을 보증해 주었던 친구의 도움을 받아 입북하기로 하고 그를 찾아갔다. 그러고는 친구에게 대북교역을 하면 목돈을 벌 수 있다는 데 돈을 벌게 해달라고 간청했다. 말하자면 최백근이 남북교역 상인이 되어 북한에 합법적으로 드나들면서 돈을 벌겠다고 하면서 도움을 요청한 것이다.

최백근이 완곡하게 요청하자 이번에도 친구인 HID 지대장은 교역 상인이 되려면 먼저 첩보기관에 첩자로 등록하고 첩보공작임무를 수행하면서 명목상으로는 위장교역 상인으로 된다는 것을 설명한 다음 '첩자로 등록하고 첩보공작을 하겠느냐, 그래도 좋다면 첩자로 등록하는 것을 도와주고 보증도 서 주겠다'고 했다. 지대장의 말을 들은 최백근은 '큰돈을 벌기 위한 일인데 무엇인들 못하겠느냐, 다 하겠다'라며 지대장의 주선과 보증으로 대북첩자로 등록했다. 물론 최백근은 자신이 대북첩자의 신분으로 입북했을 때 북한 공작지도부에서 어떻게 평가할 것인지 고민하지 않은 것은 아니었다. 그러나 일단 북한에 들어가 전후사정을 사실대로 털어놓고 구체적으로 설명하면 공작지도부에서도 충분히 납득하고 정당하게 평가해줄 것이라는 확신을 갖고 일을 추진했다.

이러한 과정을 통해 드디어 1958년 12월 초 대북첩보 공작임무를 받은 최백근은 교역물자가 든 보따리를 둘러메고 전선 중부지역인 강원도 김화, 철원 계선으로 휴전선을 넘어 북한 지역으로 들어갔다. 휴전선을 넘자마자 북한 경비병에게 붙잡힌 최백근은 초소로 연행된 후 중대, 대대, 연대를 거쳐 사단본부로 가서 일반 남한 첩자들이 받는 것과 같이 심문을 받았다. 최백근은 그 과정에 "최백근이라는 사람이 나타났다는 것을 중앙당 연락부에 보고해 달라"고 요구했으나 거절당했다. 결국 최백근의 신병은 강원도 회양에 있는 집단군(군단) 사령부 산하 보안기관으로 이관되었고 거기에서도 계속해서 심문을 받게 되었다. 이렇게 10여 일이 지난 후에야 비로소 중앙당 연락부에 알려지게 되었고, 연락부 간부들이 집단군 사령부에 찾아와 자신들이 파견한 공작원이라 하여 신분을 확인한 후 평양으로 데려감으로써 중앙당 연락부 간부들과 만날 수 있었다.

중앙당 연락부에는 다행히 최백근을 남파할 때 담당했던 최 부부장, 한 과장 및 지도원들이 그대로 있었고, 이들은 최백근이 침투 후 활동과정 및 복귀과정에 대해 자세하게 설명하자 이해하고 납득해 주었다. 중요한 것은 연락부 간부들이 최백근의 출옥 사실은 물론 그가 위장 자수하여 투옥된 사실 자체도 모르고 있었다는 것이다. 그렇기 때문에 최백근이 침투한 이후 몇 년 동안 각종 방법을 동원해 연락을 시도해 보았으나 응답이 없자 일방적으로 연락을 두절시켰다고 솔직하게 시인했다.

이후 최백근은 평양에 체류하면서 공작원 재교육과 함께 새로운 공작임무를 부여받고 연락체계도 새롭게 다시 구축한 다음 입북할 때 HID 파견관이 준 임무대로 첩보자료와 교역물자를 준비해 가지고 1958년 12월 중순 입북 통로로 되돌아 남쪽으로 내려왔다. 북한 공작원 입장에서 보면 재침투한 셈이다.

당시 연락부로부터 최백근에게 부여된 공작임무는 '과거 남로당, 근로인민당에 관계했던 잔류인사들을 접촉해 그 가운데 믿을 수 있는 대상들을 선별해 당원으로 입당시키는 방식으로 당 조직을 재건한 다음 이들을 깊이 잠복시켜 결정적 시기 즉, 북한에 의한 적화통일이 실현되는 때를 기다리라'는 것이었다.

남한으로 되돌아온 최백근은 첩보기관 관계자들이 요구했던 첩보자료(유사한 가짜 첩보)와 출판물, 홍삼 등 값비싼 교역물자들을 제공함으로써 그들의 두터운 신임을 얻게 되었고 친구인 지대장에게는 도움을 준 대가로 홍삼과 인삼주를 선물했다. 이렇게 함으로써 향후 언제든지 다시 남북교역 상인으로 입북할 수 있는 길도 닦아 놓았다. 앞으로 필요한 경우 남한 대북정보기관의 대북침투 라인을 계속 이용할 수 있도록 관계자들과 더 좋은 관계를 유지하라는 북한 공작지도부의 지시에 따른 것이기도 하다.

최백근의 합법 정당 창당 공작

1958년 말 대북첩보선을 이용해 입북 및 재침투한 후 암약하던 최백근은 1960년 4·19가 도래하자 북한 노동당 연락부로부터 "지하당 조직을 급속히 확대발전시키라"는 지령을 받았다. 그러나 4·19 이후 혁신 세력의 정계 진출이 가시화되자 자신의 정치적 색깔과 정체를 완전히 위장하고 혁신계(진보적·중도좌파적 정치 세력)에 참여했다.

최백근은 북한에 들어갔을 때 공작지도부로부터 부여받은 지시대로 구 근로인민당 잔류인사들과 접촉하는 등 임무 수행을 위해 활약하던 중 이들이 4·19 이후 정계에 본격 진출하자 그들과 함께 혁신정치 세력 규합과 조직화를 위한 중간 혁신정당 창당에 적극 참여하는 등 활발한 활동을 펼쳤다. 물론 최백근의 혁신정당 창당 참여는 위에서 언급한 것처럼 북한 공작지도부의 직접적인 지령에 의한 것이 아니라 순전히 자신의 독자적인 판단에 따른 행동이었다. 자신이 접촉하던 인물들이 평화통일을 지향하는 중간 혁신정당 창당 작업에 뛰어들자 이들과의 관계를 더욱 돈독히 하기 위해 주도적으로 동참한 것이다. 최백근은 접촉 인물들을 도와 중간 혁신정당을 창당하고 그 내부에서 주도적인 역할을 수행하는 과정을 통해 조직화된 정치 세력도 형성하고 북한 공작지도부의 지시대로 그들 가운데 핵심인사들을 선별·포섭해 지하당 조직을 구축하려 했던 것이다.

최백근이 중간 혁신정당 창당에 참여하면서 그의 이름이 남한의 신문과 방송 등 언론에 거론되자 북한 공작지도부에서는 비로소 그에게 '혁신계에 깊이 파고들어 중요 위치를 차지하여 영향력을 확대하고 혁신계 내에서 광범위한 세력기반을 구축하여 통일전선을 형성하고 평화통일 운동을 적극 조직 전개하라'는 임무를 하달했다. 그리고 공작활동 결과를 무인포스트를 통해 보고할 것도 지시했다.

당시 최백근은 혁신계 내에서 과거 근로인민당 등 협상파 잔류인사들을 중심으로 좌파 세력을 형성하는 데 주도적 역할을 하고 있었고, 혁신 세력이 부단한 이합집산 및 국회의원 선거 과정을 거쳐 우파정당, 중도파정당, 좌파정당으로 분류될 때는 좌파 세력을 결집해 근로인민당계의 최근우를 중심으로 하는 사회당을 창당하는 데 중요한 역할을 했다. 최백근은 최근우가 해방 직후 여운형이 주도한 건국준비위원회에서 총무부장을 하고 있을 때 그 밑에서 일을 도와주었던 관계로 이들 두 사람은 상당히 가까운 사이였다. 따라서 최백근은 최근우가 주도하는 사회당에서 중추적 위치인 조직부장의 직책을 차지할 수 있었고 이를 바탕으로 사회당의 조직 확대와 대중적 기반 구축을 위한 활동을 활발히 벌였던 것이다. 이와 함께 평화통일 운동에서 혁신정당 및 단체와 개별적 인사들의 공동행동을 도모하기 위한 연합전선체로서 '민족자주평화통일중앙협의회(약칭 민자통)' 구성을 위한 통일전선형성 활동도 강력히 조직 전개했다.

중앙당 연락부 간부들은 최백근의 활동을 큰 관심을 갖고 주시하다가 그가 최근우를 위원장으로 하는 사회당을 창당하고 조직부장이라는 핵심적 위치를 차지하고 혁신계에서 중추적 역할을 하게 되자 그의 활동상을 노동당 중앙위 정치국에까지 보고하고 지도 대책을 논의했다.

노동당 중앙위 정치국에서는 합법적 혁신정당인 사회당의 강령과 성격, 인적 구성, 혁신계에서 사회당이 차지하는 위치, 사회당 내에서 최백근의 역할 등을 다각적으로 검토하고 향후 지도대책을 논의했다. 이를 통해 향후 사회당에 대한 정치 조직적 지도를 강화해 사회당을 합법적 정치투쟁과 대중정치활동 및 각계각층과의 통일전선 형성의 합법적인 거점으로 강화·발전시킬 것을 결정했다. 이와 함께 노동당 정치국에서 결정한 사항을 철저히 집행하기 위해 최백근을 입북시켜 재교육과 함께 정치국 결정을 집행하기 위한 새로운 공작 임무를 부여한 후 다시 침투시키기로 했다.

김일성의 환대를 받고 돌아와 처형된 최백근

노동당 중앙위 정치국 결정이 채택된 후 공작부서인 중앙당 연락부에서는 담당 간부들이 모여 우선 최백근을 입북시키는 방도에 대해 여러 가지로 검토했다.

검토 결과 최백근이 기존에 자체적으로 개척해서 한 차례 사용한 바 있는 반공개 입북 방식인 대북첩자 침투 루트를 활용토록 하는 것이 가장 안전한 방법이라는 결론을 내렸다. 공작부서에서 내린 결정은 1960년 11월 말 최백근에게 숫자로 된 암호방송을 통해 구체적으로 하달되었다. 앞서 사용한 바 있는 입북 루트를 통해 북한으로 복귀하라는 지령을 내린 것이다.

대남공작지도부인 중앙당 연락부의 지령을 받은 최백근은 그때까지도 한국군의 대북첩보부대(HID) 파견대장을 역임하고 있던 친구를 통해 위장첩자 교역상인으로 다시 등록하고 1961년 1월 말 첩자들의 입북 통로인 강원도 김화, 철원 지역 휴전선을 넘어 입북했다.

북한에 입북한 뒤에는 군부대에서 곧바로 중앙당 연락부로 넘겨져 5일 동안 초대소에서 사회당의 강령과 규약 등 합법 정당 건설과 관련된 전략전술, 통일전선 형성을 위한 방법, 평화통일정책 및 실현 방도 등에 대한 교육과 함께 향후 활동방향에 대한 구체적인 논의를 진행했다.

중요한 것은 최백근이 평양에 체류하는 동안 북한 최고지도자인 김일성과 최용건 등 북한 수뇌부를 직접 만나 그동안의 공작임무 수행 결과를 보고하고 그들의 환대를 받았다는 것이다.

특히 김일성은 최백근을 만난 자리에서 직접 "사회당을 장차 남조선에서 조선노동당의 위장된 합법적 정치활동과 대중전취(戰取) 공작, 통일전선 공작의 조직적 거점으로 강화·발전시키라"는 구체적인 공작 지침까지 하달했다.

사실 김일성이 남파공작원(간첩)을 직접 만나준 일이 그리 많지 않다는 점을 감안하면 최백근은 북한의 대남공작에서 우리가 상상할 수 없을 정도로 중요한 비중을 차지하는 인물이었다는 것을 어렵지 않게 확인할 수 있을 것이다.

새로운 대남공작 관련 교육과 함께 김일성으로부터 직접 공작임무까지 받은 최백근은 입북할 당시 한국 첩보기관이 요구했던 첩보자료와 교역물자들을 잘 준비해서 1961년 2월 중순 입북했던 통로를 따라 다시 국내로 재침투했다. 그러고는 준비해온 첩보자료와 교역물자를 파견관들에게 제공해 그들을 만족시켜 주었다.

남쪽으로 돌아온 최백근은 김일성의 지시와 대남공작지도부의 요구대로 최근우를 정점으로 하고 자신을 핵심으로 하여 조직된 사회당을 보다 확대 강화 발전시키는 작업에 몰두했다. 동시에 평화통일 운동을 활성화시키고 평화통일 추진 세력으로서 혁신정당들과 단체들의 통일전선체인 '민족자주평화통일중앙협의회(민자통)'를 구성하는 데도 주력했다. 이와 함께 민자통의 중앙과 지방조직을 강화하여 평화통일 운동에서 혁신정당 및 단체와 청년 학생운동 진영이 공동행동 및 공동전선을 형성할 수 있도록 하는 공작도 적극 추진했다.

이와 같이 왕성하게 공작활동을 벌이던 최백근은 1961년 5·16 직후인 5월 22일 서울 돈암동에서 수사기관에 체포되었다. 그리고 체포된 지 7개월 만인 12월 21일 서울 서대문형무소에서 『민족일보』를 창간했던 조용수와 함께 처형되었다.

최백근이 처형되자 북한은 곧바로 그에게 최고 명예칭호인 공화국영웅칭호를 수여하고 그가 남긴 5남매의 자식들을 만경대혁명학원과 김일성종합대학 등에 특별 입학시켜 공부시킨 후 간부로 임명했다. 1990년 통일에 특별히 기여한 인물들에게 주는 '조국통일상'이 새로 제정되었을 때는 최백근에게 가장 먼저 조국통일상을 수여했고, 평양 근교 신미리 애국열사릉(우리의 국립현충원 해당)이 조성될 때는 북한의 최고 거물급 공작원인 성시백과 지리산 빨치산 대장이었던 이현상 등과 같이 그의 가묘(假墓)를 만들어주고 비석도 세워주었다.

결국 1960년대 초 민주화 공간(진보세력이 숨통을 틔운 역사적 국면)에서 활발한 활동을 벌였던 사회당은 북한 대남공작지도부가 그 창당과 활동에 직접 개입했으며, 그 주역이 바로 민족주의자로 알려져 있지만 실제로는 북한의 유능한 대남공작원이자 노동당원이었던 최백근이라는 것을 보여주고 있다.

지도연락공작조를 동원한 혁신정당 창당 공작

북한 공작지도부에서는 합법적 혁신정당 창당 및 통일전선 공작을 최백근 등 일부 간첩들에게만 맡겨 놓지 않았다. 정치적 안목이 높고 조직 지도능력을 가진 공작조를 별도로 파견해 혁신정당 창당 공작을 측면에서 지원하도록 했다. 그것이 바로 한국 현지에 파견해 혁신정당의 창당을 조종하려고 했던 '지도연락공작'이다.

당시 지도연락공작조로 파견되었던 대표적인 인물은 남로당 간부였던 백상윤과 홍현기이다.

부산 출신의 백상윤은 8·15 이전부터 공산주의 운동에 관여했으며 8·15 이후에는 조선공산당 경남도당 조직부장과 부위원장 등을 역임했고 공산당이 남로당이 된 다음에는 중앙 조직의 노동부장까지 했던 고위급 인물이다. 그러나 남로당 활동 과정에 박헌영·이승엽 등 간부들을 비판하다 그들에게 밉보여 노동조합 간부로 밀려나기도 했다. 그럼에도 남로당 활동을 열심히 하다 수사기관에 체포되었으며 6·25전쟁 때 북한군이 서울을 점령하자 서대문형무소를 탈옥해 이승엽이 위원장으로 활동하던 서울시 인민위원회에 들어가 노동부장을 역임했다.

6·25전쟁 중 박헌영·이승엽 사건이 터지자 그들로부터 배척당했

던 백상윤은 박헌영·이승엽의 과거 행동을 낱낱이 폭로·비판하는 등 견결히(단호하게) 투쟁함으로써 노동당 지도부의 신임을 얻었다. 그런 관계로 6·25전쟁이 끝난 다음에는 북한 지역의 도인민위원회 부위원장으로 임명되어 활동했으며, 그러던 중 4·19 직후 지도연락공작원으로 선발된 것이다.

서울 출신의 홍현기도 공산주의 운동에 참여했고 8·15 이후에는 백상윤처럼 조선공산당 서울시당 간부로 활동했으며 남로당 시절에는 충청남도 당위원장까지 역임한 거물급 공산주의자였다.

홍현기는 남로당시절 지도부의 좌경모험주의 노선을 비판하다 하급조직으로 밀려났지만 열심히 활동했고 그로 인해 수사기관에 체포되어 옥살이를 했다. 6·25전쟁 때 북한군의 서울 점령 이후 서대문형무소에서 탈옥한 홍현기는 6·25전쟁 시기 노동당 서울시당 간부부장을 역임했으며 1950년 10월 인민유격대 제1지대 연대장, 지대장으로 활동하면서 소백산 지대에서 약탈과 기습, 파괴행위 등을 감행하다 토벌을 피해 북한으로 들어갔다. 북한에 들어가서는 소련 고급당학교에 유학하고 돌아와 도인민위원회 부위원장으로 활동하다 1960년 8월 지도연락공작원으로 선발되어 백상윤과 같이 지도연락공작조에 편성된 것이다. 이처럼 백상윤과 홍현기는 남로당 활동 경력도 직책도 비슷한 데가 많았다.

이들은 특별교육을 통해 지도연락공작원으로서의 임무와 역할, 그리고 임무 수행을 위한 지도방법 등을 숙지하는 한편, 신변보호를 위한 무술훈련도 받았다. 그리고 1명의 무전통신 전담 연락원을 더 인입해(끌어들여) 3인 공작조를 구성하는 등 남파공작을 위한 준비를 빈틈없이 했다.

당시 이들이 수행해야 할 공작임무는 이미 국내에 침투해 합법정당 창당 및 통일전선 형성 공작을 추진하고 있던 남파공작원들을 접선한 다음 이들의 활동을 지도하고 지원하는 것이었다. 말하자면, 기존에 침투해 합법 정당 창당 및 통일전선 공작을 진행하고 있던 간첩들이 성과를 거둘 수 있도록 정치적으로, 실무적으로 지도하는 것이었다.

남파공작 준비를 마친 지도연락공작조는 1961년 4월 한강을 따라 수중으로 김포 지역에 침투한 다음 서울로 잠입했다. 그후 각자 친인척을 찾아가 그들의 비호를 받아 현지에 안착하는 데 성공했다.

서울에 안착한 백상윤·홍현기 지도연락공작조는 우선 김일성으로부터 직접 공작임무를 부여받고 암약하고 있던 사회당 조직부장 최백근, 통일혁신당 부위원장이며 자주평화통일촉진협의회 부위원장이던 이영옥과 현지에서 접선해 이들의 활동상황을 파악하는 작업부터 시작했다.

그러나 5·16 이후 혁신정당이 불법화되어 활동이 금지되고 설상가상으로 최백근·이영옥 등이 곧바로 체포되고, 또 다른 접선 및 지도대상이었던 이만희 등이 체포된 상태였기 때문에 남파될 당시 공작지도부로부터 부여받은 임무를 더 이상 수행할 수 없는 처지가 되었다. 공작임무 수행은 고사하고 당장 자신들의 신변 위험을 걱정해야 하는 상황에까지 이르렀다.

이렇게 되자 북한 공작지도부에서는 이들을 복귀시키기로 결정하고 지령을 내려 1961년 7월 중순 기존에 침투할 때 이용했던 한강 수중침투 루트를 통해 북한으로 복귀시켰다. 복귀 후 백상윤은 중앙당 문화부 부부장으로, 홍현기는 공작원 양성기관인 순안정치대학(695군부대, 후에 김정일정치군사대학으로 개칭) 부학장으로 임명되었다.

이로써 1960년 4·19 직후 조성된 한국 내부의 혼란기를 이용해 전개했던 북한의 혁신정당 창당 공작은 결국 실패로 막을 내리게 되었다. 그리고 통일전선 구축 공작 역시 크게 성공을 거두진 못했다.

『민족일보』와 조용수

1960년 4·19를 전후한 시기에 전개된 북한의 대남공작에 대해 이야기할 때 조용수의 '민족일보 사건'을 빼놓을 수 없다.

민족일보 사건은 일본에서 활동하던 조용수가 4·19 직후의 국내 혼란상황을 이용해 새로운 민족지 성격의 신문 『민족일보』를 창간하고 그것을 거점으로 하여 합법 정당 창당 공작과 통일전선 형성 공작을 추진하다가 5·16 이후 신문사가 폐간되고 사장인 조용수가 체포 처형된 사건이다.

1930년 4월 24일 경남 진양에서 태어난 조용수는 서울에서 좌익 진영 언론계에 몸을 담고 활동하던 중 수사당국의 지명수배를 받게 되자 1951년 9월 밀항선을 타고 일본으로 피신했다. 일본으로 건너간 조용수는 도쿄에 살면서도 계속해서 언론인으로 활동했고 전후에는 국내에도 여러 번 다녀간 바 있다.

조용수는 일본에서 생활하는 과정에 진보당 당수 조봉암의 비서출신으로서 간첩혐의로 기소되어 공판 계류 중 1958년 1월 보석을 기회로 일본으로 망명한 대남간첩 이영근과 수시로 접촉했다. 또한 동포사회에서 언론인으로 활동하는 과정에 북한 대남공작지도부의 지령에 따라 일본 및 한국에 대한 각종 대남공작을 지도하고 있던 김병식과 정치적으로 연계되어 활동하게 되었다. 따라서 그가 나중에 『민족일보』를 창간한 것도 결국 일본에서 활동하면서 대남공작을 담당하고 있던 김병식과 북한 공작지도부의 지령에 따른 것이라 할 수 있다.

조용수와 정치적 관계를 맺고 있던 김병식으로 말하면, 원래 국내에서 언론활동을 했던 경험도 있고 사회적 지위도 있던 인물이다.

1919년 2월 전남 무안에서 태어난 김병식은 일본 동북대학을 졸업하고 국내에서 활동하다 일본으로 건너간 인물로서 조용수를 만날 당시에는 일본 내 친북조직이자 공작거점이라고 할 수 있는 재일조선인총연합회(약칭 조총련) 산하 조선통신사 사장을 역임했다. 1966년에는 조총련 부의장에 임명되었고 1970년에는 제1부의장을 역임하는 등 일찍부터 조총련의 중요 직책에서 활약하면서 대남·대일 공작을 주도했다.

북한의 신임을 받으면서 활동하던 김병식은 당시 조총련 의장이었던 한덕수와의 불화 등 여러 가지 문제 때문에 1972년 10월 북한에 들어가 눌러앉게 되었다. 북한에 들어가서는 노동당 대남공작부서에서 일하다가 1993년 7월 사회민주당 위원장으로 발탁되었고 같은 해 10월에는 부주석에 전격 임명되어 활동하던 중 1999년 7월 사망했다.

다시 본론으로 돌아가 보자.

1952년부터 일본에서 조선통신사 사장으로 활동하던 김병식은 자신과 굳건한 정치적 관계를 갖고 있던 조용수의 사상동향과 언론인으로서의 능력, 자신과의 관계 등을 고려해 볼 때 그가 국내에서 새로운 신문창간 공작을 실행할 수 있는 적임자라고 판단했다. 이에 따라 조총련 한덕수 의장과 조용수에 대한 공작방향을 협의한 후 북한 공작지도부에 동 문제를 제기해 승인을 받았다.

북한 노동당 대남공작지도부의 허락을 받은 후 조총련 의장 한덕수와 김병식은 조용수를 직접 만나 그에게 서울로 들어가 민족지 성격의 새로운 신문을 창간하여 강력한 정치선전 수단과 정치활동 거점을 구축할 것을 지시하고 신문창간에 필요한 자금 등은 김병식이 제공하기로 했다. 이에 따라 조용수는 1960년 6월경부터 서울에 들어와 4·19 직후 국내이 정치적 혼란과 사회적 무질서를 이용해 새로운 성격의 민족지 창간 공작을 본격적으로 추진하게 된 것이다.

조용수는 먼저 민족지 창간 주체로서 '민족일보사'를 창설하고 사장으로 취임했다. 사옥은 당시 서울시 서대문구 정동에 있었다. 신문사를 설립한 조용수는 창간을 위한 각종 실무적인 문제들을 해결하는 데 주력했다.

그러던 중 1960년 9월경 일본에 다시 간 조용수는 북한 공작지도부의 지시에 따라 비밀리에 공작선을 타고 북한으로 들어가 김일성을 만났다. 김일성까지 만난 것은 철두철미 북한 대남공작지도부의 지령에 따른 것이지만 조용수가 이미 북한 노동당에 입당한 노동당원일 뿐 아니라 북한의 대남공작에서 상당한 비중을 차지하고 있었다는 방증이라 할 수 있다. 김일성은 앞서 이야기한 성시백이나 박정호, 이선실과 같은 거물급 간첩이 아니면 만나주지 않기 때문이다. 김일성으로부터 환대와 함께 공작임무를 부여받은 조용수는 다시 공작선을 타고 일본을 거쳐 서울로 되돌아와 신문창간을 본격화했다.

이러한 준비과정을 통해 1961년 2월 13일 『민족일보』를 정식으로 창간하는 데 성공했다. 창간 준비 당시에는 『대중일보(大衆日報)』로 시작했으나 『민족일보』로 바꾸어 등록허가를 받았다. 신문 창간 당시 『민족일보』는 '민족의 진로를 가리키는 신문, 부정부패를 고발하는 신문, 노동대중의 권익을 옹호하는 신문, 양단된 조국의 비애를 호소하는 신문'임을 표방하는 동시에 혁신계의 주장인 남북협상과 남북교류, 중립화통일과 민족자주통일 등을 옹호하는 방법으로 북한의 노선을 우회적으로 대변했다.

『민족일보』가 국내에서 창간됨으로써 김일성과 북한 지도부는 한국 내에 유력한 정치선전 활동 수단과 정치투쟁의 무기를 갖게 되었으며 동시에 북한 공작지도부는 새로운 합법 정당 창당과 통일전선 형성을 위한 활동거점, 공작거점을 확보하게 된 것이다.

『민족일보』를 창간한 조용수는 그 공로를 인정받아 북한으로부터 당시 최고의 훈장이라고 할 수 있는 국기훈장 제1급을 수여받았다.

그러나 5·16 이후 『민족일보』는 반국가적·반혁명적 신문이라는 이유로 5월 17일부터 신문 발행이 정지되었고, 5월 19일에는 계엄

사령부로부터 폐간 처분을 받았다. 8월 21일에는 혁명재판소에 의해 '특수범죄처벌에 관한 특별법' 위반 혐의로 조용수 등 민족일보 간부 13명이 재판에 회부되었다.

1961년 10월 31일 열린 최종공판에서는 '공산당 자금으로 신문을 발행함으로써 특수반국가행위에 해당하는 활동을 했다'는 죄목으로 사형 3명, 5~15년 징역형 5명, 무죄 5명 등의 판결이 확정되었다.

그후 국제신문인협회와 국제펜클럽 등 국내외 각계의 진정과 호소로 사형을 선고받았던 3명 중 논설위원 송지영, 감사 안신규는 대법원에서 무기징역으로 감형되었다. 그러나 사장이었던 조용수는 사회당 조직부장으로 활동하다 간첩혐의로 체포된 최백근과 함께 12월 21일 서대문형무소에서 사형이 집행되었다.

한편, 그때로부터 45년이 지난 2006년 1월 조용수의 동생 조용준은 '진실·화해를위한과거사정리위원회'에 민족일보 및 조용수 사건에 대한 진실 규명을 신청했다.

그후 과거사위원회는 같은 해 11월 '사형을 선고한 혁명재판부의 판단이 잘못됐다'는 결정을 내리고 국가에 재심을 권고했다.

이에 따라 2008년 1월 16일 서울중앙지법 형사합의 22부가 재심을 열고 북한의 활동에 동조했다는 '특수범죄 처벌에 관한 특별법' 혐의로 사형이 선고되었던 조용수에게 무죄를 선고한 바 있다.

5·16 군사 쿠데타에 당황한 김일성

1961년 5월 16일 서울에서 박정희 장군에 의한 군사 쿠데타가 일어났을 때 김일성은 평양을 떠나 함경남도 함흥 지역에 내려가 체류하고 있었다.

당시 중앙당 대남공작부서의 하나였던 문화부 김중린 부장으로부터 쿠데타 소식을 전해들은 김일성은 김중린에게 두 가지 지시를 내렸다.

하나는 모든 공작조직을 총동원해 쿠데타의 진상을 정확히 파악하라는 지시였고, 두 번째는 바로 다음 날인 5월 17일 노동당 중앙위 정치위원회를 긴급 소집할 예정이니 준비하라는 지시였다. 이 지시를 내린 김일성은 함흥에서의 일정을 중단하고 급히 차를 돌려 평양으로 돌아왔다.

김일성은 이미 지시한 대로 함흥에서 올라온 다음 날인 5월 17일 오전 예고했던 대로 중앙당 본부 청사에서 정치위원회를 열었다. 그리고 김중린 문화부장에게 미리 준비시킨 5·16쿠데타 관련 보고를 하라고 지시했다.

김중린은 김일성의 지시대로 작성해간 보고서를 읽었지만 5·16쿠데타에 대한 대체적인 윤곽만 언급하고 그 내용에 대해서는 관련 정보가 들어오지 않아 구체적으로 말할 수 없었다. 5·16쿠데타가 일어난 바로 다음 날이어서 한국은 물론 일본과 유럽 등 각국에서 활동하는 공작원 및 공작조직으로부터 다각적이고 충분한 정보를 취합해 분석할 시간이 없었기 때문이다.

이를테면 일본의 조총련과 같이 합법적으로 활동하는 조직에는 언제든지 연락해 궁금한 문제들을 시간에 구애받지 않고 질문할 수도 있다. 그렇지만 국내에서 비밀리에 활동하는 간첩망이나 각국에서 개별적으로 활동하는 간첩들과는 통신연락을 주고받을 수 있는 날짜와 시간이 이미 정해져 있어 아무 때나 지령을 내리고 보고를 받을 수 없기 때문에 다각적인 정보 수집이 불가능한 상태였던 것이다.

결국 김중린이 김일성의 지시를 받은 후 아무리 큰소리를 쳐도 국내에서 활동하는 간첩망에 직접 연락해 관련 정보를 파악할 수는 없었으므로 국내에서 구체적으로 어떤 상황이 벌어지고 있는지 알 수가 없었고, 따라서 보고 내용은 조총련 등 해외에서 활동하는 친북조직을 통해 알아낸 단편적인 정보를 토대로 작성했기 때문에 빈약할 수밖에 없었다.

김중린의 보고를 듣고 답답한 김일성이 "쿠데타의 주도 세력이 누구냐?"고 질문했을 때도 "박정희 소장이 육군사관학교 8기생을 중심으로 하는 소장파 장교들과 쿠데타를 주도한 것으로 보인다"고 말했을 뿐 그 이상의 구체적인 답변은 할 수 없었다.

이렇게 되자 김일성은 1시간 반 정도 지나 정치위원회를 끝낼 수밖에 없었고, 회의를 마치면서 김일성은 문화부장 김중린에게 급한 대로 3가지 지시를 내렸다.

첫 번째 지시는 5월 17일 당일 조선중앙통신을 통해 한국에서의 군사 쿠데타를 규탄하는 성명을 발표하라는 것이었다. 성명에는 '**군사 쿠데타가 통일운동과 민주화 운동을 말살하려는 미국의 사주에 의**

해 발생한 음모적 행동'이라는 내용을 담을 것을 지시했다.

두 번째는 빠른 시일 내에 조총련이나 남파공작조들을 통해 쿠데타 주도 세력의 면면과 이들이 추구하는 목표, 미국과의 관계 등 구체적인 진상을 파악해 보고하라는 것이었다.

세 번째는 대남공작부서인 연락부와 문화부 등 중앙당 3호 청사에서 4·19 이후의 한국의 내부 정세와 쿠데타 배경 등을 종합적으로 분석하고 그에 따른 대책을 세우라는 것이었다.

북한 대남공작의 총본산-3호 청사

여기서 잠시, 북한 대남공작의 산실이자 총본산이라고 할 수 있는 '중앙당 3호청사'에 대해 간략하게 언급하고 넘어가기로 하겠다.

'중앙당 3호 청사'는 한마디로 조선노동당 중앙위원회(중앙당)의 '세 번째 청사'라는 말이다. 그러면 1호 청사, 2호 청사가 있다는 말인데, 6·25전쟁 전에 평양에 지어진 본청사가 1호 청사다. 그리고 전쟁으로 본청사 일부가 파괴된 데다 전쟁 후 중앙당 기구가 늘어나면서 사무실이 모자라자 1호 청사 옆에 청사를 하나 더 지었는데, 이 건물이 2호 청사다.

물론 6·25전쟁 전부터 있던 1호 청사(본청사)와 2호 청사는 그후 여러 차례의 개보수 및 중앙당 청사 신축을 통해 많이 변화되었기 때문에 현재는 본래의 모습을 찾아볼 수 없다. 현재 김정은의 집무실이 있는 중앙당 본청사가 1호 청사이다.

북한은 극도의 보안을 요하는 중앙당 대남공작부서들이 들어갈 청사 건물을 따로 짓기로 하고 1955년 중반부터 이를 추진했다.

　이 과정에 전쟁으로 평양시내 건물들이 거의 파괴돼 변변한 건물이 없었는데, 다행히 반쯤 부서진 김일성종합대학 학생기숙사 건물이 적합하다는 판단이 내려진 것이다. 이에 따라 김일성종합대학 학생기숙사 건물을 1956년 초까지 개보수한 뒤 여기저기 흩어져 있던 중앙당 대남연락부 부서들을 모아 입주시켰는데, 이 건물을 중앙당 세 번째 청사라는 의미에서 '3호 청사'라고 불렀다.

　그후부터 3호 청사는 중앙당 대남공작기구를 전체적으로 지칭하는 대명사처럼 쓰이고 있다. 중앙당은 물론 북한에서 대남공작부서에 대해 조금 아는 사람이라면 개별적인 공작부서 명칭보다는 '3호 청사'라는 단어를 사용하고 있다.

　1956년 2월 북한 대남공작의 산실이라고 할 수 있는 중앙당 연락부가 3호 청사에 처음 입주한 후 6~7월에는 대남선전·선동을 담당하는 문화부가 새로 창설되면서 3호 청사 내에 새로 건물을 짓고 들어왔다.

　그러다가 1963년에 내각 산하 사회안전부나 노동당 내 여러 공작부서에서 수행해오던 대남정보공작 일체를 하나로 통합해 관장할 조사부를 새로 내오면서 3호 청사 규모가 더 커지게 되었다. 이때부터 3호 청사에는 중앙당 연락부와 문화부(1977년부터 통일전선부로 개칭), 조사부 등 3개 부서가 자리 잡게 된 것이다.

　3호 청사에는 대남공작 전문 부서뿐 아니라 남조선 연구소와 같은 연구기관은 물론 공작원들이 생활하고 훈련하는 초대소를 담당 관리하는 중앙당 재정경리부의 일부 부서와 운수관련 부서 등 보조 부서들도 들어와 있다.

한편, 3호 청사 옆에는 대남공작부서에 근무하는 중당당 간부들을 위한 여러 동의 아파트도 지어져 있어 이곳에 사는 중앙당 대남공작부서 간부들은 걸어서 출퇴근할 수 있다. 이 아파트에는 중앙당 과장급까지의 간부들이 살고 있으며 부부장(차관)이상의 간부들은 평양시 중심부인 중구역이나 보통강구역에 별도로 지어진 부부장 및 부장 아파트에 살고 있다.

또한 3호 청사 인근에는 한국과 해외에 파견된 공작원들과의 통신을 전담하는 414연락소와 공작 관련 각종 자료를 수집·분석하고 공작에 필요한 장비를 전문적으로 제작(위조)하거나 외국에서 구입해 관리하는 314연락소 등 공작 관련 기관들이 자리하고 있다.

314연락소에서는 KAL기 폭파 사건 당시 김현희가 소지하고 있던 가짜 일본 여권이나 남파공작원들이 소지하는 주민등록증과 운전면허증 등 각종 신분증들을 전문적으로 위조하고 있다.

5·16 쿠데타와 북한의 정세인식

5·16 군사 쿠데타를 미리 예견하지 못했던 중앙당 대남공작부서 내부에서는 물론 노동당 중앙위원회 전체 부서가 한국에서 일어난 군사 쿠데타 때문에 혼란에 빠졌다.

5·16 직전까지도 북한은 4·19를 겪으면서 한국 민주화 운동의 주도 세력이 청년 학생들이며 이들의 투쟁방향이 정권타도를 넘어 통일운동으로 선회하고 있다고 판단하고 거기에 초점을 맞춰 대대적인 평화공세를 취할 준비에만 몰두하고 있었다. 이 때문에 남북연방제를 실현하기 위해 당시 한국의 여당이었던 민주당 정권과의 담판을 준비하고 있었고 남북 정당·사회단체 간의 협상을 위해 파견할 대표까지 준비하고 있었다. 또 이미 1년 전인 1960년 8·15 기념 연설에서 김일성이 남북교류를 제안했고 이에 기초하여 11월에는 최고인민회의 제2기 제8차 회의에서 남북교류에 관한 구체적인 내용을 담은 '조국평화통일안'을 마련하기도 했다.

  이처럼 북한은 1961년 전반기까지 평화통일 기반을 마련하려는 정치공세를 준비하고 있던 상황에서 5·16 군사 쿠데타로 하루아침에 정세가 급변했기 때문에 사전에 준비했던 평화공세가 수포로 돌아갈 수밖에 없었다.

  특히 '미국의 식민지'인 한국에서 미군이 한국군을 철저하게 통제하고 있기 때문에 박정희 장군을 위시로 한 한국 군부가 독자적으로 쿠데타를 일으키는 것은 불가능하다고 인식하고 있었던 북한 대남정책 담당자들 입장에서는 상식 밖의 일이 일어난 터라 그 어떤 판단도 쉽게 내릴 수 없었다. 따라서 이들은 고작 4·19를 기점으로 통일운동이 거세게 일어나자 그 기세를 꺾어보려고, 통일운동에 대한 역공세를 펼치기 위해 미국이 소장파 군인들을 사주하여 쿠데타를 일으킨 것이 아니냐는 정도의 일반적인 해석을 내놓았다.

이러한 가운데 5월 17일에 열렸던 노동당 정치위원회 결정에 따라 5월 20일과 21일 양일간에 걸쳐 중앙당 본청사 회의실에서 5·16 군사 쿠데타 관련 정책토론회가 개최되었다. 중앙당 대남공작부서 책임지도원 이상 간부들과 중앙당 국제부, 내각 외교부의 중요 간부들을 비롯해 350여 명이 참석한 토론회는 4·19 이후의 정세와 5·16 군사 쿠데타 발발의 배경을 분석·평가하고 대책을 마련하는 것이 목적이었다.

그러나 그때까지도 쿠데타에 대한 구체적인 정보와 자료가 부족했기 때문에 원론적인 수준의 이야기만 오갔을 뿐 쿠데타의 원인과 주도 세력 등에 대한 명쾌한 분석과 평가도, 제대로 된 결론도 내릴 수 없었다. 물론 토론 과정에 한국 군부의 군사 쿠데타가 미국의 조종에 따른 것이냐, 아니면 독자적인 행동이냐를 놓고 갑론을박하기도 했으나 모든 것이 미국의 장악과 통제 하에 놓여 있는 '식민지'인 한국에서도 한국군 자체적으로 군사 쿠데타가 가능하며 그것도 군부 상층부가 아닌 중하층 장교들이 주도적으로 쿠데타를 일으켜 성공시킬 수 있다는 점을 어느 정도 인식하는 계기가 된 것은 틀림없었다.

이에 따라 군사 쿠데타의 주역이 어떤 인물인지, 미국과의 관계는 어떤지를 정확히 파악하여 대책을 세워야 한다는 결론이 내려졌고, 이와 관련하여 당시 한국 군부에 나름대로 선이 있던 일본 조총련에 연락하여 관련 정보 수집 임무를 주었다. 이와 함께 쿠데타 관련 정보를 보다 정확히 파악하기 위해 한국 군부에 대한 공작을 강화하는 동시에 박정희 중심의 육사 2기와 김종필 중심의 육사 8기가 쿠데타의 주도 세력이라는 것이 어느 정도 밝혀짐에 따라 쿠데타 주도 인물들의 성향과 공작 진행 여부를 분석·판단하는 데 총력을 기울였다.

5·16 주도 세력에 대한 평가

북한 공작지도부에서는 무엇보다 먼저 5·16 군사 쿠데타의 주역들인 박정희와 김종필·유원식 등의 성향을 조사하는 데 착수했다.

이를 위해 북한 내에 위 인물들과 친인척 관계에 있거나 학연, 지연 등 직·간접적으로 연고가 있는 대상들을 찾아낸 다음 각 인물들에 대한 조사 및 분석 작업을 진행했다.

이 과정에 **박정희 장군이 과거 남로당 당원으로서 군 관계 조직에 몸담고 있었던 인물이며 그의 형 박상희 역시 남로당 출신으로 활동하다 희생되었다는 사실을** 확인했다. 또 유원식은 일본군 장교 출신이지만 민족주의적 성향이 강하며 전통적으로 그의 집안이 지조가 있는 것으로 정평이 나 있다는 사실도 파악하게 되었다. 김종필과 관련해서는 북한에 들어온 김종필의 서울대 사대 동창들로부터 정보를 입수했는데, 그가 학생운동에 관여했고 민족지향성이 강한 편이나 남로당에 대해서는 어떤 입장인지 잘 모른다는 모호한 내용이 전부였다.

이러한 가운데 일본 조총련을 통해 미국이 군사쿠데타를 반대했다는 내용과 함께 미국과 새로 출범한 한국 군사정권과 갈등 관계에 있다는 정보가 입수되었고, 이와 같은 내용은 국내에서 활동하는 간첩망(지하조직)을 통해서도 어느 정도 확인되었다.

이렇게 되자 북한 공작지도부에서는 '잘만 하면 5·16 군사 쿠데타의 주도 세력을 상대로 뭔가 만들어낼 수 있지 않을까?'하는 고무적인 분위기가 형성되었고, 이러한 내용은 공작부서 책임간부들에 의해 김일성에게 보고되었다. 내용을 보고받은 김일성은 5·16 군사 쿠데타 주도 세력의 성향을 알았으니 앞으로 어떻게 공작할 것인지 대책을 세우라는 지시를 하달했다.

이에 따라 북한 공작지도부에서는 일본에서 활동하는 조총련에 5·16 군사 쿠데타 주도 세력에 대한 보다 심충적인 정보를 수집하라는 지시를 하달하는 한편 남파공작원들을 국내에 직접 침투시키거나 국내에서 활동하는 간첩들을 월북시켜 관련 정보를 파악하는 조치를 취했다.

그러나 북한 공작지도부의 생각처럼 조총련 조직을 동원하는 것은 물론 여러 가지 사정으로 공작원을 직접 남파하거나 국내에서 활동하는 간첩들을 월북시켜 5·16 주도 세력의 동향을 구체적으로 파악하고 공작 방향 및 방법을 찾는 것이 그리 쉽지는 않았다.

따라서 한국의 방송이나 신문, 일부 조총련 조직선 및 해외 공작 거점과 각국 대사관 등을 통한 일반적인 정보 수집에 의존해 한국 정세를 파악할 수밖에 없었다.

이러한 상황에서 북한은 1961년 7월 정치위원회를 다시 소집하고 그때까지 수집 분석된 정보에 기초하여 향후 공작방향을 결정했다.

북한은 5·16 주도 세력들이 미국 측이 반대하는 군사 쿠데타를 일으켜 군사정권을 수립한 의도를 정확히 파악하는 동시에 군사 쿠데타 주역들의 생각이 조금이라도 북한과 같은 부분이 있다면 과감하게 그들과 통일문제 해결을 위한 정치적 협상을 추진시키는 것이 나쁠 것 없다고 생각했다.

이에 따라 북한은 박정희·유원식·김종필 등을 접촉하되 그들을 일반 포섭 대상처럼 간첩망(지하당 조직)에 무리하게 끌어들이는 포섭공작은 하지 말고 '연방제통일, 평화통일을 위한 비밀협상을 나설 것'을 제안하고 설득하는 것까지만 하기로 하고 그러한 비밀임무를 띤 연락공작원(밀사) 즉, 남북 최고지도자 간의 담판을 주선하는 임무를 띤 거물급 사절(간첩)을 파견하기로 했다. 이와 같은 중요한 임무가 중앙당 대남공작부서에 부여되었고, 3호 청사에서는 서울에 파견되어 밀사의 임무를 수행할 수 있는 유능한 공작원 물색 작업에 들어갔다.

당시 북한 공작지도부는 서울에 파견할 공작원의 기준을 사상이 투철하고 실무적으로 잘 준비된 유능한 간부일 뿐 아니라 담판 대상인 한국의 군사정권 최고지도자와 직접적이고 깊이 있는 연고관계가 있는 인물로 정했다. 동시에 대화 상대방과 대등한 입장에서 대화와 협상을 진행할 수 있고 정치적, 사회적 권위와 지위가 있어 그의 말에 무게가 실리고 신뢰할 수 있는 인물이어야 한다는 점도 중요한 선정기준으로 내세웠다.

이와 같은 선발기준에 따라 북한에 살고 있는 한국 출신고위급 간부들 가운데 박정희 장군의 출신 지역인 경상북도 선산 출신을 중심으로 공작원을 물색했으며, 그 결과 황태성을 포함하여 박 모, 김 모, 이 모 등 4명의 파견공작원 후보를 선발했다.

4명의 '황태성'

첫 번째 파견공작원 후보로 선정된 인물은 황태성이었다. 1906년 경북 상주에서 출생한 황태성은 일제강점기 때부터 공산주의 활동을 해왔고, 이런 경력으로 8·15광복 후에는 조선공산당 경북도당 부위원장으로 활동했다. 그는 1946년 10월 1일에 일어난 '대구 폭동 사건'을 주도하는 등 공산당 활동에 헌신하다가 활동이 여의치 않자 북한으로 입북한 후 기존의 활동 공로를 인정받아 1948년 8월 25일 진행된 제1기 최고인민회의 선거에서 최고인민회의 대의원에 선출되었으며 6·25전쟁이 끝난 후에는 고위급 간부인 내각 상업성 부상(차관) 겸 노동당 중앙위원회 위원에 임명되어 활동했다. 황태성은 1961년 6월 하순경 당시 노동당 부위원장 겸 대남공작 총책인 이효순의 소환을 받고 대남공작원으로 파견하는 데 동의했던 것이다.

황태성과 박정희 장군과의 연고관계를 보면 그가 일제 때 대구사범학교에서 교편을 잡고 있을 당시 박정희 장군이 사범학교에 다닌 관계로 둘 사이는 사제지간이었을 뿐 아니라 가족적으로도 인척 간이었으며 특히 박정희 장군이 가장 존경했다는 친형 박상희와는 조선공산당에서 같이 활동한 친구사이였다. 친구 박상희에게 부인인 조귀분을 소개한 이가 황태성이다.

두 번째 파견공작원 후보로 선정된 인물은 경북 선산 출신의 박 모였다. 그는 대구농림학교를 나온 후 일본군에 끌려갔다가 8·15광복 이후 귀국하여 국군준비대를 거쳐 박정희 장군과 함께 육군사관학교 2기로 임관한 동기생이며 사관학교 교수를 역임한 바 있다. 1949년 여름 군대 내 좌익 세력을 숙청할 때 남로당 프락치로 적발되어 육군형무소에 수감되었다가 6·25전쟁을 틈타 형무소를 탈출해 북한으로 도주했으며, 북한에 들어가서는 당학교와 송도정치대학을 졸업하고 철도성 정치국 부부장을 역임하고 있었다. 박정희 장군과는 같은 박씨 일가친척에다 같은 경북 선산 출신이고 육사 동기라는 연고가 있었다.

세 번째 적임자로 선정된 공작원 후보는 박정희 장군의 대구사범학교 시절 2~3년 그를 직접 가르친 김 모였다. 김 모는 6·25전쟁 때 북한으로 들어가 대학교수를 역임하고 있었다.

네 번째 후보는 박정희 장군과 육사 동기생으로 군대 내에서도 같은 좌익에서 활동했던 적이 있는 이 모였다. 그는 1948년 군에서 나온 뒤 사회에서 좌익활동을 하다 체포되었으나 6·25전쟁 당시 서울 서대문형무소에서 풀려난 뒤 북한으로 들어가 군의 부군수급 (군인민위원회 부위원장) 간부로 일하고 있었다.

중앙당 연락부에서는 1961년 6월 말 위에서 언급한 파견공작원 후보 4명을 소환하여 관할 초대소 4곳에 각각 개별적으로 입소시켰다. 이들 4명에 대한 인사가 속전속결로 진행될 수 있었던 것은 휴전 이후부터 북한이 남한 출신들을 대남공작에 활용하기 위해 월북자들을 전수조사해 데이터를 가지고 있었기 때문이라 할 수 있다. 그만큼 북한 지도부의 적화통일 야욕이 확고했다는 방증이 아닐까 싶다.

첫 번째로 남파된 황태성

파견공작원 후보 4명을 선발한 공작지도부에서는 이들 각자가 가지고 있는 공작 여건과 환경, 자질과 능력, 연고관계, 직급 및 상대에게 비춰지는 지위와 신뢰관계 여부 등 여러 측면에서 장단점을 냉정하게 비교·평가하는 작업을 진행했다. 그런 다음 책임간부들이 모여 4명에 대한 평가자료를 가지고 최종적으로 누구를 서울에 파견하는 것이 적절한지를 결정하는 논의에 들어갔으나 책임간부들과 4명의 파견 공작원 후보들과의 친분관계를 비롯하여 여러 가지 문제가 복잡하게 얽혀 쉽게 결론을 내리지 못했다.

이렇게 되자 당시 중앙당 연락부장이던 어윤갑은 파견공작원 후보 4명의 경력과 장단점 등을 구체적으로 적시한 자료를 가지고 김일성에게 직접 찾아가 보고했다.

그런데 흥미로운 사실은 이들 4명 가운데 김일성이 직접 아는 사람은 황태성뿐이었다는 것이다. 당시 황태성은 내각 상업성 부상(차관)인 데다 상업성이 주민생활과 밀접하게 연관되어 있었기 때문에 내각수상인 김일성과 접촉할 기회가 많을 수밖에 없었고, 이러한 인연과 내각 부상으로서의 직급은 김일성이 황태성을 최종 협상 대표, 파견공작원으로 낙점하는 데 결정적 요인으로 작용했을 것으로 보인다.

김일성은 일단 여러 측면에서 장점이 많은 황태성을 먼저 파견하고 김 모를 곧이어 보내는 것이 좋겠다는 의견을 피력했다. 황태성과 김 모가 양쪽에서 공략하면 박정희도 어쩔 수 없이 평화통일 협상에 나오지 않겠느냐 하는 것이 김일성과 북한 지도부의 판단이었던 것으로 보인다. 아울러 상대적으로 수준이 다소 떨어지는 박 모·이 모는 파견을 보류하기로 한 가운데, 황태성과 김 모의 공작 결과에 따라 파견 여부를 결정하기로 했다.

이와 함께 한국 최고지도자에 대한 공작은 단기 공작 형태로 추진하되 파견공작원이 극비리에 엄격하게 차단·봉쇄된 여건에서 최고위층을 단독으로 만나 담판을 짓는 비합법 단독공작 방식을 적용하기로 했다.

북한 지도부의 결정에 따라 먼저 황태성은 실제 서울에 침투하는 1961년 8월 말까지 약 2개월 동안 공작교육과 침투훈련을 속성으로 진행했다. 침투전술에 따른 수영 및 잠수훈련과 무전기 작동 및 암호해독 등 통신훈련, 공작대상 접촉 및 설득 방법 등 침투와 공작임무 수행에 필요한 종목 위주로 교육과 훈련을 진행하는 한편 공작 전술 구상 및 토론도 병행했다.

당시 황태성이 노동당 대남사업국장 이효순으로부터 받은 공작임무는 네 가지 였다.

첫째, 침투 후 박정희의 형수인 조귀분을 포섭하고 그를 통해 박정희와 접촉할 수 있는 기회를 포착한 후 중앙당에 보고하고 지시를 받을 것

둘째, 첫 번째 방법이 어려우면 광복 직후 활동무대였던 경북 지역에 가서 대구시를 중심으로 지하당 조직을 구축하고 신분의 합법을 쟁취할 것

셋째, 당적 활동은 5·16 혁명 직후의 사회적 혼란을 이용하여 정치·사회적 혼란과, 4·19의 재판(再版)과 같은 혼란을 조성할 것

넷째, 한국의 전체 국민들이 평화통일을 제창하도록 평화통일 공세를 취하고 미군 철수를 위한 반미사상을 고취시킬 것 등이었다.

이 같은 공작임무를 받고 침투 준비를 마친 황태성은 1961년 8월 말 개성연락소 전투원들의 안내와 도움을 받으며 잠수에 의한 수중 침투 방식으로 임진강을 도강해 문산 지역으로 침투한 다음 도보로 서울 우이동 계선까지 무사히 도착하는 데 성공했다.

안내조와 함께 무인포스트 장소를 설정하고 그들을 북한으로 돌려보낸 황태성은 9월 1일 북한 공작지도부에 서울에 무사히 도착했으며 계획대로 임무를 수행하겠다는 무전 보고를 한 다음 산에서 내려와 버스를 타고 북한에서 논의한 공작계획대로 서울 영등포구 흑석동(현재는 동작구 흑석동)으로 향했다. 같은 경북 상주 청리면 출신이자 인척관계인 중앙대학교 강사 김민하(후에 중앙대학교 총장 및 민주평통 수석부의장 역임)를 접선하기 위해서였다. 김민하를 만난 황태성은 자신이 받은 공작임무와 함께 북한에 살고 있는 그의 부친과 형이 보낸 편지 및 소식을 전해주면서 협조해줄 것을 당부했다.

중앙대학교 강사로 재직 중인 협조자 김민하의 부친과 형은 6·25 전쟁 당시 북한으로 들어가 부친은 군(郡)인민위원회 부위원장(부군수급)으로, 형은 도(道)인민위원회 지도원으로 일하고 있었는데, 황태성은 서울에 침투할 때 그들이 직접 쓴 편지를 가지고 김민하를 찾아온 것이다. 편지에는 편지 전달자(황태성)의 신변을 안전하게 보호해주고 그의 활동(공작)을 적극적으로 도와줄 것을 강조하는 내용과 함께 황태성의 신변이 노출되거나 검거될 경우 발생하게 될 여러 가지 문제들이 적시되어 있었다. 한마디로 황태성을 잘 보호해주고 도와줄 것을 강조하는 내용이었다.

김민하는 부친과 형이 편지를 통해 부탁한 것도 있었지만 황태성의 여동생 황경임의 딸인 임미정과 김민하의 친구이자 처남인 권상능이 부부간이었기 때문에 결과적으로 황태성과 김민하는 외척간이어서 황태성을 자신의 집에 은신시켜주고 잘 보호해 주었다.

지켜지지 않은 공작 원칙과 임미정

서울에 침투한 황태성은 먼저 김민하를 통해 임미정과 그의 남편 권상능을 김민하의 집에서 만나 북한에 살고 있는 임미정의 모 황경임의 소식 등 안부를 전해주고 자신의 남파 공작임무를 설명했다. 또한 김민하를 시켜 서울 남대문시장에서 A-3 방송 즉, 북한 공작지도부의 지령을 숫자전문 또는 모스부호로 받는 데 필요한 단파라디오 한 대를 구입했다.

그리고 남파당시 공작금으로 가지고 온 미화(美貨)를 권상능에게 주면서 남대문시장 암달러상을 통해 한화로 교환하도록 한 다음, 권상능에게 일부를 공작금으로 주고 나머지는 나중에 사용하기 위해 가명으로 은행에 입금하는 일도 했다. 아울러 성북구 돈암동에 전셋집을 얻고 가구를 들이는 등 향후 활동할 때 사용할 잠복 아지트도 준비했다.

이렇게 공작활동을 할 수 있는 준비를 마치고 공작 전술 논의

시 쿠데타 세력과 가까웠던 쌍용양회 사장 김성곤(그는 황태성과 함께 대구인민항쟁에 앞장섰다) 또는 박정희 장군의 형인 박상희의 처(조귀분 여사)를 통해 박정희 장군 또는 김종필을 만날 계획이었으므로 먼저 이들 두 사람의 소재를 파악하는 동시에 접촉 여건을 확인하는 작업부터 진행했다.

그 결과 김성곤보다는 조귀분 여사의 소재를 먼저 파악하게 되었는데, 그가 고향인 경북 선산에 살고 있다는 것을 확인했다. 물론 중앙정보부장인 김종필을 직접 만나기 위해 임미정으로 하여금 서울 혜화동 일대에서 중앙정보부장의 집을 찾도록 했으나 찾지 못했다.

여기까지는 별 문제 없이 원래의 공작계획대로 일이 순조롭게 진행되었다. 문제는 그 다음에 발생했다.

원래 황태성은 북한에서 공작지도부 간부들과 공작계획을 수립할 때 김성곤 또는 박정희 장군 형수(조귀분 여사)의 소재를 파악한 다음 황태성이 그를 직접 만나 박정희 장군에게 보내는 편지를 전달해 줄 수 있는지, 편지를 전달해 주겠다면 어떻게 비밀리에 안전하게 전달할지 여부 등을 여러 각도에서 확인한 다음 정중하게 편지 전달을 부탁하도록 되어 있었다.

그런데 황태성은 서울 현지에 침투한 뒤 신변의 위협을 느껴서인지, 아니면 무엇이 부담스러워 그랬는지 조귀분 여사의 소재를 확인한 다음 공작계획대로 자신이 직접 조귀분 여사를 찾아가 편지 전달을 부탁하지 않고 인편을 통해 편지를 전달하는 간접적인 방식을 택했다. 바로 조카인 임미정 부부에게 편지 전달 임무를 맡긴 것이다.

황태성이 임미정 부부에게 편지 전달 임무를 맡긴 데는 임미정의 과거 경력을 미루어볼 때 이해가 되긴 하다.

1932년 임종업과 황태성의 누이동생 황경임 사이의 외동딸로 태어난 임미정은 김천의 남산소학교를 졸업하고 잠시 김천여중을 다니다 대구로 가 외삼촌 황태성의 집에 머물며 경북여중을 다녔다. 부친 임종업은 황태성·박상희와 함께 경북 지역의 '사회주의자 3인방'으로 알려진 인물이며, 일제강점기 항일운동을 펼쳐 수차례 구속되는 등 치열한 삶을 살았다. 임종업은 배재고보 시절 황태성의 자취방을 드나들다 그때 진명고녀(진명여자고등학교) 학생이었던 황태성의 여동생 황경임을 만나 1928년 결혼했다.

1946년 인민항쟁에 연루된 황태성이 수배령을 피해 북한으로 가고, 이어 1947년에는 부친 임종업과 모친 황경임이 모두 체포되어 각 5년, 3년의 징역형을 선고받았다. 15살 임미정이 홀로 부모의 옥바라지를 맡아야 했다. 이듬해인 1948년 7월 황경임은 재심으로 석방되었지만 곧 북한 황해도 해주에서 열린 '남조선 인민대표자대회' 참석차 북한으로 올라갔다.

임미정도 1948년 9월 한국 단독정부 반대운동으로 경북여중에서 퇴학당한 뒤 남로당 경북도당의 주선으로 북한으로 들어갔고, 거기에서 산업성 지방산업관리국장인 외삼촌 황태성과 북로당 간부학교를 다니고 있던 어머니 황경임과 재회했다. 그 뒤 김일성종합대학 예비과에 편입하여 학기를 마친 임미정은 1950년 4월 생물학부에 지원했는데, 1950년 6월 25일 한국전쟁이 일어난 것이다. 임미정은 학업을 중단하고 6월 27일 '김일성종합대학 해방지구 정치공작대'로 선발되어 서울로 내려왔다. 임미정은 서울시청 입구 계단에서 권총을 차고 대원들을 지휘하는 어머니 황경임을 만나기도 했다. 그것이 모녀 간의 마지막 만남이었다. 그 뒤 임미정의 어머니 황경임은 1994년 89세로 북한에서 별세했다.

정치공작대원으로 활동하던 임미정은 1950년 9월 낙동강 전투에서 낙오되어 김천의 친척집으로 피신했는데, 이때 친구로부터 1950년 7월 아버지 임종업이 보도연맹 사건으로 학살된 사실을 전해들었다. 그러다가 1951년 9월 상주에서 체포되어 8년형을 선고받고 대구형무소에서 복역 중 재심을 통해 1954년 석방되었다. 그후 임미정은 자수연구가로 활동하다 2021년 2월 10일 사망(향년 89세)했다. 임미정의 남편 권상능은 대구 출신으로 경북대 사대 부속 중학을 다녔고, 피난지 부산에서 홍익대 사학과에서 한국 근대사를 공부했으며 1세대 화랑인 조선화랑 대표이다.

다시 본론으로 돌아가, 황태성은 북한에 있을 때 외조카 임미정이 김민하의 친구이자 처남인 권상능과 혼인(1956년 11월)하여 살고 있다는 사실을 알고 있었는데, 바로 자신의 신변을 보호해주고 있던 김민하의 도움으로 질녀(여조카)인 임미정 부부를 만나 그들에게 편지 전달 임무를 맡긴 것이다.

결과적으로 임미정이 북한에서 파견된 정치공작대 대원이었기 때문에 황태성이 임미정 부부에게 중요한 임무를 맡겼던 것으로 보인다.

황태성은 임미정 부부에게 편지(황태성이 박정희 장군에게 보내는 편지)를 주면서 '이 편지를 조귀분 여사에게 가져다 주면서 내(황태성)가 박정희 장군에서 보내는 편지라는 것을 설명하고 박정희 장군에게 전달해달라고 부탁하더라'라는 취지로 이야기하라고 했다. 조귀분 여사가 여조카 부부의 중매를 했기 때문에 양측 간에는 오래전부터 친분관계가 있었다고 하지만 이는 엄연히 극도의 보안을 요하는 공작 원칙 위반이었다.

검거를 '자처한' 황태성

결정적으로 여기에서 문제가 발생한 것이다. 여조카 부부가 황태성의 편지를 들고 10월 9일 조귀분 여사를 찾아가 황태성이 시킨 대로 자초지종을 설명한 후 편지를 박정희 장군에게 전달해줄 것을 부탁했으나 조귀분 여사는 그들의 요구를 거절했다.

편지를 전달하기 위해 조귀분 여사를 찾아갔던 임미정 부부는 다음 날 선산에서 서울로 돌아와 황태성에게 다음과 같은 만족스럽지 못한 내용의 보고를 했다.

'조 여사에게 정부 고위층과의 접촉을 알선해줄 것을 요청했으나 완강하게 거부했음. 휴대한 편지는 조여사가 개봉도 하지 않은 채 그들이 보는 앞에서 소각했음. 조여사가 주소를 묻기에 적어놓고 왔음. 조여사 댁에서는 오래 머무를 수 없어 약 30분 앉았다가 돌아섰고 대구에서 1박 하고 서울로 올라왔음.' 대략 이런 내용이었다.

임미정 부부를 돌려보낸 **조귀분 여사는 서울로 올라가 황태성이 북한에서 박정희 장군을 만나러 내려왔다는 사실을 중앙정보부에 신고했다.**

조귀분 여사의 신고를 받은 중앙정보부에서는 곧바로 황태성에 대한 본적지 조사에 착수했다. 최초 황태성의 본적이 경북 김천이라는 사실밖에 몰랐기 때문에 김천시에 가서 황태성의 호적을 확인한 결과 그의 원적지가 경북 상주군 청리면 원장리라는 것을 알아냈다.

이에 따라 수사당국에서는 수사관을 다시 경북 상주에 보내 원적을 확인해보니 김민하, 권상능 등이 황태성의 친인척이라는 사실과 함께 특히 이들 가족 중에 월북자가 많다는 사실을 알게 되었다.

그후 김민하, 권상능 등의 주소지 및 동향을 구체적으로 파악했으며, 이를 바탕으로 신고를 받은 지 열흘만인 10월 20일 김민하의 집을 급습하여 잠복하고 있던 황태성을 체포했다. 아울러 이 사건의 관계자인 김민하와 권상능 등도 동시에 검거했다.

황태성은 검거된 후 2개월 간에 걸친 심문에 계속 묵비권을 행사하다가 나중에는 중앙정보부장을 만나야 모든 것을 털어놓겠다고 주장했다. 이에 따라 중앙정보부에서는 모 경찰관을 중앙정보부장으로 변장시켜 호텔에서 황태성을 만나도록 했다. 황태성은 그제야 비로소 자신이 북한의 간첩임을 자백하는 동시에 자신의 공작임무는 정부 고위급을 만나 '남북협상을 제안'하는 데 있음을 강조했다.

결국 북한에서 수립한 공작계획대로 대상자를 직접 접촉해 편지 전달을 설득하는 방식으로 하지 않고 현지에서 자의적으로 판단하고 간접적인 전달 방식으로 공작을 전개하다 황태성 자신이 북한에서 침투했다는 사실만 노출시켰고, 검거까지 된 것이다.

물론 역사에 가정은 없지만 그럼에도 황태성이 직접 조귀분 여사를 찾아갔더라면 박정희 장군에게 편지를 전달해달라는 부탁은 거절당했을지 모르겠으나 최소한 조귀분 여사가 남편의 절친한 친구인 황태성을 수사당국에 신고하지 않았을지도 모를 일이다.

또 황태성이 임미정 부부를 통해 자신의 신분과 주거지가 노출되었다는 것을 알았으면서도 다른 곳으로 곧바로 피신하거나 북한으로 복귀하지 않고 외부활동만 중단한 채 그대로 김민하의 집에 잠복하고 있다가 결과적으로 검거된 것도 납득이 되지 않는 대목이다. 결과적으로 황태성이 검거를 '자처한' 것이나 마찬가지이기 때문이다.

어찌되었든 조귀분 여사는 임미정 부부를 만난 다음 날인 10월 10일 곧바로 서울로 올라가 황태성이 북한에서 내려왔다는 사실을 중앙정보부에 신고했고, 이 일로 황태성은 검거되었다.

황태성은 1961년 11월 20일 간첩죄로 구속·송치되어 같은 해 12월 27일 육군 중앙고등군법회의(제1심)에서 사형이 언도되었다. 간첩방조 및 불고지 등으로 구속·송치된 권상능은 징역 15년(실제로 2년 징역, 조선화랑 대표), 김민하는 권상능과 같은 죄로 징역 10년을 언도받았다.

그후 제2심인 육군 고등군법회의(1962.09.11)를 거쳐 1963년 10월 22일 대법원에서 사형이 확정되어 황태성은 같은 해 12월 14일 인천에서 형장의 이슬로 사라졌다.

이후 북한 공작지도부에서는 황태성의 공작 실패 원인에 대해 자신의 생명이 걸려 있는 중차대한 임무 즉, 한국의 최고지도자에게 보내는 중요한 비밀편지를 원래 계획대로 직접 전하지 않고 제3자를 통해 전달하려 했기 때문이라고 분석했다.

황태성 자신이 조귀분 여사를 비밀리에 만나 박정희 장군에게 보내는 편지 전달 가능성 여부를 확인하고 거부할 경우 비밀을 지킬 것을 부탁하거나 여의치 않은 경우 협박하는 방식으로 안전장치를 했더라면 체포되지 않았을 것으로 판단했다.

겁이 많은 2번 '황태성' 김 모와 계속되는 공작 실패

한편, 황태성이 서울에 침투한 후 공작계획에 반영된 일정대로 공작이 진척되지 않는 데 조급한 북한 공작지도부에서는 이미 파견을 위해 준비시켰던 4명의 후보 가운데 여러 가지 측면에서 장점이 많은 김 모를 9월 중순 서울에 침투시키는 조치를 취했다.

앞서 황태성이 안내원들의 도움을 받아 임진강을 통해 수중침투 방식으로 한국에 침투했다면 김 모는 육상에 설치된 휴전선 철책을 돌파해 침투하는 전형적인 육상침투 방식으로 침투시켰다.

그런데 김 모 공작원을 서울에 침투시키는 과정에 상당히 어처구니없는 일이 벌어졌다.

김 모 공작원의 안내를 담당한 전투조는 원래 휴전선을 넘어 광릉까지 김 모 공작원을 안전하게 데려다주는 데까지 1주일 가량 소요되고 그들이 김 모 공작원과 헤어진 후 북한으로 복귀하는 데 3일 가량 소요돼 김 모 공작원 안내에 총 10일 정도 걸리는 것으로 계획하고 침투했다.

그런데 안내조와 김 모 공작원이 출발한 지 10일 만에 계획대로 안내조가 북한으로 복귀하기는 했는데, 안내조만 복귀한 것이 아니라 서울에서 활동하고 있어야 김 모 공작원도 함께 북한으로 복귀함으로써 공작지도부를 아연실색하게 만들었던 것이다.

나중에 공작지도부에서 경위를 상세히 파악해보니 안내조가 김 모 공작원을 안내해 그를 데려다주기로 한 마지막 지점인 광릉까지 도착했는데 김 모 공작원이 극도로 불안해 하면서 공포에 질려 다시 북한으로 돌아가겠다며 애걸복걸하고 통사정을 해 전투조가 어쩔 수 없이 다시 공작원을 데리고 복귀했다고 한다. 한마디로 적지에 침투하니 죽을까 겁이 나서 도망쳐온 것이다.

이렇게 어처구니없는 상황이 벌어졌지만 북한 공작지도부에서도 어떻게 할 도리가 없었다. 그렇게 의지가 나약한 인물을 남파공작원으로 선발한 것 자체도 잘못이지만 설령 선발과정에 걸러내지 못했다면 교육 및 훈련 과정에라도 철저히 검증해 의지가 나약한 것을 밝혀내고 조치를 취했어야 하는데 워낙 공작원 선발과 교육 및 훈련, 침투 등 전 과정이 속전속결로 이루어지다보니 담당 간부들에게만 책임을 묻는 것도 무리였다고 할 수 있다.

그러나 누군가는 책임을 져야 하기 때문에 김 모를 공작원으로 선발하고 침투시키는 데 관여했던 담당 간부들이 문책을 당하고 공작원 자격이 없는 김 모는 해임하는 것으로 이 공작은 마무리되었다.

또한 그 사이에 5·16 주도 세력인 김종필과 유원식에 대한 공작도 추진했으나 모두 실패로 돌아갔다.

김종필에 대한 공작을 위해 김종필의 서울대 사대 동창이면서 김종필과 연애를 한 적도 있다고 주장하는 이 모 여인을 공작원으로 선발해 교육과 훈련을 시켰으나 그 준비과정에 여러 가지 복잡한 문제들이 발생하고 그의 주장도 지나치게 과장되었음이 확인되어 공작 자체를 백지화한 일이 있었다.

유원식에 대한 공작은 그의 친척인 유 모 여인을 공작원으로 선발하여 교육 및 훈련을 시켜 한국에 침투시키는 방식으로 진행했다.

유 모 여인은 서울에 침투한 후 친척들의 도움으로 유원식의 집 가정부로 들어가는 데까지는 성공했다. 그러나 유 모 여인이 유원식에게 자신의 신분을 비롯하여 유원식을 찾아온 사유를 비밀리에 자세히 털어놓을 기회를 잡지 못해 유원식은 유 모 여인이 남파된 사실을 전혀 몰랐었다고 한다. 그러던 중 1962년 초 수사망이 좁혀들고 있는 것을 유 모 여인이 눈치채고 그의 집에서 나온 후 숨어 지내다가 결국 체포되고 말았다. 유원식의 집까지 들어갔음에도 소기의 목적을 달성하지 못했다는 것은 상식적으로 잘 납득이 되지 않는 대목이다.

다시 본론으로 돌아가, 황태성이 1961년 10월 20일 체포된 뒤 대북무전 보고는 끊어졌지만 북한 공작지도부에서는 그가 체포된 사실을 눈치채지 못하고 있다가 10월 말에 조총련을 통해 황태성이 체포되었다는 정보가 입수되면서 비로소 인지하게 되었다. 그러나 중앙당 연락부에서는 황태성이 체포되었다는 조총련의 정보를 전적으로 믿을 수 없어 다른 루트를 통해 확인해 보았으나 관련 정보가 사실임이 다시 한 번 확인되었다.

황태성 체포 전후 일본을 통해 5·16 군사 쿠데타 주도 세력에 대한 정보를 지속적으로 수집해 분석한 결과 박정희에 대한 경력 및 평가에 문제가 있었다는 것이 속속 확인되었다. 특히 박정희가 과거에 비록 남로당에서 활동한 것은 사실이지만 1948년 김창룡이 주도한 군내 좌익분자를 색출하는 숙군 작업 과정에 여순 사건 등에 연루된 혐의로 체포되어 1심 재판에서 불명예 전역 및 무기징역을 선고받은 후 변절하여 조직을 탄로시킨 장본인이라는 정보가 입수되었다.

결과적으로 처음부터 박정희에 대한 부정확한 정보와 평가에 기초해 조급성과 함께 박정희에 대한 막연한 환상까지 가지고 공작을 추진했기 때문에 실패로 귀결되는 것은 어쩌면 당연한 일이었다.

황태성의 체포와 박정희에 대한 부정적인 내용의 정보가 입수되면서 박정희 군사정권에 대하여 가지고 있던 북한 지도부의 기대는 완전히 허물어졌으며, 이에 따라 황태성 후속으로 진행하려던 여러 형태의 공작을 전면 중단시켰다. 그러고는 더욱 노골적으로 5·16 군사정권에 대해 반혁명, 반민주, 반민족, 친미매국 세력으로 매도 공격하는 등 정치공세를 강화했다.

한편, 김일성은 황태성이 체포됨으로써 박정희 군사정권에 대한 접근공작이 실패로 돌아가자 1961년 11월 노동당 중앙위원회 정치위원회 회의를 열고 5·16 군사 쿠데타 이후 전개한 대남공작 전반을 결산하고 대남기구 개편 및 인사조치를 취했다.

이 조치에 따라 1960년 4·19를 겪으면서 급변하는 정세에 맞게 대남공작을 통일적으로 전개하기 위해 1961년 1월경 연락부와 문화부 등 대남공작부서를 총괄할 중간 지도기구로 창설했던 남조선국을 해체했다. 남조선국 국장에 임명했던 이효순은 평양시 당위원장으로 전보 조치했으며 연락부장이었던 어윤갑은 사상검토 및 재교육 차원에서 중앙당학교로 보내고 그 자리에는 남조선국 부총국장이었던, 김일성의 빨치산 동료 서철을 임명했다.

공화당 의장 정구영에 대한 포섭 공작

북한은 박정희, 김종필, 유원식 등 5·16 주도 세력에 대한 접근 및 포섭 공작이 실패로 돌아간 것과 관계없이 5·16 이후 집권한 공화당에 대한 접근공작을 더욱 강화했다.

이를 위해 북한은 대남공작부서인 중앙당 연락부에 '공화당 공작과'를 신설하고 공화당 공작을 위한 구체적인 계획을 수립했다.

북한의 공화당 공작은 크게 두 갈래로 전개되었다. 하나는 공화당 상층부에 대한 공작으로, 그들에게 접근하여 민족통일전선을 형성하도록 분위기를 만드는 것이었다. 그리고 다른 하나는 공화당 중하층 세력에 대한 포섭공작이었다.

이를 위해 중앙당 연락부 공화당 공작과에서는 먼저 북한에 거주하는 인물들 가운데 한국의 공화당 관계자들과 연고가 있는 대상들을 찾아내는 작업부터 진행했다. 먼저 한국에서 공화당 중앙위원들의 명단을 발표하자 이들의 출생지, 친인척관계, 학력, 경력 등을 가능한 구체적으로 파악하는 한편 북한에 살고 있는 인물 가운데 공화당 간부의 연고자들을 찾아내 평양으로 불러들인 후 본인들이 알고 있는 모든 정보를 구체적으로 작성하도록 했다. 그런 다음 공작부서에서 보관 중인 자료와 연고자들이 작성한 자료를 종합해 수백 페이지에 이르는 개인별 파일을 만들고 이를 바탕으로 구체적인 공작지침을 수립했다.

이러한 공작준비 과정에 박정희가 정구영을 당의장으로 임명하자 공화당 공작과에서는 탄성을 질렀다. 정구영의 아들 3명과 정구영의 가까운 친척도 북한에 살고 있었으므로 그에 대한 공작을 보다 공격적으로 추진할 수 있었고 또 성공가능성도 그만큼 컸기 때문이다.

정구영의 세 아들은 해방 직후 좌익진영에서 활동하다 6·25전쟁 때 자진 월북한 뒤 나름대로 북한에서 자리를 잡고 간부로 활동하고 있었다. 큰 아들은 40대 후반으로 김일성종합대학에서 교수로 일하고 있었고 둘째 아들은 40대 초반으로 내각 보통교육성 국장급 간부로 일하고 있었으며 셋째 아들은 30대 후반으로 고고학 연구소에서 실장으로 일하고 있었다. 정구영의 세 아들뿐 아니라 그의 사촌 중에 유명한 의사가 있었는데, 그 의사의 아들도 북한에 살고 있었다.

또한 정구영의 과거 경력을 조사해보니 그가 허헌, 이인 등과 같이 일제 때 일본놈과 타협을 거부하고 민족주의자들을 변론하는 등 민족적 양심과 애국심을 가진 저명한 변호사였으며 8·15 이후에는 이렇다 할 정치활동을 하지는 않았으나 양심적 법조인으로 활동했다는 사실도 확인되었다. 대체로 반공주의자는 아니며 김규식·여운형과 같은 중간파적 성향을 갖고 있어 연공합작이 가능한 인물일 것이라고 평가했다. 결국 박정희도 이러한 정구영의 민족주의 성향과 올곧은 성격 등을 알고 그를 이용하고자 당의장에 앉힌 것이 아니겠느냐 싶었다.

공화당 공작과에서는 정구영에 대한 위와 같은 여러 가지 자료와 그에 기초한 분석 및 평가에 따라 정구영이 박정희의 의도에 따라 순응할 사람은 아니고 자기 주관을 세워 처신할 것으로 판단했다. 더욱이 그의 아들 3명이 북한에 있는 만큼 북한에 대해서도 호의적일 것이며, 따라서 포섭공작이 가능하다는 판단을 내린 것이다.

이에 따라 해당 공작과에서는 곧바로 중앙당 연락부장인 유장식에게 정구영에 대한 공작계획을 보고했다. 중앙당 연락부장에 임명되어 대남공작 업무를 맡은 지 얼마 안 되는 유장식은 흥분을 감추지 못하고 이를 대남총국장 이효순에게 보고했다.

사실 정구영에 대한 공작은 그가 공화당 의장으로 임명되기 전부터 추진하고 있었다. 1950년대 후반기부터 정구영에 대한 비밀협상 공작을 전개할 목적으로 그의 아들들을 활용하려고 했으나 그때마다 공작원으로 활용할 아들들에게 문제가 발생해 추진할 수 없었을 뿐이다.

실제로 1956년에는 큰아들을 공작원으로 선발하여 훈련을 시켰으나 공작에 자신감을 갖지 못하고 동요하여 파견을 중단했고, 1958년에는 3남을 공작원으로 소환해 훈련을 시켰으나 성격 상의 문제점 등 공작원으로서의 자질에 문제가 생겨 파견을 중단했던 것이다.

이렇게 되자 1960년에는 건강이 나빠 공작원 인입을 보류했던 차남을 공작원으로 선발해 병원과 요양소에서 집중적으로 치료 및 장기요양을 받게 하여 건강을 회복시킨 후 부친인 정구영에 대한 공작을 준비했다. 그러던 중 5·16 군사 쿠데타가 일어나 정구영에 대한 공작을 잠정적으로 보류시키고 있었던 것이다.

그러나 앞으로의 공작을 위해 미리 차남이 부친 정구영에게 보내는 편지와 사진 등은 조총련을 통해 정구영의 충북 옥천 본가에 우편으로 전달하도록 조치해 놓았다. 그런 와중에 5·16 군사 쿠데타 이후 1963년 여당으로 공화당이 출범하고 정구영이 2대 의장이 되자 그때까지 준비시켰던 정구영의 차남을 침투시켜 그의 부친 정구영을 포섭하기 위한 대남공작에 본격적으로 돌입하게 된 것이다.

북한은 1964년 4월 초 정구영의 차남과 함께 옥천 출신의 정구영 집안 사람 한 명을 공작원으로 훈련시켜 2명을 정구영 공작에 투입했다.

이들은 북한에 살고 있는 정구영의 아들들이 부친에게 보내는 안부편지와 가족사진 및 고급시계 선물, 북한 최고인민회의 상임위원장 최용건의 편지와 정구영의 친지로 소설 『임꺽정』의 저자이자 북한 내각 부수상이었던 홍명희의 편지 등을 소지하고 한강 침투 루트를 통해 서울로 은밀히 침투하는 데 성공했다.

사실 한국의 주요 인사들에 대한 포섭공작을 할 때 북한 고위인사들의 편지를 전달하는 방식의 공작은 8·15광복 이후 서울에서 암약하다 체포, 처형된 북한의 거물공작원 성시백이 사용했던 고전적인 방법이었다. 당시에도 성시백은 김일성 명의로 된 편지(친서)를 가지고 김구와 김규식 등 독립운동 지도자들을 찾아가 자신을 김일성의 특사로 소개한 다음 그들에게 김일성이 보내는 친서를 전달하고 평양에서 개최하는 남북연석회의에 참가해줄 것을 정중하게 요청하는 방식으로 이면공작을 전개한 바 있다.

정구영의 차남 등 남파공작원들은 서울에 침투한 후 공화당 의장 정구영의 서울집 근처를 배회하면서 편지 전달 방법을 모색했으나 주변 경계가 너무 삼엄해 접근할 수 없어 서울을 포기하고 충북 옥천 고향집으로 내려갔다. 옥천 본가로 내려간 정구영의 차남 등 남파공작원 2명은 잠복 은폐한 후 정구영 친척을 그의 서울집에 보내 차남이 아버지를 만나기 위해 옥천 본가에 와서 기다리고 있다는 사실을 전하도록 했다.

고향 친척으로부터 아들이 옥천에서 기다리고 있다는 소식을 전해들은 정구영은 아연실색을 하며 한동안 아무 말도 하지 못하고 앉아 있다가 여러 가지 여건 상 만날 수 없으니 빨리 돌아가라며, 조건이 허락하면 제 어미 산소에나 들러 돌아가라고 호통을 쳤다고 한다. 이 소식을 전해들은 정구영의 차남 등 남파공작조는 친척에게 '편지와 사진, 선물들을 본가에 남겨두고 가니 아버지에게 그렇게 전해달라'는 부탁을 하고, 어머니 산소에 들른 후 서울로 와서 다시 정구영에게 접근하려 했으나 역시 경계가 심해 포기하고 북한으로 복귀하고 말았다.

집요한 정구영 접근 공작

북한 공작지도부에서는 정구영에 대한 첫 번째 공작이 사실상 실패한 후 몇 개월이 지나 정구영이 동남아 국가로 해외출장을 나간다는 정보가 입수되자 이전에 남파했던 정구영의 차남 등 2명을 다시 급파했다.

그러나 이들은 해외에 처음으로 나가는 데다 자유로운 활동에 제약이 되는 제3국의 위조여권을 가지고 있었고 정구영의 주변경계도 삼엄해 그를 접촉하는 데 실패했다.

북한은 정구영이 공화당 의장직에서 물러난 다음에도 그에 대한 공작을 집요하게 추진했다.

정구영이 공화당 의장직을 그만 둔 1966년 여름, 북한은 예전과 같이 차남에게 북한에 있는 아들들이 부친에게 쓴 편지와 최용건, 홍명희 등의 편지를 전달하도록 하는 방식으로 정구영에 대한 접근공작을 재추진한 바 있다.

한강을 통해 수중침투 방식으로 서울 침투에 성공한 차남은 정구영이 살고 있는 집 주변에 은밀하게 접근하여 부친이 집안에 있는 것을 확인한 후 어둠을 이용해 대문을 두드리고 충북 옥천에서 올라온 친척이라 속여 집안으로 들어가 자신이 북한에서 온 차남임을 밝혔다.

집안으로 들어선 차남(남파공작원)을 알아본 정구영은 "왜 또 왔느냐"며 한참동안 말을 못하고 있다가 차남이 소지하고 간 아들들의 편지와 사진 등을 내놓으며 자식들이 잘 있다는 내용과 통일되는 날까지 건강하시기를 빌고 있다는 것을 말하자 눈물만 흘렸다고 한다. 이어 북한 내각부수상 홍명희와 최고인민회의 상임위원장 최용건의 편지를 전하면서 북한 지도부에서도 아버지(정구영)에 대한 기대가 크다는 것을 이야기했다. 그러나 정구영은 아들을 향해 "오래 있으면 위험하니 내 걱정은 말고 빨리 돌아가라", "나는 나라와 민족에 해로운 일은 물론 자식들에게 해가 되는 일도 절대 하지 않을 것이니 걱정말라"는 등의 이야기를 하면서 돌아갈 것을 권했다. 이에 따라 차남은 아버지가 북한에 있는 장남과 셋째 아들에게 보내는 선물을 받아가지고 북한으로 복귀했다.

그후 얼마 있다가 정구영이 수술차 병원에 입원 중이라는 정보를 입수하고 그가 입원한 병원에 다시 차남을 보내 접촉하는 공작을 추진하려 했으나 자칫 잘못되어 사고가 나면 오히려 정구영에게 치명적인 타격을 주게 되고 이전에 공작했던 것까지 수포로 돌아갈 수 있다는 의견이 제기되어 무산되었다.

이와 같이 정구영에 대한 공작은 한마디로 평화통일의 이념을 전면에 내세우고 통일전선 형성을 유도하기 위한 공작이었다. 그래서 나중에 정구영이 박정희와 타협하지 않고 장기 집권에 반대하자 그에 대한 포섭공작을 추진했던 대남공작부서에서는 아들을 내세워 편지 전달을 통해 접촉공작을 했던 효과가 있었다는 식의 자화자찬식 평가를 내렸다.

편지 전달 방식의 김성곤, 이효상 공작

북한은 정구영뿐 아니라 공화당 국회의원이자 박정희와 막역한 사이인 김성곤과 이효상에 대한 공작도 추진했다.

1913년 경상북도 현풍군 읍내면 하동(현 대구광역시 달성군 현풍읍 하리)에서 4남 4녀 중 막내아들로 태어난 김성곤은 1929년 대구고등보통학교(지금의 경북고등학교) 4학년 때 교내 항일운동을 주동하다 퇴학당하자 상경하여 1937년 서울 보성전문학교 상과를 졸업했다.

김성곤은 8·15광복 직후 조선건국준비위원회 경북지부에서 활동했으며, 특히 친구 박상희, 황태성과 같이 1946년 대구 10·1 사건을 주도하는 등 좌익진영에서 활발하게 활동했다. 이후 사업가로 활동하다 1958년 경북 달성군에서 자유당소속으로 제4대 민의원에 당선되어 정계에 입문했다. 4·19 후에는 한때 정계를 은퇴했으나 5·16 군사 쿠데타 후 다시 정계에 복귀하여 민주공화당 소속으로 제6·7·8대 국회의원을 역임했다.

김성곤은 서울 보성전문학교 출신 동창생들이 북한에 많이 살고 있었고 고향 사람들과 친인척도 북한에 살고 있었다. 북한 당국은 이들을 통해 김성곤이 일제 때 징병, 학병에 반대했던 인물이며 6·25 이전에는 남로당에서 활동한 친구들에게 금전 상의 도움도 주는 등 암암리에 좌익에 협조적이었다는 사실을 확인했다.

대구 출신의 이효상은 좌익활동과 특별히 연계된 부분은 없었지만 대구 교남학교(현 대륜고)에서 함께 교편을 잡고 있던 때 같이 교사생활을 한 사람들과 그의 제자들, 사돈되는 사람도 북한에 살고 있었는데 그들로부터 괜찮은 인물이라는 평가를 받았다.

당시 북한 중앙당 연락부의 공화당 공작과가 정구영과 김성곤, 이효상 등에 대해 조사를 하면서 얻은 결론은 이들이 군부 세력과는 분명히 성향이 다르고 민족적 양심이 있기 때문에 잘만하면 포섭에 성공할 수 있다고 판단했다.

이에 따라 북한 공작지도부에서는 1963년 김성곤, 이효상 포섭공작에 투입될 공작원들을 선발한 뒤 1년 동안 공작교육과 훈련을 시킨 다음 1964년 공작에 투입했다.

김성곤, 이효상에 대한 포섭공작 역시 북한 지도부 고위인사들의 편지를 전달하고 설득 및 포섭하는 방식으로 추진하기로 했다. 김성곤에게는 내각 제1부수상 김일의 편지를, 이효상에게는 최고인민회의 상임위원장 최용건의 편지를 각각 전달하기로 하고 편지를 준비했다.

그 다음 김성곤·이효상에게 각각 전달할 편지를 소지한 공작원들을 남파시켜 포섭 대상과 접촉하여 직접 편지를 전달하고 포섭하려고 시도했으나 접근이 여의치 않아 서울 시내에서 우편으로 편지를 보낸 후 북한으로 돌아오고 말았다. 가시적인 성과를 얻지 못하고 싱겁게 공작을 마무리한 케이스다.

국회의원 김규남 포섭 성공

위에서 언급한 정구영이나 김성곤, 이효상에 대한 공작과 다른 차원에서 전개되고 그 결과 성공한 것이 김규남 포섭공작이다.

북한 중앙당 연락부에서는 한국 출신 월북자들을 통해 주요 인물들에 대한 파일을 만드는 과정에 사상적으로 진보적인 성향의 인물이 공화당에 소속되어 있는 국회의원 김규남이라는 사실을 확인했다. 이에 따라 김규남에게 접근해 포섭한 다음 이를 통해 지하당 조직 구축이 가능하다는 결론을 내리고 공작준비에 돌입했다.

먼저 김규남에 대한 포섭공작을 위해 김규남의 조카(누이의 아들)와 사돈뻘 되는 친척을 찾아내 공작원으로 선발한 다음 공작교육과 훈련을 시켜 남파했다. 그들은 서울에 침투하는 데까지는 성공했으나 김규남을 접촉하는 데는 실패했다.

그런데 1964년 가을 한국 공화당의원들의 유럽 순방 외교가 있다는 정보를 북한이 입수했고, 이에 따라 기존에 남파했던 2명의 공작원을 홍콩으로 급파했다. 공화당의원들의 유럽 순방 중간 기착지가 홍콩이라는 것을 알아내고 길목을 지키도록 한 것이다.

이들은 홍콩 공항에서 제3국 관광객으로 위장하고 공화당의원들이 탄 프랑스 파리행 비행기에 올라 김규남을 접촉해보려고 시도했으나 김규남의 곁에 다른 공화당의원들이 앉아 있었기 때문에 비행기 안에서는 김규남과의 접촉이 여의치 않았다. 이에 따라 비행기가 프랑스 파리 공항에 도착하자마자 서둘러 공항을 빠져나가 길목을 지켰으나 거기에서도 김규남과의 접촉에 실패했다.

파리에서 김규남이 체류하는 숙소를 겨우 알아낸 북한 공작원들은 새벽녘에 김규남이 자고 있는 숙소로 찾아가 끝내 그를 접촉하는 데 성공했다. 그리고 준비해가지고 갔던 친인척들의 편지와 함께 최고인민회의 상임위원장 최용건의 편지를 전달하면서 김규남을 설득해 그가 북한과 힘을 합쳐 통일을 위해 일하겠다는 다짐을 받아 냄으로써 그를 포섭하는 데도 성공했다. 김규남이 '전략당'이라는 지하당 조직을 만드는 데 적극 나서기로 약속한 것이다.

그후 김규남은 한국에서 지하당 조직을 구축하는 등 간첩활동을 하면서 북한과 계속 접촉했다. 물론 한 번도 직접 월북한 적은 없지만 유럽에서 북한 공작지도부 간부들과 접촉하여 지시를 받고 공작결과를 보고하면서 활동한 것이다. 북한 공작지도부에서도 김규남의 '전략당'에 상당한 기대를 걸었던 것이 사실이다.

그러나 김규남이 지하당 조직에 가입시킨 경북대 박 모 교수의 꼬리가 밟히면서 1968년 '전략당 간첩사건'이 터져 김규남이 구축했던 간첩망이 일망타진되었다.

한국군 상층부를 포섭하라

북한 공작지도부에서는 5·16 군사 쿠데타가 군부 내 일부 세력의 독자적이고 주도적인 활동에 의해 성공했다는 사실에 주목하고 어수선했던 국내 정세를 이용해 한국군 상층부에 북한과 연계된 간첩망을 구축하는 것을 대남공작의 당면 중심과제로 설정했다.

물론 북한이 **한국군 상층부에 간첩망을 구축하려고 했던 것**

은 종국적으로 이들을 이용해 5·16 군사 쿠데타와 같은 군사반란을 일으켜 대한민국 정권을 전복하고 북한과 같은 공산체제를 세우겠다는 의도가 근저에 깔려있었다.

이 같은 공작방침에 따라 북한 대남공작지도부에서는 당시 북한에 살고 있는 사람들과 연고관계에 있거나 과거 좌익조직에 관련되었던 한국군 상층부 인물들에 대한 조사를 광범위하게 실시했다.

특히 한국군 상층부 인물들과 연고가 있는 북한 지역 거주자들을 찾아내 그들로부터 한국군 연고자와의 관계, 해당 인물의 정치사상 동향, 공작 가능성 등을 구체적으로 파악하는 데 주력했다.

그런 다음 공작 가능한 한국군 상층부 인물들이 정해지면 해당 인물과 연고관계에 있는 북한 거주자를 공작원으로 선발하여 공작 교육과 훈련을 시켜 파견준비를 하도록 했다.

이러한 절차와 방식으로 북한 대남공작부서가 포섭 대상으로 선정하고 공작원까지 남파했으나 포섭 대상의 신고로 간첩이 검거되어 실패한 사례가 여러 건 있는데, 여기서는 몇 가지 사례만 이야기하련다.

당시 한국 국방부 총무국장이었던 이현진 준장에 대한 북한의 포섭공작도 실패로 돌아갔다. 이현진 준장 포섭공작에 투입된 이도정은 함경남도 함주에서 태어나 일제 때 흥남화학공장에서 카바이드 제조공으로 종사했으며 6·25전쟁을 전후해서는 황해도 신계군으로 거주지를 옮겨 트랙터 정비공장에서 수리공 및 사무부장으로 근무하고 있었다. 그러던 중 이현진 준장에 대한 포섭공작을 위해 간첩으로 선발되었다.

1961년 5월 말 북한 중앙당 연락부 공작원으로 소환된 이도정은 평양 시내에 소재한 초대소(비밀아지트)에서 3개월 간 남파공작에 필요한 교육 및 훈련을 이수했다.

북한 노동당 공작지도부로부터 이현웅 준장을 접촉해 북한의 평화통일 방안을 주입, 설득하는 방식으로 포섭한 후 그로 하여금 고위 장성급들을 대상으로 북한의 평화통일 방안을 선전하도록 하라는 공작임무를 받은 이도정은 해주에서 공작선에 승선, 9월 초 인천 해안을 통해 국내에 침투하는 데 성공했다.

인천 해안으로 침투한 후 곧바로 동인천·서울행 열차편을 이용해 서울에 잠입한 이도정은 당시 용산구 효창동에 살고 있던 이현진 장군 집을 찾아가 그를 만나는 데 성공했다. 하지만 그는 거동과 격에 맞지 않는 복장과, 군복색의 이상한 점을 발견한 이현웅 장군의 신고에 의해 검거되었다.

참으로 '공작'이라는 표현을 사용할 수 없을 정도로 준비단계부터 실행단계까지 엉성하게 공작을 추진했기 때문에 성공했다면 더 웃기는, 실패할 수밖에 없는 공작 아닌 공작이었다.

8사단장 최주종 소장에 대한 공작도 이현진 장군에 대한 포섭공작과 크게 다를 바 없었다.

함경북도 청진 출신의 최주종 장군 역시 그와 연고관계에 있는 인물들로부터 파악한 신상자료와 연고관계에 근거해 포섭 대상으로 선정하고 그의 조카 최하종을 삼촌인 최주종 장군 포섭공작에 투입했다.

함경북도 청진에서 태어난 최하종은 부모를 따라 만주로 이동해 신경 제1중학교를 졸업한 뒤 할빈에서 공과대학에 다니던 중 8·15 광복을 맞았고 그 이듬해인 1946년 봄, 서울로 귀국해 숙부 최주종 가족과 상봉한 뒤 고향인 함북 청진으로 귀향했다.

청진으로 돌아간 최하종은 청년조직인 민청지도원으로 열심히 활동하여 1947년 노동당에 입당했으며 그후 김일성종합대학에 입학해 공부하던 중 6·25전쟁이 발발하자 북한 인민군으로 입대해 전쟁에 참가했다. 전쟁이 끝난 후에도 계속해서 북한군에 복무하던 최하종은 1955년 제대와 함께 김책공업대학 금속공학부에 편입해 1957년 대학을 졸업한 뒤 국가계획위원회 지도원으로 배치되어 일했다.

그러던 중 1961년 가을 중앙당 연락부 공작원으로 선발된 최하종은 1962년 2월까지 약 5개월 간 공작교육 및 훈련을 마친 후 숙부인 최주종 장군을 포섭하라는 임무를 받고 남파 및 공작준비에 돌입했다.

당시 최하종이 받은 공작임무는 서울 충무로 4가에 살고 있던 최주종 장군을 접촉해 포섭한 다음 5·16 주도 세력과 고위 장성층에 북한이 주장하는 평화통일에 호응하는 광범위한 지하조직을 구축하고 군사정치 동향에 관한 고급기밀을 수집해 보고하는 것이었다. 이와 함께 북한의 지시가 있을 경우 지체없이 무장봉기를 일으켜 대한민국 정부를 전복하는 것이었다.

위와 같은 공작임무를 받은 최하종은 1962년 3월 초 평양에서 열차를 타고 해주로 이동한 다음 그곳에서 공작선을 타고 무장안내원들의 안내를 받으며 충남 당진 해안으로 침투했다.

침투 다음 날 당진 합덕리에서 서울까지 버스로 이동한 최하종은 북한에서 연구한 대로 서울 충무로 4가의 최주종 장군 관사를 찾아갔으나 그가 다른 곳으로 이사하여 만나지 못했다. 그래서 근처에 있던 공중전화로 육군안내대에 전화를 걸어 최 장군의 관사 전화번호와 그가 이사가 살고 있는 서울 관사 주소를 알아내는 데 성공했다.

최하종은 곧바로 최 장군의 서울 관사로 찾아가 접촉을 시도했으나 최 장군이 서울 관사에 있는 것이 아니라 소속 부대인 8사단 근처에 거주한다는 사실과 과거부터 안면이 있던 최 장군의 장모(강 모 여인)가 대한극장 근처에서 약국을 운영한다는 사실을 확인했다.

이에 따라 장모를 통해 최 장군을 간접적인 방식으로 접선할 계획 하에 저녁시간에 최장군의 장모인 강 모 여인이 운영하는 약국을 찾아가 자신이 간첩으로 남파된 사실을 밝히고 최 장군과 만날 수 있도록 그에게 연락해줄 것을 부탁했다. 그러나 강 모 여인은 최하종의 요구를 완강하게 거부하며 되레 자수할 것을 권고했다.

강 모 여인의 완강한 거부로 최주종 장군과 연락 및 접촉하는 데 실패한 최하종은 강 모 여인과의 대화과정에 자신의 매형 태용범이 서울 영등포에 거주한다는 사실을 알아내고 그의 집을 찾아갔다. 매형에게 자신이 북한에서 남파되었다는 사실을 밝힌 다음 신변보호 및 간첩활동에 협조해줄 것을 부탁해 허락을 받은 후 그의 집에 은신하면서 최 장군과의 접촉을 다시 시도했다.

그러나 최 장군은 장모인 강 모 여인과 매형 태용범의 연락 덕분에 자신을 포섭하기 위해 조카가 북한에서 간첩으로 남파되었다는 사실을 인지, 보안부대에 즉각 신고함으로써 최하종은 체포되고 말았다.

최주종 장군의 신고로 체포된 최하종은 전향을 하지 않은 채 복역하다 1998년 3월 출소한 후 2000년 9월 비전향 장기수들과 함께 북송되었다.

육군참모차장 김종오 중장 포섭 기도 사건

당시 육군참모차장이었던 김종오 중장에 대한 포섭기도 역시 이현진 준장과 최주종 장군의 경우와 크게 다르지 않다.

북한 공작지도부에서는 김종오 장군이 6·25전쟁 전에 좌익진영에 몸담았던 전력이 있고 성품이 매우 양심적이며 정의감이 강하고 민족주의 성향도 강해 미군 장교들과도 자주 마찰을 일으키는 등 여러 정황으로 볼 때 포섭 가능성이 있다고 판단해 공작 대상으로 선정했다.

아울러 그의 사촌 동생 김종성이 서울에서 학생운동에 가담하는 것도 묵인했고 6·25전쟁 때도 4촌 동생에게 정치적 선택을 강요하지 않았다는 점 역시 포섭 대상 선정에 참작되었다.

김종오 장군 포섭공작에 투입된 그의 사촌 동생 김종성은 충북 청원에서 광산업을 하던 부유한 집안에서 태어나 광복 직후 서울 중동중학교에 다니면서 공산당 지하활동을 하던 외조부 등 외가의 영향을 받아 서울대학교에 입학한 후부터 좌익활동에 가담했다. 서울대학교 철학과 3학년 재학 중 6·25전쟁이 일어나자 고향으로 내려가 민청지도원으로 부역하다 9·28 서울수복 당시 월북한 김종성은 북한군 유격대에 입대해 아군후방교란 전투에 투입된 바 있다. 전후에는 북한군에서 복무하다 제대하여 김일성종합대학을 졸업하고 교육기관에서 일했다.

그러던 중 1958년 여름 북한 노동당 연락부에서 당시 한국군 육군본부 인사국장이었던 사촌형 김종오 장군 포섭할 목적으로 김종성을 공작원으로 소환했다. 공작부서에서는 김종성을 평양 시내 비밀아지트에 수용하고 공작교육 및 훈련을 진행하면서 김종오 포섭공작을 준비하도록 했으나 김종성이 자신없다고 하여 공작원에서 해임했다.

공작원에서 해임된 뒤 중학교 교사로 일하고 있던 김종성은 1960년 4월 다시 노동당 연락부 공작원으로 소환되었다.

노동당 연락부 남파공작원으로 선발된 김종성은 약 8개월 동안 평양 모란봉구역 소재 초대소(비밀아지트)에 단독 수용되어 공작교육과 훈련을 받은 후 사촌 형인 김종오 장군을 접촉해 비밀관계를 형성하라는 공작임무를 받고 1961년 8월 중순 공작선을 타고 전북 군산 해안으로 침투했다. 그러나 북한 공작선이 전북 군산 해안으로 접근하던 중 아군 경비정에 발각되는 바람에 침투에 실패하고 북한으로 도주했다.

9월 초에 다시 침투하라는 공작지도부의 지시를 받고 1차 침투 시와 동일한 방식으로 전북 군산 해안을 통해 침투하는 데 성공했다.

국내에 침투한 후 먼저 전북 익산에서 병원을 운영하던 누이동생 김종희의 남편(매제) 박 모를 접촉해 자신이 북한에서 간첩으로 남파되었다는 사실을 밝히고 자신의 신변을 보호해줄 것을 부탁했다. 김종성의 부탁을 받은 매제는 자신이 운영하는 병원 환자복을 입혀 입원환자로 둔갑시킨 다음 입원실에서 수일간 잠복하도록 협조해 주었다. 병원에 위장입원하여 잠복하면서 매제를 설득해 포섭하는 데 성공한 김종성은 매제로부터 친인척들의 근황과 한국 내부정세와 관련한 정보를 입수한 후 김종오 장군 포섭공작을 위해 열차를 타고 서울로 상경했다.

서울에 올라온 김종성은 먼저 김종오 장군의 친동생인 김종윤이 거주하던 서울 제기동 집을 방문했으나 그가 이사하여 만나지 못하자 다른 곳에 살고 있던 누이동생 김종숙을 찾아갔다. 그리고 김종숙과 결혼한 매제 박 모와 처음으로 인사를 나눈 뒤 자신이 북한에서 간첩으로 남파된 사실을 밝히고 사상적인 교양을 주어 그를 포섭하는 데 성공했다. 결국 2명의 매제를 포섭한 것이다.

한편, 포섭한 서울 매제 박 모에게 공작금을 주어 단파라디오를 사오도록 하는 등 공작활동에도 끌어들였다. 아울러 공작금도 주고 북한 공작지도부와의 연락체계를 구축해주는 등 독자적으로 간첩활동을 할 수 있도록 교육하는 일도 진행했다.

그후 북한 공작지도부와 약속한 대로 9월 중순 북한으로 복귀하기 위해 서울 매제를 대동하고 전북 익산에 도착하여 침투 당시 만났던 익산 여동생 김종희를 만나 3명이 같이 전북 군산으로 이동한 다음 거기에서 작별인사를 하고 단독으로 침투 당시 약속한 복귀 접선 장소에 도착해 대기했다. 그러나 북한에서 보낸 안내요원이 약속된 시간에 접선 장소에 나타나지 않아 접선에 실패하고 말았다. 이에 따라 어쩔 수 없이 전북 이리로 되돌아와 2명의 매제와 향후 대응책을 논의했는데, 논의 결과 충남 대덕에 살고 있는 숙부 김성균(김종오 장군의 부친)을 찾아가 신변보호를 요청하고 김종오 장군과의 접촉을 부탁하기로 했다.

다음 날 김종성은 이미 논의한 대로 매제 2명을 대동하고 충남 대덕으로 이동해 그곳에 살고 있던 숙부 김성균을 만나 자신이 간첩으로 남파된 사실을 밝히고 보호해줄 것과 김종오 장군을 만나게 해줄 것을 부탁했다. 그러나 숙부 김성균은 즉석에서 김종성에게 자수할 것을 권유하는 한편 마침 대전 유성온천에서 휴가 중이던 김종오 장군에게 연락하여 이 같은 사실을 알려주었으며, 김 장군이 곧바로 수사기관에 신고함으로써 체포되고 말았다.

돌이켜 보면 북한 공작지도부가 포섭하려고 했던 한국군 상층부 인사 대부분은 6·25전쟁에서 북한군과 맞서 용감히 싸운 국군의 명장들이었다는 점에서 북한의 대남공작은 실패할 수밖에 없는 것이었다.

그럼에도 무모하게 한국군 상층부에 대한 포섭공작을 시도한 북한 대남공작지도부가 과연 어떤 생각을 하고 공작을 추진했는지 도저히 이해할 수 없다.

한국에 마르크스-레닌주의 당을 건설하라

한국에서 5·16 군사 쿠데타가 일어난 지 약 4개월 정도 지난 1961년 9월 11일~9월 18일까지 평양대극장에서는 노동당 제4차 대회가 열렸다. 김일성이 노동당 제4차 대회에서 새롭게 제시한 것은 대남혁명의 성격(본질)을 광복 직후 한반도 전체를 상정시켜 규정했던 '반제·반봉건 인민민주주의 혁명'에서 한국 지역만 별도로 분리해 '민족 해방 인민 민주주의 혁명'으로 수정한 것이다. '반제'의 의미와 중요성을 강조하는 의미에서 '민족해방'과 '반봉건'의 상징적 의미가 약해진 상황을 반영하여 '반봉건'이라는 표현을 빼고 사실상 사회주의를 의미하는 '인민민주주의'를 강조한 것이다.

보다 중요한 것은 노동당 제4차 대회에서 위와 같은 대남혁명 즉, 남조선 혁명을 성공적으로 수행하기 위하여 한국에 마르크스-레닌주의를 지도사상으로 하는 '혁명적 당'을 건설해야 한다는 점을 새롭게 제시한 것이다.

이는 4·19 봉기 때 청년 학생들이 이승만 정권을 타도하고 민주당 정권 창출의 원동력이 되었다는 점에서 청년 학생들도 노동자, 농민과 더불어 남조선 혁명의 주체가 될 수 있다는 사실을 보여준 것과 5·16 군사 쿠데타 당시 군인들이 민주당 정권을 무너뜨리고 군사정권을 수립한 것과 밀접히 연관되어 있다. 혁명의 기본 계급이라는 노동자, 농민이 비록 미약하더라도 청년 학생이나 애국적 군인들도 혁명의 주체가 될 수 있으며, 이들을 잘 준비시키면 얼마든지 남조선 혁명을 승리로 이끌 수 있다는 논리가 확립되었다.

또한 남조선 혁명을 위해서는 남한 내의 혁명 역량이 중요하다는 인식과 함께 북한에서 밀고 내려가는 식의 혁명과 통일은 더 이상 실효성이 없다는 인식도 갖게 되었다. "우리가 남조선 혁명을 대신할 수 있는가? 이것은 틀렸고 도와주는 것으로 방향을 바꾸어야 한다"는 기류가 형성되었다고 할 수 있다.

말하자면 북한이 4·19와 5·16을 경험하면서 미군 점령 하에서도 현실적으로 대한민국 정권 전복을 의미하는 '남조선 혁명'이 가능하다는 인식에 도달했으며, 그러한 남조선 혁명을 위해서는 남한 내에서 자체적으로 혁명투쟁을 승리로 견인할 수 있는 '혁명적 전위당'이 필요하다는 결론에 도달한 것이다.

이에 따라 과거 조선노동당의 지역당(도당, 군당)과는 별개로 마르크스-레닌주의를 지도이념으로 하는 독자적인 '혁명적 전위당', '남조선 혁명을 책임지는 남조선 혁명의 참모부'로서의 지하당 조직을 남한에 새롭게 건설해야 한다는 방침이 정립되었다.

노동당 제4차 대회에서 김일성에 의해 남조선 혁명의 중요성이 강조된 후 1962~1963년에 걸쳐 대남공작부서에서 남조선 혁명과 관련한 문제가 집중적으로 논의되었다.

1962년 12월 당 제4기 제5차 전원회의에서 전민무장화, 전국요새화, 전군간부화, 전군현대화 등 4대 군사노선이 제시되었지만 남조선 혁명 문제에 대한 노선 정립은 시간이 더 필요했다. 이런 과정을 거쳐 1964년 2월에 열린 노동당 제4기 제8차 전원회의에서 남조선 혁명 문제를 통일문제보다 전면에 내세우는 동시에 남조선 혁명의 구체적인 정책 방향이 정립된 것이다.

당시 북한 공작지도부에서는 남한에 독자적인 형태의 '혁명적 당'인 지하당을 건설하기 위해 구체적인 방침을 수립했다.

우선 첫 번째 단계는 혁명적 당 건설의 조직적 기초로 되는 모체조직을 가능한 모든 단위에 많이 포치(布置)하는 것이다. 말하자면 북한 공작원들을 남파시켜 지하당원이 될 만한 인물들을 가능한 많이 포섭하여 각 지역 및 각 계급·계층별 조직 단위에 심어놓는 것이다.

두 번째 단계에서는 모체 조직을 시기와 여건이 성숙되는 데 따라 지도부로 조직화하는 것이다. 이는 북한 공작조직에 포섭된 대상이 주변에 지하당원이 될 만한 인물들을 물색해 포섭한 다음 그들과 지도부 기능을 수행할 수 있는 지하당 조직으로 발전시키는 것을 의미한다.

세 번째 단계에서는 지도부 조직을 지역 또는 부문별로 체계화하고 중앙지도부를 구성하여 독자적 형태의 지하당으로서의 조직지도체계를 구축함으로써 지하당 건설을 완성하는 것이다. 이를테면 두 번째 단계에서 만들어진 지도부 조직 산하에 각 지역별, 분야별 하부조직을 만들고 지도부 조직은 지역 또는 부문별 중앙 조직으로 개편하는 동시에 하부 조직들을 통일적으로 지휘할 수 있도록 시스템을 구축하면 독자적인 지하당 건설이 완성된다는 것이다.

북한은 위와 같은 구체적인 대남공작 방침을 정립하는 동시에 대남공작기구를 대대적으로 개편하고 본격적으로 대남공작을 전개하기에 이른다.

대폭 확대강화된 중앙당 대남공작기구

김일성은 1963년 4월 노동당중앙위원회 정치위원회를 열고 중앙당에 대남사업을 총괄하는 '대남총국'을 신설하기로 결정했다. 사실상 4·19 이후 설치했다가 1961년 11월 정치위원회 결정에 따라 해체했던 남조선국을 1년 반만에 다시 부활시킨 것이나 마찬가지였다. 기존의 남조선국에는 부국장이 1명이었으나 대남총국에는 부총국장이 3명이었기 때문에 단순한 부활이 아니라 더욱 확대했다고 봄직하다.

새로 창설된 대남총국 총국장에는 남조선국 국장으로 활동하다 평양시당위원장으로 자리를 옮겼던 갑산파 이효순(김일성의 빨치산 동료 이제순의 동생)을 다시 임명했다. 부총국장에는 김일성의 가장 가까운 빨치산 동료 가운데 한 사람인 임춘추(후에 부주석 및 최고인민회의 상임위원장 역임)와 남로당 간부 출신이면서 공작원 활동 경험이 풍부한 신대석과 정경복 등 3명을 임명하는 등 대단히 파격적인 인사 조치를 단행했다. 신대석은 1950년대에 서울 근처에서 활발한 지하공작을 전개하다 4·19 직전 월북한 뒤 4·19 이후 다시 남파되었으며 5·16 이후 재차 월북했던 인물이다. 정경복은 1950년대 중반 이후 연락부 공작원으로 소환된 뒤 경상도 지역에 남파되어 1~2년간 활동하다 복귀했으며 4·19 때 역시 남파된 뒤 재차 월북했던 인물이다. 이들이 구축해 놓은 간첩망은 1960년대에 파괴된 것으로 알려지고 있다.

한편, 대남총국 제1부총국장 임춘추는 대남조직공작부문을 담당하는 동시에 대남조직공작임무를 수행하는 연락부를 관장토록 했다. 부총국장 신대석은 대남정보 수집 및 분석업무를 담당하면서

이 같은 임무를 수행하는 중앙당 조사부(신설)를 관장하도록 했다. 또 다른 부총국장 정경복은 전체적인 대남공작 활동에 대한 지원 업무와 함께 공작원 가족 지원 업무 및 대남선전·선동 업무를 수행하는 문화부를 관장하도록 했다.

결과적으로 당시 김일성이 자신의 측근과 공작 경험이 풍부한 공작원 출신들을 요직에 임명했다는 것은 그가 적화통일을 위한 대남공작을 얼마나 중시했는지 알 수 있는 대목이다.

이와 함께 4·19와 5·16 당시 대남정보의 부재를 타개하기 위해 대남정보 수집 및 분석을 전문으로 하는 기관인 중앙당 조사부를 신설했다. 신설된 중앙당 조사부 부장에는 소련 첩보기관 출신으로서 당시 북한 최고의 정보공작 전문가이자 권위자라고 할 수 있는 사회안전부장 방학세를 승진·임명했다.

신설된 중앙당 조사부에는 대남정보 수집과 해외정보 수집을 각각 담당하는 1부문과 2부문을 두고 각 부문에는 해당 분야의 정보를 전문적으로 수집하는 공작원들을 배치해 정보 수집 공작을 보다 세분화, 전문화, 다양화하도록 조치했다. 그리고 종전에 노동당 연락부와 문화부, 정무원 계통의 정보총국에서 각각 진행해왔던 정보공작 기능을 모두 신설된 중앙당 조사부로 이관하게 하고 조사부가 종합적으로 정보 수집 공작을 조직·진행하도록 했으며 정무원 정보총국은 폐지했다.

또한 중앙당 연락부장에는 소련 고급당학교 출신으로 외무성 부상을 역임하고 있던 유장식을 승진·임명하고 5·16 이후 축소시켰던 연락부의 조직기구를 대폭 확대·개편했다.

이에 따라 연락부에 한국의 각 도를 담당 공작하는 도별 공작지도과를 신설했다. 구체적으로 보면 호남, 영남, 충청, 경기·강원, 서울, 해외우회, 상층통일선선, 군대 및 특수 공작부문 공작지도과를 구성한 것이다. 인원도 대폭 보강 및 증원하여 대남공작을 지역 및 부문별로 세분화, 전문화했다.

문화부는 전임부장 김중린을 유임시켰으나 내부 기구는 조총련 담당과와 일본공작과, 교포공작과를 재정비하고 문화부의 공작기능을 강화했다.

대남공작 교육 및 훈련기관의 확대

1957년 1월에 공작원 전문양성기관으로 창설했던 통일대학(695군부대)을 '노동당 중앙위원회 정치대학'으로 개칭 및 승격시키면서 내부 기구도 확대했다.

정치대학의 학제 및 분야를 3년제 기본반과 군사반, 외국어반, 재직반(6개월~1년), 특설반(3개월~6개월)으로 세분화하여 교육훈련을 보다 전문화, 현실화했다.

이와 함께 대남공작원으로 선발된 대상들은 특수한 경우를 제외하고는 원칙적으로 정치학교의 교육훈련 과정을 이수하도록 한 다음 대남공작에 투입하는 것을 기본으로 했다. 과거에는 공작원으로 선발 및 소환되면 연락부 초대소에 먼저 입소했다가 필요한 사람의 경우에만 통일대학에 보내 일정한 교육훈련을 받게 하고 다시 초대소로 불러 침투 및 공작임무 교육 등을 한 다음 침투시켰다.

그러나 1963년부터는 모든 대남공작원들이 극히 특수한 경우를 제외하고 예외없이 먼저 정치대학에 입학해 해당 교육 및 훈련 과정을 마친 다음 연락부 초대소에 수용되어 구체적인 침투 및 공작임무를 받고 침투하는 것을 기본원칙으로 했다. 아울러 정치대학에서 교육 및 훈련 과정에 모든 교육생들을 철저히 검증하여 대남공작원으로서 부적합한 대상은 해임시키는 조치를 취했다.

공작원들의 대남 및 대일 침투와 복귀 시 안내를 직접 담당하는 전투연락소도 신설·확대했다.

대동강 하류에 있는 항구도시 남포에 남포연락소를 신설하고 서해상을 통해 한국에 침투 및 복귀하는 공작원들을 안내하는 임무를 부여했다. 남포연락소 산하에는 3개의 전투방향(그룹)을 창설했다. 동해 북단 함경북도 청진에도 청진연락소 및 3개 전투방향을 신설하고 동해상을 통한 대남침투와 대일 비합법침투를 전담하도록 했다. 또한 남포와 청진에서 대남 및 대일침투를 할 경우 이동거리가 길다는 사정을 감안하여 해상침투 장비인 공작선을 보다 대형화·현대화하는 작업도 병행했다.

공작원들을 수용하고 교육 및 훈련을 진행할 때 사용하는 초대소(안가)도 대폭 증설했다.

1960년대 중반부터 평양 교외에 주민 거주지와 차단·분리된 산간지대를 선정하여 집단 초대소 구역을 신설했다.

대표적인 곳이 평양 교외의 순안지구, 중화지구, 삼석 원흥지구 등이며 각 초대소지구 내에는 일정한 거리를 두고 20~30개의 초대소를 지었다. 특히 순안 초대소지구는 50여 동의 초대소가 들어섰다. 이렇게 하여 1960년대 후반부터는 1,000명 이상의 공작원을 선발해 정치대학과 초대소에 수용하고 교육 및 훈련을 실시할 수 있었다.

노동당 재정경리부 내에는 대폭 증설된 초대소를 총괄적으로 관장하는 초대관리국을 신설하고 재정경리부 부부장 1명이 초대관리국장을 겸임했다.

우연에서 시작된 통혁당 창당 공작

1968년 당시 세상을 놀라게 했던 북한 대남공작지도부의 통일혁명당 창당 공작은 전라남도 신안군에 있는 작은 섬 임자도 출신의 남파공작원 김수영으로부터 시작되었다.

김수영은 임자도 해변 어촌에서 태어나 임자도국민학교를 나오고 목포에서 목포공업학교 3학년에 재학하던 중 6·25전쟁이 일어나자 의용군에 입대하여 북한으로 들어가 인민군에 복무했다. 1958년 북한군에서 제대한 김수영은 노동당 간부들을 양성하는 공산대학을 졸업하고 평안남도 신양군당위원회 선전부 지도원으로 임명되어 일하던 중 연고선(緣故線) 공작을 추진하고 있던 중앙당 연락부에 의해 1962년 가을 대남공작원으로 선발되었다.

사실 김수영이 남파공작원으로 선발된 데는 그의 편지가 중요하게 영향을 미쳤다고 해도 과언이 아니다. 구체적인 이유는 모르겠지만 김수영은 중앙당 연락부에 대남혁명에 참가하고 싶다며 자신을 대남공작원으로 써달라고 여러 번 편지를 보냈다. 김수영이 여러 차례 편지를 보내오자 연락부에서 실무자를 보내 이것저것 조사해 보았는데 임자도에 김수영의 연고자가 많다는 사실이 확인되었다. 당시에는 연락부가 한국 해안 지역에 연락 및 엄호 거점을 확보하려고 안간힘을 쓰던 시기였기 때문에 '임자도 연고자'라는 말에 귀가 번쩍 뜨여 그에게 욕심이 생겼고, 그것이 발단이 되어 결과적으로 김수영을 공작원으로 선발한 것이다. 물론 당연히 김수영이 나서 자란 임자도와 목포 등 전라남도 출신들을 포섭하는 공작 활동에 활용할 목적으로 대남공작원에 선발된 것은 두말할 나위가 없다.

대남공작원으로 선발된 김수영은 초대소에 수용되어 4개월 동안 공작교육 및 훈련을 받았다. 교육과정에 김수영이 자유분방한 성격인 데다 입이 가벼워 말이 많은 단점을 가지고 있는 반면 솔직하고 대담하며 통이 크면서도 의욕적이라는 장점을 갖고 있어 최종적으로 공작원으로 남파시키는 데 문제가 없다는 결론이 났다.

이에 따라 남파준비를 완료한 후 1963년 3월 고향인 임자도를 향해 침투작전에 돌입했다. 당시 김수영에게 부여된 공작임무는 '임자도에 잠입하여 부모형제를 비롯한 연고자들을 만나 북한과 남파공작원들의 연락은 물론 공작원들의 침투 및 복귀 시 신변을 보호받을 수 있는 엄호 및 연락 거점을 조성'하며 이를 위해 '친척이나 아는 사람을 접촉해 입북시키는 것'이었다. 그것이 불가능하면 상황을 충분히 파악한 뒤 포섭 대상을 물색하여 교양이라도 주고 오라는(상대방을 설득하거나 계몽해서 사상적으로 전향시키는 것) 임무를 받았다.

김수영은 위와 같은 공작임무를 받고 공작선에 승선하여 임자도로 향했으나 기상 여건이 악화되어 대남침투를 포기하고 북한으로 되돌아가는 등 우여곡절을 겪으면서 3차례의 시도 끝에 임자도에 상륙 및 침투하는 데 성공할 수 있었다.

임자도에 침투한 김수영은 북한에서 논의한 공작계획대로 먼저 산악에 비트를 파고 은신처를 마련했다. 북한 공작원들은 땅속에 사람이 들어갈 만한 크기의 구덩이를 파고 바깥에는 주변지형과 똑같이 위장하여 다른 사람이 찾지 못하게 한 다음 구덩이 안에 들어가 몸을 숨긴채 잠을 자거나 휴식을 취하는데, 그러한 구덩이를 비밀 아지트, 줄임말로 '비트'라고 한다.

비트에 은신해 휴식 및 주변감시를 하면서 낮시간을 보낸 김수영은 북한에서 계획한 대로 야밤을 이용해 은밀하게 고향집에 찾아가 부모님을 만났다. 부모님의 이야기를 들어보니 북한에서 공작전술을 토론할 때 포섭해서 북한으로 대동복귀하려고 계획했던 형은 이미 사망한 상태였고 동생 또한 부산 쪽에 있는 공장에 일하러 간다고 떠나버린 상태여서 만날 수가 없었기 때문에 부여받은 공작임무 수행이 불가능했다.

이러한 상황에서 김수영은 공작계획 수립 단계에서 포섭 대상으로 선정하지는 않았지만 현지조사 및 파악 대상으로 삼았던 자신의 외삼촌 최영도가 떠올라 그에게 접근해 포섭을 시도해 보려 했다.

당시 김수영이 최영도에 대해 알고 있었던 내용은 그가 8·15 직후 고향에서 잠시 좌익운동에 가담했다가 서울로 올라가 6·25전쟁이 일어나기 전까지 회사에 다니고 있었다는 것 정도였다. 어찌됐든 최영도가 과거 좌익활동 경력이 있었기 때문에 일단 접촉해보려고 생각했던 것이다.

그러나 당시 임자면 부면장이었던 최영도가 전남 광주에 있는 전남도청에 10일 동안 교육받으러 출장을 간 상태였기 때문에 자리에 없었고, 그가 임자도에 돌아온다고 하는 날은 복귀 접선 날짜 이후서 그와의 접촉은 도저히 불가능했다. 따라서 김수영은 최영도와의 접촉을 포기한 채 남파될 때 약속한 날짜에 해안에서 안내원들과 접선한 다음 공작선을 타고 북한으로 복귀하고 말았다.

별 성과 없이 복귀한 김수영으로부터 구체적인 침투 및 활동 과정을 청취한 공작지도부는 최영도와의 만남 여부에 대해 특별한 관심을 표출했다. 이를 눈치챈 김수영은 '당에서 지시하지 않아서 최영도를 만나지 않았다. 시키지 않은 일을 해서 비판받을까 두려워 그냥 돌아왔다'며 자신의 자유분방한 약점을 핑계로 의도적인 변명을 했다.

그러나 김수영으로부터 최영도가 접근 가능한 인물이라는 이야기를 들은 대남공작부서는 최영도에 대해 관심을 가지고 북한에 살고 있는 최영도의 친인척들과 임자도 출신 입북자들을 통해 최영도에 대해 구체적으로 파악하는 작업을 신속하게 진행했다. 당시 최영도의 처남 등 처가쪽 식구들이 북한에 들어와 살고 있었는데 그들을 통해 최영도에 대해 보다 구체적인 조사를 할 수 있었다.

조사 결과 최영도가 6·25전쟁 전까지 임자도와 서울에서 좌익활동을 했다는 사실을 확인했다. 특히 해방 직후 임자면에서 인민위원장을 했다는 이야기도 있어 그를 포섭하는 공작이 가능하다는 판단을 내린 중앙당 연락부에서는 김수영에게 최영도 접촉 및 대동복귀 임무를 부여해 그가 복귀한 지 10일 만에 다시 임자도에 침투시켰다.

공작선을 타고 기존에 침투했던 방식대로 임자도에 침투한 김수영은 1차 침투했을 때 산속에 파놓았던 비트에 은신하고 있다가 야밤을 이용해 임자면사무소 근처에 있는 최영도의 집에 접근해 그를 만나는 데 성공했다.

이렇게 북한 공작원 김수영이 우연히 공작원으로 선발되어 가족 포섭 임무는 수행하지 못했지만 대신 외삼촌 최영도를 접촉하면서 시작된 것이 바로 통일혁명당(약칭 통혁당) 창당 공작이다.

공작원 조카를 풋내기로 취급한 최영도

밤중에 찾아온 조카 김수영을 만난 최영도는 처음에는 누구인지 바로 알아보지 못하고 어리둥절하다가 김수영이 불 밝은 방안에 들어서자 금방 누나의 아들(김수영)이라는 것을 알아보고 깜짝 놀라 반색하면서 어디 있다가 이렇게 한밤중에 나타났냐고 다그쳐 물었다.

김수영은 몹시 당황스러워 하는 최영도를 진정시킨 다음 북한에서 공작계획을 세우면서 논의한 대로 최영도를 찾아오게 된 전후사정을 털어놓으면서 "북에서 외삼촌을 모시고 오라는 임무를 받고 찾아왔다"며 본인이 최영도를 찾아오게 된 목적을 설명했다. 아울러 김수영이 입북 후 북한에서의 생활과 임자도에서 입북한 최영도 지인들의 동정에 대해서도 알려주며 최영도를 안심시켰다.

김수영의 이야기를 들으면서 한동안 아무 말도 못하고 불안해하던 최영도는 정신을 가다듬고 이것저것 궁금한 것들을 물어본 후 "너를 따라 북으로 갈 수도 없고 또 갈 데도 못된다"고 잘라 말했다.

이렇게 되자 김수영은 북한에서 논의한 대로 북한 사회주의 체제의 우월성과 국제정세, 조국통일의 필요성, 조국통일을 위해 외삼촌(최영도)과 같은 분이 해야 할 일 등을 이야기하면서 최영도의 입북행을 설득했으나 그의 마음을 돌려세우기에는 역부족이었다.

최영도는 김수영의 이야기를 들은 후에도 "내가 너 같은 어린애 말을 어떻게 다 믿을 수 있겠느냐?"며 김수영에 대해 불신을 감추지 않았다. 그러면서 "너 같은 어린애를 따라 월북하라는 북한 지도부 간부들도 참 어리석기 짝이 없다. 너의 말을 액면그대로 믿을 수 없으니 돌아가서 내(최영도)가 믿을 수 있는 처남을 다시 보내든지 하면 그때 다시 생각해보겠다"며 여지를 남겼다. 그러고는 "위험하니 빨리 북한으로 돌아가라. 북한으로 돌아가면 간부들에게 내가 한 말을 꼭 그대로 전해라"고도 했다.

한마디로 최영도는 조카 김수영이 북한 노동당원이라고 하지만 나이로 보나 해방 직후부터 좌익진영에서 활동해온 자신의 경력과 경험 측면에서 보나 풋내기에 불과했기 때문에 어린애 취급할 정도로 신뢰할 수 없었다. 그래서 꼭 처남이 아니라도 자신이 믿을 만한 확실한 사람을 보내라는 의미로 그렇게 이야기한 것이었다.

최영도의 의중을 확인한 김수영은 "그러면 제가 돌아가 외삼촌(최영도) 처남되는 사람과 같이 나올 테니 그때는 같이 입북할 수 있도록 준비하고 있어 달라"는 부탁을 남기고 그와 헤어졌다. 그러고는 산속에 파놓은 비트로 돌아와 휴대하고 나온 무전기로 최영도 접촉 결과를 간략하게 보고하면서 복귀 접선도 요청했다.

이후 북한 공작부서에서 보낸 공작선을 타고 복귀한 김수영은 결과적으로 최영도와의 대동복귀 임무를 완수하지 못하고 돌아왔지만 포섭 및 대동복귀 가능성을 확인하는 성과를 거두었기 때문에 최영도와의 접촉 과정을 연락부에 자세하게 보고했다.

김수영의 최영도 접촉 과정 및 결과 보고를 받은 연락부에서는 최영도에 대한 포섭공작을 성공시키기 위해 북한에 살고 있는 최영도의 처남부터 찾아나섰는데 그가 결핵에 걸려 요양소에서 입원치료를 받고 있어 침투시킬 상황이 아니었다. 이에 따라 최영도의 처남 대신 최영도가 신뢰할 만한 사람을 침투시키기로 결정했는데, 그 당사자로 나이도 있고 경험도 많고 관록이 있는 공작원 김송무가 선정되었다.

북한은 나이 많은 사람을 우대하는 한국인들의 정서를 감안하여 한국에 있는 포섭 대상이 나이가 많고 지식과 경험이 풍부한 인물일 경우 그보다 나이가 많거나 비슷한 공작원을 파견해 일단 나이로 먹고 들어가 공작의 성공률을 높이는 영리한 전술을 구사한다. 나이 많고 경험이 풍부한 최영도의 상대로 연배가 비슷하면서도 경험이 풍부한 김송무를 파견한 것도 바로 그러한 전술을 구사한 사례라고 할 수 있다.

최영도에게 거물급을 보내다

북한 공작지도부에서는 1963년 5월부터 김수영과 김송무 2인으로 공작조를 구성해 2개월 동안 최영도 포섭 및 대동복귀를 위한 공작 준비에 본격적으로 들어갔다. 아울러 최영도 처남이 구구절절하게 쓴 자필편지는 물론 최영도가 평소 존경한다는 근로인민당 위원장 백남운의 편지도 준비했다.

이 같은 침투 및 공작 준비를 마치고 1963년 8월 초 김수영과 김송무로 구성된 2인 공작조가 또 다시 임자도에 침투했다.

임자도에 침투한 김수영, 김송무 공작조는 기존에 김수영이 산악에 파놓았던 비트를 크게 확장한 다음, 거기에 은신하여 최영도의 주변 동정을 파악하는 작업부터 진행했다. 최영도 주변에 이상이 없음을 확인한 공작조는 비 내리는 야밤을 이용해 그의 집에 접근한 다음 예전에 김수영이 했던 대로 "면사무소에서 긴급 연락을 가지고 찾아왔다"며 대문을 열게 한 다음 집안으로 들어갔다.

최영도는 밖에서 나는 김수영의 말소리를 듣고 바로 조카가 찾아왔다는 것을 직감하고 김수영 일행이 대문 안에 들어서자 곧바로 방문을 열고 나와 자신이 혼자 사용하는 방으로 그들을 안내했다.

조카 김수영이 처남과 같이 왔을 것이라고 생각했던 최영도는 김수영과 함께 방안으로 들어선 인물이 처남이 아니고 처음보는 사람(김송무)이라 당황해 하며 몹시 놀란 기색을 보였다. 김수영은 그런 최영도에게 곧바로 "외삼촌(최영도)의 처남이 같이 나올 수 없는 사정이 생겨서 다른 분과 같이 나왔다. 같이 온 이 분은 북한 노동당 지도부에서 외삼촌에게 중앙의 의사를 정확하게 전달해 드리기 위해 특별히 보낸 선생님"이라고 소개했다.

이에 김송무가 최영도에게 정중히 인사하며 "노동당의 특별지시를 받고 최선생을 모시고 가기 위해 온 사람"이라고 강조한 후 북한에서 준비해 간 최영도 처남의 자필편지와 백남운의 편지를 주면서 읽어보라고 했다.

최영도는 받은 편지를 읽어 본 후 한참 동안 말없이 침묵을 지키다가 조용히 이것저것 궁금한 것들을 물어본 다음, 입북을 재차 권유하는 남파 공작원들에게 마음을 정리할 시간이 필요하니 오늘은 이만 돌아가고 다음 날 밤에 다시 만나자고 제안했다. 이에 따라 김수영, 김송무 공작조는 산악에 파 놓은 비트로 돌아와 은신해 있다가 다음 날 밤에 다시 최영도를 찾아가 만났다.

공작원들을 다시 만난 최영도는 자신이 입북을 최종 결심했다는 것을 알려주면서 입북으로 인한 공백기간 명분(알리바이) 등을 준비하는 데 5일 정도 시간이 필요하니 5일 후에 입북하자고 제의했다.

공작원들은 다시 비트로 돌아와 최영도의 입북 결심 등 자신들이 확인한 내용과 함께 5일 후에 복귀 접선을 희망한다는 전문을 북한으로 보냈고, 북한 공작지도부에서는 현지 공작조의 요구대로 5일 후 약정된 장소와 시간에 접선할 것이라는 지령을 하달했다.

이렇게 하여 남파공작원 김수영과 김송무는 1963년 8월 중순 공작대상인 최영도를 대동하고 북한 공작지도부가 정해준 날짜와 시간에 미리 약속된 임자도 해안 접선 장소에서 북한에서 나온 안내조와의 접선에 성공한 후 공작선을 타고 북한으로 향했다.

공작선을 타고 북한으로 복귀하는 과정에 공작선이 풍랑을 만나 중국 해안까지 떠밀려 감으로써 중국 측 해안 경비정에 단속되어 심문을 받는 등 우여곡절을 겪은 끝에 8월 25일경 북한 남포항에 도착했다.

최영도에 대한 극진한 환대

최영도가 남포항에 도착할 무렵 당시 중앙당 연락부장이었던 유장식과 부부장 등 고위 간부들이 배를 타고 항구 밖까지 최영도를 마중나오는 등 극진한 환대를 베풀었고, 최영도는 북한 고위 간부들의 환영을 받으며 북한 땅에 첫발을 들여놓았다.

연락부장 유장식의 차에 같이 타고 평양에 도착한 최영도는 대동강변 주암산 기슭에 있는 특별초대소에 여장을 풀고 거기에서 기다리고 있던 대남총국장 이효순과 부총국장 임춘추, 연락부장과 부부장 등 간부들이 베푸는 성대한 연회에 참석하는 것을 시작으로 '기지교육' 과정에 돌입했다.

주암산 특별초대소는 행정구역상 평양시 모란봉구역 홍부동에 있어 '홍부초대소'라고도 불리는데, 1989년에 밀입북했던 문익환 목사와 유원호·정경모 일행도 이 초대소에 체류한 바 있다. 그리고 이들이 체류한 평양 홍부초대소에 김일성이 직접 방문해 문익환 목사 일행과 대화를 나눈 바 있는 유명한 초대소이다.

'기지교육'은 소위 혁명기지라 일컫는 북한 지역에 들어온 남조선

혁명가(간첩)들을 정치사상적으로, 군사기술적으로 교육시키는 것을 의미한다. 북한은 기지교육을 통해 사상이론 강의와 토론은 물론 각종 혁명사적관, 전적지, 관광지, 공장 등을 직접 방문·견학하거나 실탄사격, 무전기 작동 및 암호해독 교육 등을 통해 북한 체제의 우월성을 인식시키는 동시에 남조선 혁명가로서의 자질과 능력을 키워주는 것을 기본으로 한다. 또한 심리적으로 안정되어 공작임무 수행에 매진하도록 위로하고 격려하기 위한 다양한 행사도 진행한다.

최영도는 북한이 김일성 역사를 선전하기 위해 만들어 놓은 조선혁명박물관과 전쟁승리기념관, 강서 트랙터공장과 강선제강소 등 교육 및 공업시설 참관과 예술공연 관람은 물론 김일성종합대학도 방문했다. 그리고 만나고 싶었던 처남과 은사인 전 근로인민당 위원장 백남운도 만나 회포를 풀기도 했다.

최영도는 초대소에 체류하면서 북한 공작 지도부와의 연락을 실현하는 데 필요한 통신 연락 관련 교육과 훈련에 집중했다. 무전기 작동법은 물론 무선 통신 위장법, 방송 및 편지를 통한 연락 방법 등을 숙지하는 동시에 암호 조작과 해독 방법에 대해서도 배웠다.

북한은 최영도가 평양에 체류하는 동안 그에게 소속감과 자긍심을 심어주기 위해 정치적 신임을 베푸는 작업도 했는데, 이효순과 유장식 등 대남공작부서 고위 간부들이 참석한 가운데 그를 노동당에 입당시키고 당원증을 수여하는 등 입당식 행사를 거행하기도 했다.

북한은 특히 기지교육 과정에 입북한 현지 지하조직원(간첩)의 공작 기반을 확인하는 작업을 진행하는데, 이를테면 주변 인물 가운데 간첩조직에 인입할 만한(끌어들일 만한) 대상이 있느냐 유무를 확인하는 것이다.

최영도에게도 역시 그의 주변인물들 가운데 향후 지하당 조직에 인입할 만한 대상을 파악해 보았는데, 그는 김종태와 정태묵 등을 거론하며 이들이 포섭가능한 대상들이라고 주장했다.

우선 최영도와 김종태와의 관계는 6·25전쟁 전부터 시작하여 서로 사상·이념적으로, 인간적으로 매우 가까운 관계였기 때문이었다. 최영도와 김종태는 1947년 경부터 백남운이 운영하던 경제사연구소에 드나들면서 서로 알게 되었고 그후 조선신민당과 조선인민당에 관여하면서 더욱 친밀해졌다. 6·25전쟁이 발발하여 서로 헤어졌으나 전후에 다시 만나 왕래하면서 친교를 유지했는데, 1960년대 초반에는 최영도의 아들이 서울에서 대학을 다니면서 김종태 집에서 하숙할 정도로 두 사람의 관계가 가까웠다.

또한 최영도와 정태묵과의 관계는 같은 고향 출신인 데다 보통학교 동창이기도 했으며 친인척관계였다. 특히 8·15광복 직후 고향에서 한때 좌익활동을 같이 한 바 있는 동지적 관계였기 때문에 둘은 사상으로도 통할 만큼 가까웠다.

최영도는 북한 공작지도부에 자신과 김종태, 정태묵의 관계 및 사상동향 등을 설명하며 이들이 포섭가능한 대상이라는 점을 부각시켰다.

정태묵에 대한 북한 지도부의 의심을 희석시키다

최영도로부터 김종태과 정태묵을 포섭할 수 있다는 대답을 들은 북한 공작지도부에서는 곧바로 이들에 대한 심층적인 파악에 들어갔다. 포섭해도 되는 인물인지를 선별·확인하는 작업이었다.

우선 김종태에 대한 확인 작업 결과 그가 동국대 경제학과를 졸업하고 한때 국회의원이었던 형 김중도의 보좌관을 했다는 것, 4·19 이후 대구에서 노동관련 신문을 발행했다는 내용이 확인되었다. 아울러 자본주의 사회에서 살아온 관계로 브로커적인 성향이 있다는 점은 다소 약점으로 지적되기도 했다. 그러나 해방 직후 건국준비위원회 산하 단체에서 간부로 활약하다 10월 1일 대구 폭동 사건에 관여한 혐의로 상당 기간 고향에서 자취를 감추는 등의 사례로 볼 때 기본적으로 혁명가의 자질이 있고 사상적인 측면에서도 문제가 없다는 것이 확인됨으로써 그를 포섭 및 월북시켜 지하당 조직 구축 임무를 부여하기로 했다.

문제는 정택묵에 대한 평가였다. 정택묵은 6·25 당시 조선노동당 서울시당위원회 선전부 지도원으로 활동하다가 전남도당으로 내려가 도당 간부로 활동하던 중 지리산으로 들어가 제5지구당 간부로 일하다 체포되었다. 체포된 후에는 남광주수용소에 수용되어 있다가 이승만이 전향 연설을 한 뒤 시말서를 쓰고 풀려나온 구 좌익계 인물이었다.

마침 최영도가 정태묵에 대해 이야기하는 자리에 6·25 때 정태묵과 같이 서울시당에서 일하다 전쟁이 끝난 후 연락부 과장에 임명되어 활동하던 인물이 있었는데, 성격 급한 그가 최영도에게 정태묵이 변절했다고 생각하고 "전향서를 쓰고 나온 것이 아니냐"고 물었다. 최영도가 "전향서가 아니고 시말서가 맞다"고 정확하게 이야기했는데, 또 다시 과장이 "그게 그거 아니냐" 즉, "시말서가 전향서 아니냐"며 시비를 걸었다.

연락부 과장을 설득하다 결국 화가 난 최영도가 과장에게 큰소리로 따지자 대화는 예상치 못한 변절 논쟁으로 비화되었다.

최영도는 "뭘 보고 정태묵이 변절했다는 것인가? 그가 변절한 것을 보았느냐? 정태묵이 순사를 했느냐, 헌병을 했느냐, 이승만 앞잡이를 했느냐? 당신이 무슨 근거로 함부로 정태묵에 대해 판단을 하느냐?"며 소리를 지르며 과장을 공격해 대판 다툼이 벌어진 것이다.

그후 이 같은 사실이 연락부 부부장·부장을 거쳐 부총국장인 임춘추와 총국장인 이효순에게까지 보고되었고 이 문제를 중요한 사안으로 인식한 북한 공작지도부의 진정 어린 사과와 설득으로 최영도의 화가 겨우 풀리면서 정태묵의 변절 논쟁이 비로소 마무리되었다.

사실 최영도 입장에서 변절은 상당히 심각한 문제였다. 최영도 자신도 앞으로 활동을 하다가 체포되어 태도가 바뀌면 북한의 반응이 어떨지 예측할 수 있는 시금석일 수도 있기 때문이었다.

그렇지 않아도 최영도가 북한에 온 지 얼마 안 되어 이것저것 물어보는 과정에 남로당원들이 무슨 이유로, 어떤 규모로 숙청되었는가를 따져 물어본 적이 있었다. 또한 최영도가 자기 처남을 만나게 해달라고 했는데 폐병이어서 요양소에 있다고 해도 도무지 믿지를 않고 숙청당한 게 아니냐 반문하기도 했다.

이런 태도를 보였던 최영도였기에 대남공작지도부 간부들이 모두 나서서 그를 설득하고 사과하여 겨우 마음을 누그러뜨린 것이다.

한편, 북한 공작지도부에서는 정태묵에 대한 최영도의 추천을 받은 후 정태묵을 파악하는 작업도 본격적으로 추진했다.

목포상고 출신의 동창생들과 예전에 정태묵과 같이 활동했던 연고자들을 통해 파악해본 결과 정태묵이 일시적으로 마지못해 시말서를 쓰고 수용소를 나온 것은 사실이나 사상적으로 변절했다고 보기는 어렵다는 판단을 내리게 되었다. 한편 정태묵이 1956년 남로당 전남지방당 조직 수습 및 재건 임무를 받고 침투했던 남파공작원 안용규와 연계되었다가 공작원이 체포된 후 연락이 단절된 사실도 그를 긍정적으로 평가하는 데 참작되었다.

그러나 한편에서는 정태묵이 구(舊)당원이어서 안된다는 주장을 폈다. 말하자면 과거에 노동당원이었기 때문에 노출될 가능성이 크고, 따라서 위험부담을 안고 있기 때문에 지하당 조직에 끌어들여서는 곤란하다는 것이었다. 그럼에도 다른 한편에서는 정태묵과 같은 간부 출신은 상당히 필요하고 최영도의 설명과 조사 결과로 볼 때 지하당 지도부 성원으로 적당하다고 주장했다. 결국 신중론보다 적극적인 접근론이 우위를 점해 정태묵을 재연계하여 월북시키기로 결정했다.

결국 최영도의 강력한 의지와 노력, 북한 공작지도부의 신속한 확인 및 설득으로 정태묵의 변절 논란은 일단락되었다.

이 같은 과정을 거쳐 대남총국장 이효순과 연락부장 유장식 등 북한 공작지도부는 최영도를 통해 임자도에 엄호 및 연락 거점을 구축하려던 원래의 소극적인 계획을 바꿔 최영도를 통해 유력한 지하당 지도부 조직을 만들기로 결정했다. 즉, 김종태와 정태묵을 포섭하여 그들을 중심으로 지하당 지도부 조직을 만들기로 계획을 변경한 것이다.

이를 위해 일단 최영도를 통해 김종태와 정태묵을 접선·포섭한 뒤 입북시키기 위한 방법을 구체적으로, 집중적으로 논의하는 동시에 이 일을 최영도에게 첫 공작임무로 부여했다.

한편, 최영도는 김종태 포섭에 자신감을 내보이면서도 김종태가 대학교수 출신이기 때문에 그를 설득하고 포섭하기 위해서는 자신의 힘만으로는 부족하니 자신을 설득하러 나왔던 김송무를 동행시켜줄 것을 공작지도부에 요구했다.

이에 따라 대남총국장 이효순과 중앙당 연락부장 유장식 등 공작지도부에서는 논의 끝에 최영도의 요구에 공감을 표시하고 최영도가 돌아갈 때 김송무를 같이 보내 김종태 포섭공작을 함께 추진하도록 결정했다.

김종태 포섭으로 이어지는 통혁당 창당 공작

북한에 들어가 기지교육을 전부 마친 최영도는 최종적으로 김종태와 정태묵을 포섭, 입북시키라는 공작임무와 함께 북한 공작지도부와의 연락에 필요한 무전기와 통신연락체계, 공작금 3천 달러 등을 받아가지고 김송무와 함께 공작선을 타고 임자도로 돌아왔다.

그때가 1963년 9월 중순이었는데, 당시 최영도와 김송무는 남포항에서 공작선에 승선해 중국 측 해안을 따라 3일 동안 남하한 다음 야밤을 이용해 임자도 해안으로 침투하는 데 성공했다.

임자도에 도착한 최영도는 김송무를 비트에 은신시킨 후 조카 집에 먼저 들러 그동안 주변에서 일어났던 일들과 면사무소 동정 등을 구체적으로 파악한 다음 아무 일이 없다는 것을 확인하고 집으로 향했다.

그리고 다음 날 초저녁에 김송무를 대동하고 미리 준비한 목선에 올라 목포로 향했다. 목포에 도착해서는 고향 출신이 운영하는 여인숙에 김송무를 데려다주면서 며칠 동안 묵는데 잘 보살펴줄 것을 당부했다.

며칠 후 여인숙에 찾아온 최영도는 그곳에 체류하고 있던 김송무를 대동하고 김종태를 만나기 위해 서울로 향했다. 서울에 도착해 김종태의 집에 찾아갔으나 그가 대구에 내려갔다는 말을 듣고 다시 대구로 발길을 돌려 김종태를 찾아 떠났다. 대구에 도착한 최영도는 김송무를 여관에서 기다리게 하고 자신만 혼자서 김종태 거처로 향했다.

김종태를 만난 최영도는 자신이 북한에 다녀온 사실과 그 전후 사연을 구체적으로 설명하고 김종태를 찾아온 목적과 함께 북한 지도부에서 김종태에게 중요한 사람(김송무)을 보냈으니 그를 만나 대화를 나누어볼 것을 간곡하게 권했다.

최영도로부터 뜻밖의 말을 전해들은 김종태는 처음에는 당황하는 기색을 보였으나 이내 평정심을 되찾고 자신이 언젠가는 꼭 가보고 싶은 북한을 먼저 다녀온 최영도를 한편으로 부러워하면서 최영도에게 북한에 다녀온 이야기를 더 구체적으로 해줄 것을 부탁했다.

김종태의 요청을 받은 최영도는 자신이 조카 김수영을 처음 만났던 사실부터 김송무를 만나 북한으로 가게 된 사연, 북한에 들어가 이효순과 유장식 등 노동당 고위 간부들을 만나 환대받은 내용, 처남과 은사 백남운 등을 만나 회포를 나눈 사실, 각종 시설을 참관한 내용 등 김종태를 찾아오기 전까지의 과정을 상세하고 생동감 있게 이야기해 주었다. 또 북한 공작지도부가 김종태에게 걸고 있는 기대가 크다는 점에 대해서도 은근히 강조하는 것을 잊지 않았다.

최영도의 이야기를 관심 있게 들은 김종태는 그의 권유대로 김송무를 만나보겠다는 결심을 굳히고 최영도에게 이를 부탁했다. 이에 따라 최영도는 김종태를 데리고 김송무가 묵고 있는 여관으로 이동해 김송무를 만나게 해 주었다. 김송무를 만난 김종태는 최영도와 함께 여관에 묵으면서 밤새도록 김송무와 대화를 나누었다.

다음 날 최영도가 일이 있어 혼자 임자도로 돌아가게 되자 김종태는 김송무를 데리고 서울에 있는 자신의 집으로 가 며칠 동안 같이 묵으면서 김송무의 이야기를 계속해서 들었다. 김송무는 김종태에게 북한의 남북통일방안, 통일전선정책, 김일성과 노동당의 역사, 대남혁명전략 내용, 북한에서의 사회주의 건설과정, 사회주의 체제의 우월성 등 북한에서 일어나고 있는 광범위한 내용의 이야기를 들려주었다. 김종태는 나중에 며칠 동안 김송무의 이야기를 들으면서 북한에 가보고 싶은 충동을 느꼈다고 회고했다.

이 같은 과정을 통해 최종적으로 북한에 가겠다는 결심을 굳힌 김종태는 김송무에게 "내가 북에 가기로 결심을 굳혔다. 그런데 여러 가지 사정상 지금 당장은 평양에 갈 수 없고 시간을 가지고 준비한 후에 안전하게 북에 가는 것이 좋겠다"는 의사를 표시하면서 자신의 결심을 평양의 노동당 지도부에 전달해줄 것을 부탁했다. 이에 김송무도 김종태에게 무리하게 입북할 필요가 없다며 본인의 의사를 존중해주면서 북한 공작지도부에 그대로 보고하겠다고 대답했다. 그리고 향후 북한 공작지도부와의 연락은 최영도를 통해서 할 것을 당부했다.

김송무는 일주일 동안 김종태 집에 체류하면서 그를 확실하게 설득·포섭한 다음 그를 찾아온 최영도를 따라 임자도로 돌아왔다. 임자도로 돌아온 김송무는 최영도와 그동안 있었던 일들을 서로 공유한 다음 북한에 복귀 접선을 요청하는 무전을 보냈다. 그런 다음 북한의 지령에 따라 임자도 해안에서 안내조와 접선한 후 공작선을 타고 북한으로 복귀했다.

이렇게 해서 김종태에 대한 포섭 공작은 완벽하게 성공했다. 김종태가 입북하는 것은 이미 확정되었고 다만 구체적인 입북 시기가 시간 문제일 뿐이었기 때문이다. 그때가 1963년 10월 초였다.

일타쌍피

북한 공작지도부에서는 대남공작원 김송무를 남파해 김종태를 포섭한 때로부터 6개월 가량이 지난 1964년 3월 중순 김종태를 입북시키는 공작과 함께 최영도가 포섭 가능하다고 한 또 다른 대상인 정태묵에 대한 포섭 및 연계 공작도 동시에 추진했다.

물론 김종태로부터 1964년 3월 경에 입북이 가능하다는 연락을 받은 최영도가 북한 공작지도부에 관련 사실을 보고하고, 해당 보고를 받은 연락부가 최종 결정을 내린 후 접선 지령을 하달하는 등 사전 조율에 의해 이루어진 것임은 두말할 필요가 없다.

따라서 북한 공작지도부에서는 공작선이 출발하기 전에 최영도에게 김종태의 입북을 준비시키라는 지령을 미리 내보냈고, 북한의 지령을 받은 최영도는 김종태에게 입북할 준비를 하라고 연락해 두었다.

한편, 북한 공작지도부에서는 최영도에게 지령을 내려 정태묵에 대한 포섭 및 연계 공작을 진행하도록 했다. 정확하게 표현하면 정태묵에 대한 공작은 포섭하는 것이기도 하지만 그가 과거에 노동당원이었기 때문에 다시 노동당원으로서의 사명과 임무를 수행할 것인지를 확인하고 노동당 조직과 재연계시키는 공작이었다. 그러나 노동당원으로서 다시 일을 할 수 있느냐 여부를 확인하는 작업 역시 포섭하는 방식과 동일하기 포섭이라는 표현을 쓴 것이다.

북한 공작지도부로부터 무전을 통해 정태묵을 포섭하라는 지령을 받은 최영도는 목포에 사는 정태묵을 여러 번 만나 김종태에게 했던 것처럼 자신이 북한에 갔다온 사실과 전후사연을 자초지종 이야기해주면서 그에게 북한과 다시 손을 잡고 일할 것을 설득해 그로부터 동의를 얻어냈다. 김송무가 침투할 무렵에는 최영도가 정태묵에게 노동당 지도부의 의사를 전달하고 평양의 지시가 있으면 언제든 입북할 수 있도록 사전준비를 갖추고 있으라고 이야기할 정도로 포섭 작업이 진행된 상태였다.

위와 같은 사전준비 작업이 진행된 상황에서 북한 공작지도부에서는 김종태를 포섭할 때 최영도와 동행했던 김송무에게 김종태 접선 및 대동복귀, 정태묵 연계 완료 등 중요한 공작임무를 부여해 남파했다.

공작임무를 받은 김송무는 1964년 3월 목포 해안으로 침투하여 예전에 최영도 소개를 받고 찾아가 묵었던 목포 시내 여인숙에 여장을 풀고 임자도의 최영도에게 연락해 목포로 나오도록 한 다음 접선했다.

목포에서 최영도와 접선한 김송무는 최영도의 도움을 받아 목포에 살고 있던 정태묵에 대한 공작부터 추진했다.

최영도의 소개로 목포 유달산에서 정태묵을 만난 김송무는 노동당 지도부의 방침과 의사를 전달하고 6월 경에 입북할 수 있도록 준비할 것을 지시하는 것으로 정태묵에 대한 일차적인 공작을 마무리했다.

한편 최영도로부터 북한에 들어갈 채비를 갖추고 임자도로 오라는 연락을 받은 김종태는 연락받은 바로 다음 날 최영도를 찾아왔다. 그리고 최영도와 함께 있던 김송무와 접선했다.

김종태와 접선한 김송무는 북한 공작지도부에 대동복귀 접선을 요청하는 전문을 보냈고, 북한 공작지도부가 지정해주는 장소와 시간에 안내조와 접선한 다음 공작선에 승선해 복귀 여정에 올랐다. 그리고 3일간의 항해 끝에 대동강 하류 남포 앞바다에 도착했다.

김종태에 대한 환대와 기지교육

김송무가 김종태를 대동하고 복귀한다는 연락을 받은 북한 공작지도부는 중앙당 연락부장 유장식과 부부장, 과장 등 고위 간부들을 남포항으로 보내 김종태를 극진히 환대했다. 이들은 최영도가 입북할 때처럼 배를 타고 항구 밖까지 마중나와 김송무와 김종태 일행이 타고 온 공작선에 올라 김종태를 환영해 주었다.

남포항에 도착한 김종태는 중앙당 연락부장 유장식 등과 함께 차를 타고 평양으로 이동한 다음 예전에 최영도가 머물렀던 대동강 기슭의 주암산 특별초대소에 여장을 풀었다.

김종태가 북한에 체류하는 동안의 생활 즉, 기지교육은 대체로 북한이 최영도를 상대로 했던 그대로였다. 소속감과 자긍심을 심어주기 위해 입당식을 열어 당원증을 수여하고 그를 김일성 혁명사상으로 세뇌시키기 위해 사상이론 강의과 토론을 진행했으며 박물관과 기념관, 공장, 대학 등을 참관시키는 한편 예술공연을 관람하도록 했다. 김종태 입당식에는 특별히 대남총국장 이효순, 부총국장 임춘추, 연락부장 유장식 등 대남공작부서 고위 간부들이 대거 참가해 자긍심을 한껏 북돋아주었다.

김종태는 평양에 체류하는 동안 밤새도록 김일성 노작을 탐독하고 김일성을 "불세출(不世出)의 영웅"으로 추켜세우는 발언을 해 북한 공작지도부의 환심을 사기도 했다. 아마도 그때까지 김일성을 "불세출의 위인, 불세출의 영웅"으로 표현한 인물은 김종태가 처음이었던 것으로 보인다. 그래서 북한은 김종태를 거론할 때 항상 "처음으로 김일성을 불세출의 위인으로 칭송하며 따른 남조선 혁명가"라는 수식어를 빼놓지 않고 있다.

북한 공작지도부에서는 실무자들을 보내 김종태가 향후 독자적으로 공작임무를 수행할 수 있도록 무전기 작동 방법과 암호 조작 및 해독 방법에 대한 교육과 실습을 진행하고 지하당 조직을 어떻게 만들고 운영할 것인가에 대해 논의하는 등 실무교육도 진행했다. 김종태 주변인물들에 대한 조사와 함께 그들을 어떻게 선별·포섭해 지하당 조직을 만들고 발전시킬 것인가에 대해서도 최영도에게 한 방식과 동일하게 이루어졌다.

김종태 주변인물에 대한 구체적인 조사를 끝낸 북한 공작지도부에서는 김종태의 조카인 김질락과 사상이 투철한 이문규 등을 포섭한 다음 이들을 중심으로 지하당 조직을 구축할 것을 지시했다. 그 다음 그들을 통해 공개적이고 합법적인 각종 단체를 광범위하게 조직하여 지하당 건설을 위한 대중적 조직기반을 구축하도록 강조했다.

한편, 김종태 조직과 최영도 조직 간에는 엄격히 분리하도록 했다. 즉, 김종태와 최영도가 북한 공작지도부로부터 각각 부여받아 수행하는 구체적인 공작임무 및 활동과 관련해서는 절대로 상호 공유하지 않도록 한 것이다.

다만 김종태 조직에서 활동하는 조직원들이 공작선을 타고 입북하거나 돌아올 경우에 한해서만 최영도에게 연락하여 도움을 받도록 했다. 그러니까 김종태와 최영도는 조직활동에 있어서는 분리시켜 놓았으나 최영도는 김종태 조직의 인원들이 북한을 왕래할 때 이용할 수 있는 연락거점 역할도 겸하도록 한 것이다.

사실 조직활동을 분리시키는 것은 어느 한 조직이 노출되었을 경우 다른 조직을 보호하기 위해 취하는 조치의 일환이다. 그러나 당시 북한이 김종태와 최영도 조직에 취한 조치를 보면 김종태 조직이나 최영도 조직 중 어느 하나만 노출되어도 2개 조직이 전부 노출되는 결과로 이어질 수 있었다는 측면에서 형식적인 조치에 불과한 것이었다.

20여 일간의 기지교육을 마친 김종태는 1964년 4월 중순 김질락·이문규 등을 포섭하여 지하당 조직을 구축하라는 공작임무와 함께 무전기 등 통신연락장비, 공작금 3천 달러 등을 받아 가지고 평양을 떠나 남포항에서 공작선을 타고 남행길에 올랐다. 물론 김종태와 동행했던 남파공작원 김송무는 북한에 그대로 남겨둔 채였다.

3일간의 항해 끝에 목포 해안을 통해 국내에 침투 잡입한 김종태는 북한에서 지시한 조직분리 원칙에 따라 최영도에게는 무사히 도착했다는 소식만 간단히 전하고 서울로 향했다.

백두1호-김종태

서울에 돌아온 김종태는 곧바로 평양의 북한 공작지도부로부터 받은 공작임무 수행에 착수했다.

먼저 평소 자신의 주변에서 가깝게 지내면서 사상적으로도 통하던 조카 김질락과 그의 서울대 동문 이문규·김진환 등을 포섭하는 등 북한으로부터 부여받은 공작임무 수행에 매진했다.

그후 1965년 4월 두 번째로 평양에 들어간 김종태는 대남총국장 이효순으로부터 "남조선 혁명은 남조선 인민의 힘으로 해야 한다", "남조선에 지하당을 창당하고 명칭은 통일혁명당으로 하라"는 지령을 받고 돌아와 1965년 11월 자신의 서대문구 자택에서 김질락·이문규와 함께 통일혁명당을 창당하고 당수로 취임했다. 3명이 같이 모여 창당을 선포했다는 점에서 통일혁명당은 지도부 형태의 조직이었다.

통혁당 창당을 선포하는 자리에서 김종태는 조직원들에게 북한과의 관계 설정에 대해 이야기하면서 "통혁당 조직 내부로 북한의 선이 절대로 침투해 들어와서는 안 되며 그들과의 접촉은 단절되거나 사전에 봉쇄되어야 한다"는 점을 강조했다.

김종태 자신이 이미 북한과 연계되어 있었음에도 위와 같은 발언을 한 것은 한마디로 혼선을 방지하려는 의도 때문이었던 것으로 보인다. 구체적으로 북한에서 남파된 공작원이 한국 현지에서 김질락이나 이문규를 직접 접촉해 포섭할 수 있는 상황을 염두에 둔 것이다. 북한 공작원이 국내에 침투하여 김질락 또는 이문규를 직접 포섭하게 되면 김종태 조직은 2개의 공작선이 동시에 연결되는 결과 즉, '혼선'이 생기게 되는데, 이를 사전에 방지하기 위해 본인만 북한과 연계를 가지고 다른 조직원들에게는 차단 지시를 내리는 것이 일반적이다.

또한 김종태는 통혁당을 창당하는 자리에서 자신은 '백두1호'라고 하면서 조카 김질락에게는 '백두5호', 이문규에게는 '백두6호'의 연계 대호와 번호를 부여했다. 물론 '백두'라는 대호와 각자에게 부여한 번호는 이미 김종태가 북한에 들어가 기지교육을 받을 때 공작지도부와 구체적으로 상의해서 결정한 뒤 그대로 이행했을 것으로 판단된다.

공작 대호와 연계 번호

여기서 잠깐 간첩사건이 발생할 때마다 거론되는 연계 대호와 번호에 대해 설명하고 넘어가는 것이 좋을 듯 하다.

"대호(代號)"라는 것은 말 그대로 원래의 이름 대신 부르는 이름 즉, 가명이라고 할 수 있는데, 북한 공작지도부에서 국내 간첩조직의 명칭이나 총책 이름을 대신하여 쓰는 이름이다. 말하자면 북한에서 국내 간첩망을 관리할 때 보안상 필요에 의해 조직 명칭이나 총책의 이름 대신 붙이는 이름이다. 보통 백두산이나 한라산, 북악산이나 관악산, 대동강이나 낙동강, 한강 등 강이나 산 이름 또는 진달래와 해당화 등과 같이 꽃이름이나 금성, 광명성 등 우주의 명칭 등을 많이 사용한다. 그러니까 북한 공작지도부에서 김종태와 통혁당을 언급하거나 서류에 적을 때 "백두1호" 및 "백두조직"이라는 표현을 사용한다는 것이다.

북한은 국내 간첩조직 책임자의 수준과 조직력, 향후 조직 확대 가능성 등을 감안하여 대호를 부여하는데, 북한이 어떤 대호를 부여하느냐에 따라 해당 간첩망이 북한 공작지도부에서 얼마나 중요한 위치를 점하고 있는가를 파악할 수 있다.

그런 의미에서 볼 때 김종태가 창당한 통일혁명당에 '백두'라는 대호를 부여한 것은 백두산이 대한민국에서 가장 높은 산일 뿐 아니라, 특히 백두산이 김일성 혁명역사와 밀접히 연관되어 있어 신성시하는 곳이라는 점에서 당시 북한 공작지도부가 김종태의 통일혁명당을 국내 간첩망 가운데 가장 중요한 조직으로 간주했음을 알 수 있다.

한편, 북한 공작지도부가 서울대 출신 주사파 대부이자 『강철서신』의 저자인 김영환이 만들었던 민혁당에 '북악산'을, 김영환에게는 '북악산1호'를 부여한 바 있다. 그리고 김영환의 민혁당이 해산된 뒤 하영옥에게 민혁당 수습 임무를 주면서 후기 민혁당에 부여한 대호는 북한이 우상화 차원에서 억지로 만들어낸 김정일의 별칭 '광명성'이었으며 하영옥에게는 '광명성1호'라는 연계 번호를 부여했던 것으로 밝혀졌다.

왜 북한이 위와 같이 민혁당 및 김영환과 하영옥에게 대호와 번호를 각각 부여했는지에 대해서는 독자의 판단에 맡긴다.

대호 뒤에 붙는 숫자는 동일한 간첩조직 내에서 개개인을 식별하기 위해 사용하는 번호이다. 예를 들면 백두1호=김종태는 통일혁명당(백두)의 1번(1인자 또는 첫 번째 중요한 인물)이라는 의미이며 백두5호=김질락은 통일혁명당(백두)에서 서열 5번째 인물이라는 의미다.

대호와 번호는 국내 간첩조직에서 활동하다 노출되거나 생명의 위협을 느껴 더 이상 활동할 수 없을 경우 휴전선을 넘어 월북하거나 해외에 있는 북한 공관을 통해 입북하려고 할 경우 자신이 북한과 연계된 간첩임을 증명하는 증표로도 사용할 수 있다. 즉, 제3국에 있는 북한 공관에 찾아가 "백두5호"라고 하면서 평양에 연락하여 입북할 수 있게 조치해 달라면 해외 공관의 연락을 받은 평양의 공작지도부에서는 곧바로 '백두5호=김질락'이라는 것을 확인하고 공관에 연락하여 평양으로 입북시키라는 지시를 내릴 수 있다는 것이다.

흥미로운 점은 김종태의 통혁당 멤버들에게 '백두1, 5, 6호'가 부여되었으니 '백두2~4호'가 비어 있는데 그 번호를 받은 인물이 누구냐는 것이다. 유추해 보건대 '백두2호'와 '백두3호'는 최영도와 정태묵이 김종태와 비슷한 시기에 포섭되었고 최영도를 중심으로 하여 연계되어 있었다는 점에서 이들에게 각각 부여되었을 가능성이 높다. 그렇게 되면 '백두4호'가 남는데, 북한 공작지도부에서도 한국 사람들이 숫자 '4'를 '죽을 사(死)'와 발음이 같다며 싫어한다는 점을 잘 알고 있기 때문에 '백두4호'는 그 누구에게도 부여하지 않았을 것으로 보인다.

한편, 김종태는 포섭한 김질락과 이문규 등을 통해 여러 가지 형태의 합법적인 대중조직을 만들고 『청맥』 잡지 발행을 통해 민중을 의식화하는 작업도 추진했다.

입북 세 번째 만에 만난 김일성

노동당 대남총국에서는 1965년 4월, 1966년 4월, 1968년 4월 등 거의 매년에 한 번씩 김종태를 입북시켜 그의 공작활동 상황을 점검하고 각종 교육을 통해 그를 지하당 지도간부로 육성하는 데 힘을 집중했다.

사실 김종태를 거의 1년에 한 번씩 입북시키는 것이 얼마나 위험한지 북한 공작지도부도 모르는 바는 아니었다. 그러나 북한의 현실을 그대로 보여줄 수 있다는 점과 그를 직접 만나 현지 상황을 파악하고 그의 수준에 맞게 교육하는 것이 남파공작원들을 파견해 간접적으로 교육하는 것보다 실효성이 훨씬 높다는 현실적인 이유 때문에 그를 자주 입북시키는 길을 택했던 것이다.

그럼에도 노출의 위험을 감수하면서까지 김종태를 주기적으로 입북시킬 수밖에 없었던 것은 당시 북한 공작부서 내에 직접 한국에 침투하여 김종태를 지도할 만한 수준과 실력을 갖춘 남파공작원이 없었기 때문이라고 보는 편이 적절할 것이다. 말하자면 편안하게 평양에 앉아서 김종태를 불러들여 큰소리를 칠 수 있는 간신들은 있어도 목숨 걸고 적지인 한국에 침투해 김종태를 지도할 만한 배짱을 가진 진짜 간부는 없었다는 이야기다.

북한 공작지도부에서는 1966년 4월 김종태가 세 번째로 입북해서 그동안의 공작 진행 결과를 구체적으로 보고했는데, 그때 비로소 그를 전적으로 신임하고 지하당 지도핵심 간부로 인정했다.

북한은 김종태가 말이 좀 많고 성격상 진중하지 못하고 신중성이 약간 결여되어 있는 등 약점이 있으나 혁명을 하겠다는 사상의

지가 확고하고 세계관이 투철하며 김일성과 노동당 및 북한에 대한 관점과 견해가 올바르며 솔직하고 대담할 뿐아니라 정열적인 품성의 소유자로서 충분히 지하당을 이끌 수 있는 지도핵심 간부의 자질이 있다고 판단했다. 이러한 판단에 따라 북한 공작지도부는 김종태가 세 번째 입북했을 때 김일성을 직접 만날 수 있도록 기회를 마련해 주었다.

김일성은 최용건·김일·박금철·김광협 등 당과 국가의 최고위 간부들과 함께 김종태를 만나 그에게 지하당 지도핵심 간부로서의 신임을 표시했으며 성대한 환영 연회까지 베풀어주었다.

김종태를 만난 김일성은 한국에 돌아가면 독자적인 형태의 혁명적 당인 '통일혁명당'을 창건(조직 확대)하라는 공작임무와 함께 이를 위해 기초적인 모체 조직으로서 지도핵심그룹과 핵심그룹을 구축하고 나아가서 지하당의 각급 지도부를 구성할 수 있도록 핵심 및 동조자 대열을 부단히 확대시키는 공작을 전개하라고 지시했다. 또한 장차 통혁당 창당 및 확대의 조직적 기반이 되는 합법적인 대중조직을 각계각층 속에 다양한 형태와 방법으로 만들고 광범위한 대중을 조직에 인입할데 대한(조직 가입 문제에 대한) 공작임무도 부여했다.

아울러 각계각층의 대중을 혁명적으로 각성시키고 의식화하기 위한 선전·선동 수단으로서 합법적 출판물인 『청맥』을 발행하고 그것을 토대로 점차 합법적인 일간신문을 발행할 수 있는 준비를 갖추는 것도 공작임무로 부여했다. 북한 공작지도부에서는 위와 같은 공작임무 수행에 활용하라며 김종태에게 7만 달러나 되는 거액의 공작금도 제공했다.

세 번째 입북 및 기지교육을 받고 서울에 돌아온 김종태는 김일성과 북한 공작지도부가 지시한 대로 이미 창당한 통혁당 조직을 확대하는 공작에 주력했다. 이 과정에 이진영과 오병현 등 핵심 인물들을 포섭하는 한편 임종빈·김희순·노인영·권오창·이종태·박성준·신영복 등 향후 통혁당 하부 조직에서 활동할 대상들도 포섭했다. 김종태는 위와 같은 인물들에 대한 포섭공작과 함께 이들을 지도핵심그룹과 핵심그룹 등 2개 그룹으로 구분해 지도했다.

김질락과 이문규·이진영·오병현 등 4명은 지하당 지도핵심그룹 성원으로, 그외에 임종빈·김희순·노인영·권오창·이종태·박성준·신영복 등은 핵심그룹 성원으로 구분했다. 지도핵심그룹에 속한 인물들은 김종태를 위원장으로 하는 통일혁명당 지도부 성원이고 핵심그룹에 속한 나머지 인물들은 통혁당 산하 하부 조직 성원인 셈이다.

중요한 것은 위에서 언급된 인물들이 지도핵심그룹 또는 핵심그룹으로 분류되어 임무를 수행했으나 모두 북한과 연계된 간첩조직 즉, 지하당 조직의 일원이었다는 사실이다. '지하당 조직'이라는 표현은 말 그대로 지하에서 비밀리에 활동하는 당 조직이라는 의미에서 붙여진 이름이기 때문에 정확히 표현하면 조선노동당 중앙위원회의 하부 당 조직인 셈이다.

결과적으로 지도부 성원인 이문규와 김질락은 물론 핵심그룹에 속했던 박성준이나 신영복 등 김종태가 포섭한 인물들은 모두 김일성과 북한 조선노동당에 충성을 맹세하고 당에 입당한 노동당원들이었다는 것이다. **특히 신영복을 포함하여 통혁당 관계자들은**

노동당에 탈당을 요청하거나 노동당에서 이들을 출당시켰다는 사실을 발표한 적이 없으므로 죽을 때까지 노동당원이었을 것이라는 점을 간과해서는 안 될 것이다.

통일혁명당 조직 확대 공작

김종태는 통혁당 내에서 각 구성원들의 지위와 각자의 능력, 전문 분야 등에 맞게 구체적인 임무를 부여해 공작활동을 벌이도록 했다.

먼저 지도부 성원인 김질락을 책임비서로 하여 이진영·신영복 등 3명으로 '민족해방전선'을 조직하도록 했다. 그리고 민족해방전선 산 하에 새문화연구회·청년문학가협회·불교청년회·민족주의연구회·경우회·동학회·기독교청년경제복지회·청맥회 등 8개 대중단체를 조직해 대중적 기반 확보를 위한 사업을 추진하는 한편 각 동아리를 주도하는 책임자를 중심으로 통혁당 세포(소조)를 조직했다.

구체적으로 민족해방전선 책임비서 김질락에게는 『청맥』 주간으로서의 공식적인 일을 하면서 조직책 임무도 부여해 민족해방전선과 조국해방전선 등을 전체적으로 관리하는 등 지하당 건설의 조직적 기반을 구축하도록 했다.

민족해방전선 멤버이자 1968년 5월 입북한 뒤 통혁당 사건 발생으로 평양에 주저앉은 이진영에게는 새문화연구회를 주도하도록 하는 한편 산하에 역사와 정치·사회·경제·문화·법률 등 6개 분과위원회를 두고 많은 지식인들을 끌어들여 대중의식화 공작을 적극 추진했다. 특히 『청맥』지 기고를 전담하면서 각종 정보 수집 임무도 수행하게 했다. 또한 신영복에게는 불교청년회와 동학연구회·경우회·경제복지회·청년문학가협회·민족주의연구회·기독청년경제복지회 등 여러 개의 서클을 조직하고 지도하도록 했다.

이 과정에 성균관대 출신의 임중빈이 주도한 청년문학가협회는 각 대학 출신의 문학가들이 조직원으로 활동하면서 공산주의 문학을 연구했으며 또 다른 성균관대 출신의 김희순이 주도한 불교청년회는 청년 신도의 사상적 규합에 주력했다.

서울대 출신 노인영이 주도한 동학회는 동학혁명을 사회주의 혁명 운동으로 규정하고 민중 봉기 방안을 연구했으며 동국대 출신 권오창이 주도한 민족주의연구회는 '민족자립, 외세배격, 민족자주 통일' 등을 골자로 한 '순수 민족주의'를 주창하면서 북한의 통일 노선을 연구하고 동조자를 규합했다.

서울대 상대 출신의 이종태가 주도한 경우회는 '자주경제, 자립경제, 반제, 반자본, 반매판' 등을 주창하면서 북한식 경제 체제 옹호 및 자본주의 경제 체제 비판을 통해 의식화를 진행했다.

서울대 상대 출신이자 노무현 정부에서 총리를 한명숙의 남편 박성준이 주도한 기독청년경제복지회는 자본주의 경제제도를 비판하고 이른바 사회주의적 복지경제를 주창하면서 북한 경제제도를 찬양했다.

서울대 문리대 출신으로 『감옥으로부터의 사색』의 저자이자 문재인이 "가장 존경한다"고 한 신영복은 청맥회를 직접 주도했는데, 이 단체는 '자주적 민족주의와 반제(반미), 반자본, 반봉건' 등을 표방한 사회주의 국가 건설을 지향하면서 북한의 통일전선에 동조하는 학습회를 조직해 활동했다.

다음으로 이문규를 책임비서로 하여 윤상환·이재학·오병철 등으로 '조국해방전선' 지도부를 구성하는 한편, 산하에 학사주점(한국에서 주로 1970~80년대 대학가에 많이 생겼던 대학생 전용 술집)을 만들고 이 모임을 기반으로 서울 명동과 광화문은 물론 각 지방 주요 도시에 지점을 설립해 운영하도록 했다.

이문규는 『청맥』 편집장의 공식적인 임무와 함께 서울 명동과 광화문 등지에서 학사주점을 경영하면서 진보적인 지식인들과 청년 학생들을 결집시키고 그들에게 영향을 확대시키는 의식화·조직화 공작을 동시에 전개하는 임무를 수행했다. 일명 '60년대 학사회'라고 불리던 서클은 서울대 문리대 출신들을 모체로 1960년대 학사들을 망라한 합법적인 대중조직으로 지하당 건설의 대중적 기반이 되었다.

한편 북한 공작지도부에서는 김종태가 포섭한 대상들을 지도핵심으로 양성하기 위해 이들에 대한 기지교육도 실시했다.

먼저 1967년 5월 지도핵심그룹에 속해 있는 김질락과 이문규를 입북시켜 기지교육을 실시했으며 1968년 4월에는 김종태가 이진영·오병현 등 2명을 대동하고 월북해 2~3개월간 북한에 체류하며 받도록 했다. 물론 김종태는 15일간 북한에 머물렀다 돌아온 후 검거되었고, 이로 인해 이진영과 오병현 두 사람은 그대로 평양에 주저앉았다.

노동당에 복당한 정태묵

1964년 3월 김종태를 입북시켜 기지교육을 한 뒤 서울로 돌려보낸 북한 공작지도부는 다음 타자로 정태묵을 지목하고 그를 입북시키기 위한 공작에 착수했다.

이미 최영도와 김송무가 정태묵을 접촉해 그의 입북 결심을 확인했고, 정태묵도 자신의 결백을 증명하기 위해 입북할 결심과 준비를 한 상태에서 입북하라는 지시가 떨어지기만을 기다리고 있었기 때문에 그를 입북시키는 것은 어려운 일이 아니었다.

북한에서는 최영도를 통해 정태묵의 입북 준비 상황을 체크한 다음 최영도에게 지령을 내려 정태묵을 대동하고 입북하도록 했다. 이런 준비과정을 거쳐 정태묵이 최영도와 북한에 입북한 시점이 1964년 6월이니까 김종태가 평양에 다녀온 지 3개월 만의 일이다.

노동당 대남총국 지도부에서는 정태묵이 노동당원이었고 그것도 평범한 당원이 아니라 간부였기 때문에 애초부터 노동당원이 아니었던 김종태나 최영도와는 결이 다른 사람으로 보고 있었다.

사실 정태묵은 8·15 전 학생들의 공산주의 서클에 참여한 바 있었을 뿐 아니라 8·15 후에는 전남지방에서 공산당과 남로당의 주요 간부로 활동했고 전쟁 때는 노동당 서울시당 및 전남도당에서 활동하다가 지리산에 입산하여 유격대로 활동했다. 물론 지리산유격대에서 활동하던 중 군경 토벌대에 생포되어 남광주수용소에 수용되었다가 한국 정부의 관대한 조치에 의해 서약서를 쓰고 풀려나왔다는 약점은 가지고 있었다. 그러나 1956년 남로당 전남지방 당

수습 재건 임무를 받고 침투했던 남파공작원 안용규와 연계되어 활동하던 중 안용규가 체포·처형됨으로써 연락이 단절된 사실도 있었기 때문에 우여곡절이 많은 사람이었다.

정태묵은 위와 같은 자신의 경력상 문제를 정확하게 해명함으로써 북한으로부터 정치적인 불신을 씻고 노동당 간부로서의 명예도 회복하겠다는 결심을 가지고 입북을 희망하고 있었고, 입북이 성사되자 그 기회를 더 없는 명예 회복의 계기로 삼으려는 생각을 가지고 있었다.

북한 공작지도부에서도 정태묵의 정치생활에 대한 우여곡절을 인정하면서도 지리산유격대에서 토벌대에 생포되었다가 서약서를 쓰고 풀려난 전력에 대해서는 여전히 불신의 눈초리를 보내고 있었다.

이러한 불신을 갖고 있다는 것을 모를 리 없는 정태묵이었기에 공작선을 타고 남포항에 도착하여 그곳까지 마중나온 연락부장 유장식 등 고위 간부들과 처음 만나 악수하는 순간 "저 같이 정치적 허물이 많은 사람을 당중앙과 김일성 장군께서 잊지 않고 불러주시니 송구스러운 마음 금할 수 없으며 간부님들께서 이렇게 반갑게 맞아주시니 몸둘 바를 모르겠다"며 자신의 잘못을 솔직하게 인정하는 등 진정성 있게 자신의 마음을 표출했다.

정태묵은 김종태와 최영도가 체류한 바 있는 주암산기슭 홍부초 대소에 도착하여 그곳에서 기다리고 있던 대남총국장 이효순, 부총국장 임춘추, 그리고 그와 같이 차를 타고 간 연락부장 유장식 등 고위 간부들이 참석한 환영만찬에서도 자신의 생각을 피력했다.

당시 정태묵은 눈물을 흘리면서 자신이 간절하게 희망했던 입북에 대한 감회와 함께 허물 많은 자신을 잊지 않고 찾아준 고마운 마음을 털어놓으면서 자신의 과거 전력을 정확히 해명하고 노동당원으로서 정치적 명예를 회복하겠다는 결의를 표명했다.

그리고 원래는 북한에 도착한 다음 날부터 영화나 연극 관람 및 참관 등을 하면서 공작선을 타고 며칠 동안 항해하면서 쌓인 피로를 푸는 일정이 계획되어 있었지만 정태묵은 간부들의 양해 하에 다른 일정을 취소하고 책상 앞에 앉아 자신의 과거를 기록하는 자서전을 상세하게 써 나갔다. 도중에 중앙당 연락부 과장이나 부부장 등 간부들이 찾아와 대화를 하자고 해도 자기가 자서전을 다 쓰고 난 뒤에 그것을 읽어보고 나서 이야기를 하자며 거절했다.

입북한 다음 날부터 낮과 밤을 이어가며 6·25 전과 6·25 당시 생활, 특히 서울시당 및 전남도당 간부로 일하다 지리산으로 들어간 과정, 지리산유격대에서의 활동 및 지구당 간부로 활동했던 경위, 토벌대에 생포된 후 수용소에서의 생활 및 서약서를 쓰고 석방된 경위, 1956년 남파공작원 안용규와 접선 및 연계 경위 등에 대해 상세하게 기록했다. 이렇게 자서전은 작성을 시작한 지 5일만에 마무리되었다.

사실 정태묵이 작성해 제출한 자서전에 의해 북한 애국열사릉에 묻힌 남로당 및 지리산유격대 간부들의 활동 내용이나 사망일자 및 경위 등이 적잖이 확인되었다는 이야기가 전해질 정도로 자서전을 구체적으로 상세하게 기술했다.

대남총국 지도부 간부들은 정태묵이 입북하자마자 자신의 과거 정치사상 및 생활 경위를 솔직하고 자세하게 기록해 제출하는 한편, 그가 보여준 노동당원 및 지도간부로서의 정직한 태도와 겸손한 자세를 높이 평가했다. 아울러 그의 전력에서 가장 크게 문제시되었던 토벌대에 의한 생포 및 수용소에서의 서약서 제출 문제에 대해서도 당시 여러 가지 정황이나 여건으로 볼 때 어쩔 수 없는 특수한 사정이 있었고, 따라서 이를 부정적으로만 평가해서는 안 된다는 점을 인정했다. 결국 정태묵의 구체적인 자서전 작성에 의한 경위 확인 및 그가 보여준 정직하고 성실한 태도와 자세는 최소한 그에 대한 기존의 부정적인 인식을 어느 정도 불식시킬 수 있었다.

정태묵은 이에 그치지 않고 공작지도부에 자신을 믿고 인정한다면 당원으로서 명예를 회복시켜 주고 평양에 있을 때만이라도 당원증을 간직할 수 있게 해줄 것을 간곡하게 요청했다.

대남총국 지도부에서는 정태묵을 정치적으로 신임할 수 있는 제대로 된 노동당간부로 인정하고 그를 새로 입당시키는 절차가 아니라 기존에 당원이었다가 일시적으로 당원으로서의 자격이 중단되거나 정지되었던 사람을 노동당에 재등록하는 특별한 절차를 밟도록 했다. 따라서 정태묵이 처음으로 공산당에 입당한 날짜가 그대로 기재된 당원증을 정태묵에게 수여하도록 했다.

정태묵에게 당원증을 수여하는 의식은 북한 공작지도부가 늘 그러하듯 초대소에서 대남총국장 이효순과 부총국장 임춘추, 연락부장 유장식 등 고위 간부들이 참석한 가운데 엄숙한 분위기 속에서 거행되었다.

당원증을 수여받은 정태묵은 이제야 비로소 정치적 명예를 회복했다는 안도감을 갖고 혁명박물관 및 산업시설 참관과 통신연락에 필요한 무전기 작동 및 암호해독 등 지하당원으로서의 자질과 능력을 갖추기 위한 교육 및 훈련에 열심히 참여했다.

정태묵, 다시 노동당의 전사로

북한 노동당 대남총국 지도부에서는 위와 같은 검증 및 교육과정을 성공적으로 마무리하고 다시 목포로 돌아가는 정태묵에게 다음과 같은 공작임무를 부여했다.

첫 번째 공작임무는 '혁명적 당' 건설의 조직적 기반을 구축하는 것이었다. 즉, 통혁당 전남 지역 지도부를 만드는 것이었다.

이를 위해 잠복 및 잔류해있는 구 남로당 간부, 당원들 가운데 정치사상적으로 변심하지 않고 감시받지 않으면서 합법적인 활동이 가능하고 믿을 수 있는 사람들을 포섭하여 '혁명적 당'을 건설할 수 있는 모체 조직을 구축하는가 하면, 이후 포섭한 핵심들을 도시와 농촌, 노동자와 농민들 속에 침투시켜 각종 형태의 대중조직을 건설함으로써 지하당 건설의 조직적 기반을 구축하고자 했다.

두 번째 임무는 자신의 사회 및 법적 합법을 보다 공고히 하는 것이었다. 말하자면 정태묵이 대한민국 사회에서 법적으로 약점이 잡히지 않을 뿐 아니라 사회적으로도 공산당원이라는 냄새가 전혀 나지 않게 신분을 철저히 세탁·은폐하는 것이었다.

이를 위해 북한 공작지도부는 정태묵에게 장사꾼으로 변신해 과거 지리산유격대 및 노동당 간부로 활동했던 경력 때문에 받고 있는 수사당국의 감시와 사찰에서 벗어나라고 지시했다. 대한민국 수사당국의 감시와 사찰을 받는 상황에서는 지하당 건설 및 간첩 활동이 불가능하기 때문에 이를 극복하기 위해 장사꾼으로 변신하라는 것이었다. 북한 공작지도부에서는 정태묵에게 중소규모의 공장을 경영할 것을 권고하면서 이를 위한 자금으로 3만 달러의 공작금까지 지급했다.

목포로 돌아온 정태묵은 북한 공작지도부로부터 받은 공작임무 수행에 매진했다.

먼저 윤상수·박신규·김홍구와 동생인 정태연 등을 포섭하여 지도부 조직을 구축했다. 그리고 포섭한 인물들을 통해 노동자·농민·지식인·청년 학생 등 각계각층 군중 속에 유형무형의 서클 조직을 만들어 당 창건의 대중적 기반을 조성하도록 했다. 이들은 서울에 사는 호남 출신학생들을 상대로 호남학우회를 만들고 농민들 속에는 농촌계몽회와 야학, 농촌계몽구락부 등을 조직했으며 항만 부두 근로자들을 중심으로 노동공제구락부를 조직하는 등 각계각층을 의식화·조직화하기 위한 작업도 전개했다.

또한 사회적·법적 합법을 공고히 하기 위해 북한 공작지도부에서 받은 공작금으로 '삼창산업사'라는 위장업체를 설립하여 공작거점 및 합법적 신분 위장에 적극 이용했다.

한편 북한 공작지도부에서는 정태묵이 포섭한 인물들을 지도핵심으로 육성하기 위해 그들을 입북시켜 기지교육을 실시했다. 이 과정에 윤상수는 1965년 11월, 박신규는 1966년 6월, 김홍구는 1967년 10월에 각각 입북하여 지하당 지도부 간부로서의 자질과 능력을 갖추기 위한 각종 교육을 받고 나오도록 했다.

정태묵도 김종태와 마찬가지로 1965년 5월과 1966년 5월, 1967년 4월 등 거의 1년에 한 차례씩 입북해 기지교육을 받고 재침투했다. 특히 1966년 5월 세 번째 입북했을 때는 김일성을 접견하고 통일혁명당 창당과 관련한 공작임무를 직접 부여받기도 했다.

당시 김일성은 정태묵에게 먼저 새로운 형태의 독자적인 '통일혁명당'을 창건하기 위해 핵심들을 포섭하여 지하당 지도부를 구축할 것을 지시했다.

이와 함께 각계각층의 군중 속에 다양한 형태의 합법적인 서클 조직을 광범위하게 조직하여 지하당 조직의 대중적 기반을 튼튼히 구축함으로써 통일혁명당 창당의 조직사상적 기초 축성 작업을 적극적으로 전개하라는 공작임무도 부여했다.

물론 김일성이 정태묵에게 내린 공작임무는 이미 충실히 이행하고 있었기 때문에 북한 공작지도부와 정태묵으로서는 김일성과의 만남 자체에 의미를 두었다고 할 수 있다.

공작 성과 인정받은 최영도

1964년 6월 정태묵을 대동하고 입북한 최영도는 정태묵이 자서전을 작성하고 북한 대남총국 고위 간부들에게 그동안의 활동에 대해 설명하면서 신뢰를 회복하는 동안 혁명박물관 및 산업시설 참관, 사상교육 등을 받으며 독립적인 평양 체류 일정을 소화했다.

특히 최영도는 김종태를 포섭해 입북시키고 정태묵을 재연계해 대동복귀하는 등 그동안의 공작 성과를 인정받아 북한 최고의 훈장인 국기훈장 제1급을 수여받았다. 아울러 김종태와 정태묵을 포섭 및 접촉해 북한에 입북시키는 중요한 임무가 성공적으로 마무리되었으므로 향후 수행하게 될 새로운 공작임무가 부여되었다.

최영도가 공작지도부로부터 받은 첫 번째 공작임무는 임자도에 연락 및 엄호거점을 구축하는 것이었다. 이를 위해 북한 공작지도부가 주는 공작금 2만 달러로 동력선을 구입한 다음 평상시에는 어로 활동에 이용하고 필요 시 북한과의 연락을 위한 공작용 운반수단으로 활용하도록 했다. 아울러 김종태와 정태묵을 비롯한 국내 간첩들이 임자도를 통해 북한을 오갈 때 그들이 수사당국의 감시에 걸리지 않도록 적절한 대책을 세우고 신변을 보호해주는 등 엄호거점의 임무도 수행하도록 했다.

두 번째 공작임무는 주변 연고자들 가운데 정치사상적으로, 인간적으로 확고하게 믿을 수 있는 인물들을 포섭하여 지하당 조직을 구축한 다음 장차 지하당 지도부로 발전시키는 것이었다. 이와 함께 포섭한 대상들을 통해 농민, 어민들을 상대로 상조회 등 합법적인 모임과 서클을 광범위하게 조직하여 지하당 건설의 조직적 기반을 마련하는 것이었다.

최영도는 위와 같이 변화된 공작임무를 부여받고 1964년 7월 초 정태묵과 함께 평양을 출발해 남포항에서 공작선을 타고 목포해안으로 침투, 잠입하는 데 성공했다.

임자도에 돌아온 최영도는 먼저 최수남과 김상열 등을 포섭하여 엄호 및 연락거점으로서의 임무를 수행하도록 했다. 아울러 이들을 통해 농민들과 어민들 속에 친목계 등을 조직하고 농어민들을 계몽하는 의식화 작업을 전개하다가 1968년 7월 통혁당 사건에 연루되어 검거되고 말았다.

통혁당은 노동당의 남조선 지역 하부조직

북한은 김종태와 정태묵을 통해 서울과 전남 지역을 중심으로 지하당 조직을 구축 확대하는 공작을 추진하면서 점차적으로 각 지역조직들을 묶어 '통일혁명당 중앙위원회'라는 중앙 조직을 구축하려 했다.

당시 북한 공작지도부에서는 기회가 있을 때마다 통일혁명당을 "독자적인 형태의 새로운 혁명적 당"으로 표현하면서 독자성을 부각시키려 했으나 실상은 그렇지 않았다.

무엇보다도 북한이 통혁당 중앙위원회 창설을 남측 인사들에게 전적으로 맡긴 것이 아니라 북한 주도 하에 하려 했고, 통혁당 중앙위원회 인원 구성 역시 남쪽 인원으로만 하려 했던 것이 아니라 북한 간부들을 파견해 남북한 인사들로 조직하려 계획했기 때문이다.

실제로 북한은 평양에서 고위 간부들을 중앙지도부 성원으로 준비시킨 다음 그들을 서울에 파견하여 김종태·정태묵 등과 함께 통일혁명당 중앙위원회를 구성하려고 했다. 한마디로 남북한의 지도급 간부들로 통일혁명당 중앙 조직를 구축하려 했던 것이다.

이를 위해 북한 공작부서에서는 남로당 간부 출신 가운데 북한에 들어와 부부장(차관)급 이상의 고위 간부를 역임한 5~6명을 통혁당 중앙지도부 성원으로 준비시키는 작업을 했던 것으로 밝혀졌다. 그들이 남로당 출신이고 결국은 한국 출신이기 때문에 남쪽 사람들만으로 통일혁명당 중앙지도부를 구성하려고 했다고 생각하거나 주장하면 큰 오산이다. 그들은 남로당 출신이고 남쪽에서 태어난 한국 출신이기는 하지만 그 이전에 조선노동당의 당원, 간부였던 사람들이다. 아울러 아무리 통혁당 중앙위원회 구성원이라도 조선노동당 중앙위원회가 임명했고, 따라서 노동당 중앙의 지시를 충실히 따를 수밖에 없는 하수인에 불과했기 때문이다.

결국 이렇게 되었다면 통혁당이 대한민국 서울에 중앙지도부를 두고 있어서 독자적인 당처럼 보였을지 모르지만 실제로는 북한 노동당 중앙위원회가 파견한 간부들이 통혁당 중앙지도부에서 중요한 책임과 역할을 하는 것을 전제로 했으므로 조선노동당의 하부조직, 지역조직에 불과하다는 것을 의미한다. 물론 통일혁명당 중앙위원회 위원장은 한국 지역에서 창당되었다는 의미와 상징성을 부각시키기 위해 김종태 또는 다른 남측 인사에게 맡겼을 가능성이 높았겠지만 실권은 북한 노동당 중앙위원회가 갖고 있었기 때문에 이것 역시 형식에 불과하다는 것이다.

또한 중요한 것은 남로당 출신들은 물론 김종태와 정태묵 그리고 최영도까지도 북한 노동당에 입당한 노동당원이었고 노동당의 지시에 따라 움직이는 노동당원의 한 사람이었다는 것이다.

결론적으로 통일혁명당이 조선노동당과 명칭도 다르고 활동에 있어서도 표면적으로는 독자적인 성격의 조직인 것처럼 보일 수 있지만 실제로는 북한 조선노동당이 전권을 행사하는 "상대적 독자성만 있는 조선노동당의 지역조직"이었을 뿐이다.

한편, 북한은 서울에서 남북합작으로 통일혁명당 중앙위원회가 만들어지면 먼저 그 산하에 김종태와 정태묵 등이 만든 서울 지역 조직과 전남 지역조직을 먼저 지역조직으로 편입시키고 그 밑에 도·시·군 단위의 당 조직을 구성하여 통일혁명당을 확대하려고 계획했던 것으로 판단된다.

더 나아가 김종태의 서울 지역조직과 정태묵의 전남 지역 지도부가 통혁당 중앙위원회 산하 조직으로 편입된 후 제대로 활동을 이어갔더라면 점차적으로 다른 지역에서 통혁당 명칭 또는 다른 조직명을 가지고 활동하거나 새로 구축하는 간첩망들을 통혁당 중앙위원회 지역조직으로 끌어들이려고 했을 수도 있다.

이는 북한이 "괴뢰도당은 1968년 7월 통혁당 사건과 임자도 지하 혁명조직 사건으로 알려진 검거 사건들을 일으켜 서울시와 전라남도 당 조직의 일부를 파괴하고 수백 명의 당 지도위원들과 당원들, 애국자들을 체포·투옥했다"며 통혁당의 일부만 파괴되었음을 강조하면서 다른 지역에도 통혁당 하부 조직이 있는 것처럼 언질을 준 것을 보면 알 수 있다.

뒤에서 언급하겠지만 북한은 실제로 김종태가 김질락·이문규와 함께 통혁당 창당을 선언한 1965년부터 남파공작원들이 국내에 침투해 지하당 조직을 구축할 때 통혁당 명칭을 사용하도록 했다. 그리고 1968년 7월 통혁당 사건으로 김종태와 정태묵 및 최영도 조직들이 모두 노출·파괴된 이후에도 국내에 지하당 조직을 구축하면서 통혁당 지역조직 명칭을 사용하도록 한 것으로 보아 대남공작부서 전체가 1960년대 중반부터 "통일혁명당"이라는 거대한 조직을 국내에 만들려 했던 것으로 판단된다.

한편, 북한은 1970년 6월 20일자 『노동신문』을 통해 "1969년 8월 25일 남조선 내의 지하당 통합체인 통혁당이 재건되었으며, 이 조직은 남조선 혁명가들이 스스로 결성한 마르크스-레닌주의정당"이라며 통혁당이 김종태의 서울조직과 최영도의 전남조직이 전부가 아님을 강조하기도 했다.

이와 함께 통혁당 사건 이후 김종태를 통혁당 서울시당위원장으로, 최영도를 통혁당 전남도당위원장으로 각각 발표하기도 했다.

실패로 돌아간 통혁당 건설 구상

1964년부터 북한 노동당 지도부가 야심차게 추진해오던 "원대한" 통일혁명당 건설 구상은 북한식 표현으로 "우연분자(사회주의 체제 안에서 사상적으로 불순하거나, 정치적 입장이 불안정하여 믿을 수 없는 사람들을 지칭하는 부정적 정치 용어)"에 의해 한순간에 물거품이 되고 말았다.

통일혁명당 사건의 구체적인 발단은 정태묵의 동생인 정태연의 처로부터 시작되었다. 말하자면 정태묵의 제수 때문에 사건이 터진 것이다.

정태묵은 북한에 여러 번 다녀오면서 공작지도부로부터 거액의 공작금을 받아와 그 돈으로 정태묵 본인은 물론 핵심분자로 포섭한 동생 정태연에게도 가족을 부양하라며 생활비로 지급했던 것으로 보인다. 문제는 정태연의 처가 마약중독자로, 정태묵과 정태연의 북한 연계 사실 및 공작금 사용 문제를 알고 있었다는 것이다.

이러한 상황에서 1967년 11월 정태연이 북한에 들어가 기지교육을 받고 있던 와중에 그의 처가 마약을 구입할 돈이 필요해 정태묵에게 돈을 달라고 했는데 그가 거절하자 북에 가 있는 정태연이 빨리 돌아오게 하라며 돌아오게 하지 않으면 당국에 고발하겠다고 협박했던 것이다. 정태묵은 이 같은 사실을 북한 공작지도부에 보고했고, 평양 지도부에서는 대단히 불안해 하면서도 어쩔 수 없이 정태연을 남쪽으로 돌려보내는 조치를 취하지 않을 수 없었다.

그러나 정태연이 돌아오는 동안 이미 그의 처가 당국에 신고했고, 이로 인해 북한 노동당 공작지도부가 수년간 많은 인적·물적 자원을 투자해 추진해오던 통일혁명당 건설 공작은 실패로 돌아갔다.

이 때문에 정태묵은 처형된 후에도 똑같이 처형된 김종태나 최영도와 달리 북한으로부터 높은 평가를 받을 수 없었던 것으로 보인다.

중요한 것은 정태연의 처가 신고했는데, 정태연이 몸을 담고 활동했던 정태묵의 전라도 지하조직만 노출·파괴된 것이 아니고 최영도의 임자도 조직은 물론 김종태의 서울 지역조직까지 3개의 간첩망이 수사당국에 노출·검거되었다는 것이다. 그렇다면 이렇게 3개의 간첩망이 일거에 노출·파괴된 경위는 무엇일까?

이는 북한 대남공작지도부가 스스로 인정했듯이, 지하당 건설 원칙을 지키지 않았기 때문이라고 할 수 있다.

쉽게 설명하면 김종태와 정태묵 조직 간에는 철저하게 분리되어 있었다 하더라도 최영도가 가운데서 정태묵 조직과 김종태 조직을 모두 알고 있었기 때문에 정태묵 조직에서 사고가 나면 최영도를 거쳐 김종태 조직까지 사고 여파가 미칠 수밖에 없는 구조였기 때문이라는 것이다. 한마디로 키맨(key man)인 최영도를 통하면 김종태 조직도, 정태묵 조직도 모두 연결되는 구조였다는 이야기다.

북한 공작지도부가 적절한 시점에 최영도를 북한으로 불러들여 아예 평양에 주저 앉혔더라면 정태묵의 전라도 조직만 노출·파괴되고 김종태의 서울 조직은 살아남았을 가능성이 높다. 물론 정태묵과 김종태 간에 철저하게 안면관계나 조직관계가 없었다는 전제 하에 하는 이야기다.

노동당 대남공작지도부에서는 김종태와 최영도, 정태묵과 그들이 포섭 및 구축해 놓았던 간첩망이 일망타진된 이유가 이들과의 공작 전 과정에 지하당 조직 원칙을 많이 위반했고, 특히 이들 3명의 조직관계를 철저히 차단·분리시키지 못했기 때문이라고 평가하고 있다. 물론 정태연과 같은 '우연분자'를 핵심분자로 파악해 지하당 조직에 받아들이고 그를 입북시킨 조치 자체가 처음부터 위험성을 내포한 것으로서, 지하당 건설 원칙을 위배한 것이었다는 평가도 있었다.

내가 북한에 있을 때 중앙당 사회문화부 이원국 부부장으로부터 들은 바에 의하면, 1970년대 중반 대남공작부서를 장악한 김정일은 통혁당 창당 실패와 관련하여 간부들에게 "그때 정태연을 보내지 말고 반대로 정태연의 처를 공작선에 태워 평양으로 데려왔으면 문제가 없지 않았겠느냐?"라며 아쉬움을 토로한 적이 있다.

계속된 통혁당 창건 공작

북한은 1968년 7월 통혁당 사건이 발생하자 언론을 통해 통혁당 창건이 '김일성이 내놓은 노동계급의 혁명적 당 건설 방침을 실현하기 위한 남조선 혁명가들과 인민들의 투쟁이었다'고 평가하면서 통혁당 창건이 남쪽에서 독자적으로 추진했던 일이라는 점을 강조했다.

또한 한국 정부 당국의 통혁당 사건 처리에 대해 평양방송을 통해 '통혁당 사건은 식민지 통치를 청산하고 나라의 통일을 염원하는 남조선 인민들에 대한 도전이며 반역행위'라고 비난하기도 했다.

1969년 1월 25일 서울형사지법 합의6부는 통혁당 사건 선고공판에서 김종태·김질락·이문규, 그리고 이문규의 구조 요청을 받고 이문규 부부를 구원하기 위해 침투했다 체포된 이관학·송승환 등 5명의 피고인에게 사형을 선고했다. 또한 이재학·신광현·정종운·오병철 등 4명에게는 무기징역을, 윤상환 등 나머지 21명의 피고인들에게는 최고 징역 15년에서 징역 2년을 선고하고 같은 기간의 자격정지 형을 선고하는 등 피고인 30명 전원에게 유죄를 선고했다.

북한은 1969년 1월 25일 김종태와 이문규에게 사형이 언도되자 평양 모란봉극장에서 김종태와 이문규를 지지하는 평양시 군중대회를 개최했고 1969년 2월 11일에는 옥중에서 사망한 최영도에게 공화국영웅칭호(금별메달)와 국기훈장 제1급을 수여했다. 당시 북한은 최영도에 대해 "남조선 주요한 혁명조직의 하나인 통일혁명당을 결성하는 데 선구적인 역할을 담당 수행하고 그 조직의 전남위원장으로서 남조선 인민들을 김일성 혁명사상으로 무장시키고 그들을 미제국주의 침략자와 매국노들을 반대하는 혁명투쟁에로 조직 동원하는 데 커다란 기여를 했다"고 평가했다.

1969년 5월 26일 서울고법 형사부는 통혁당 사건 항소심에서 김질락·이문규·이관학·송승환 등 4명의 피고인들에게 원심대로 사형을 선고하고 신광현·이재학·정종운·오병철 등 4명의 피고인들에게 무기징역을 선고했다.

한편 북한은 1969년 7월 10일 김종태가 사형당하자 최영도와 같이 김종태에게 공화국영웅칭호(금별메달)와 국기훈장 제1급을 수여하고 평양대극장에서 '통일혁명당 서울시위원회 위원장 고 김종태 동지 추모회'를 개최해 김종태의 업적을 기렸다. 특히 평양에 있는 전기기관차 공장과 황해남도 해주에 있는 해주 제1사범대학에 김종태의 이름을 붙여 '김종태전기기관차공장'과 '김종태사범대학'으로 개명하도록 하는 노동당 정치위원회 결정을 채택했다. 그리고 김종태와 최영도는 애국열사릉에 가묘를 만들기도 했다.

1969년 11월 6일에는 이문규가 사형당하자 그에게도 공화국영웅칭호와 국기훈장 제1급을 수여했다.

북한이 통혁당에 얼마나 애착이 있었던지 통혁당 사건 발생 20

여년이 지난 1990년 남한에 침투하는 나와 조장 권중현에게 서울에 가면 김종태의 처를 찾은 다음 금전적인 지원을 하고 오라는 공작 임무를 부여할 정도였다.

북한은 통혁당 사건으로 김종태·정태묵·최영도 등 대규모 인원이 검거되거나 처형된 후 각 지역의 공작 여건과 환경에 맞게 통혁당 건설 공작을 여러 가지 방식으로 전개했다.

이 과정에서 이미 구축되어 있는 간첩망의 핵심들을 입북시켜 북한에서 일정 기간 교육하여 통혁당 건설 임무를 부여해 재침투시키는 방식과 함께 남파공작원과 현지 조직원을 대동월북시켜 교육 및 통혁당 건설 임무를 부여해 다시 남파공작원과 함께 침투시키는 방식도 구사했다.

또한 남파공작원을 침투시켜 현지에서 지하당 핵심들을 교육하여 통혁당 명칭을 가진 조직을 구축하거나 조직명을 통일혁명당 지역조직으로 전환하도록 하는 방식도 적용했다. 한편 일본과 유럽을 통한 우회침투 방식으로 국내에 통혁당 조직을 심는 공작도 추진했는데, 몇 가지 사례를 들어 보겠다.

제주도 출신 양군옥 간첩사건

양군옥은 제주도 성산 출신 어민으로 8·15 전에는 일본 오사카에서 고학하면서 공산주의 운동을 했으며 8·15 이후에는 제주도에서 공산당을 조직하고 남로당 간부로서 '제주 4·3 사건'을 주도한 인물 가운데 한 사람이다.

6·25전쟁 때 월북하여 중앙당 학교를 졸업하고 지방 인민위원회 간부를 역임하다 1950년대 중반 공작원으로 선발된 양군옥은 공작교육 및 훈련을 받고 1956년 가을 제주도 내에 지하당 조직을 구축하라는 임무를 받고 경기도 화성 해안으로 침투했다.

　국내에 침투한 양군옥은 과거에 어부생활을 하면서 익힌 각종 항해기술을 이용해 목포에서 어선을 구입한 뒤 직접 어선을 타고 고기잡이를 하고 그것을 팔기 위해 자연스럽게 어장과 포구를 드나들면서 제주도까지 들어가 구 남로당 관계자들 가운데 정체가 노출되지 않은 김행백, 장재섭 등을 포섭하는 데 성공했다. 그러던 중 1957년 봄에 장재섭 등을 자신이 직접 운영하던 어선에 태우고 연평도 어장에서 고기잡이를 하는 척 하다가 월북하는 방식으로 복귀했다.

　양군옥과 함께 북한에 들어간 장재섭 등은 2년간 공작교육을 받고 1959년 초 다시 양군옥과 함께 어선을 타고 침투한 뒤 양군옥은 목포에 잠복하고, 장재섭 등은 제주도에 잠입했다. 그후 양군옥은 1959년 말에 자신이 타고 왔던 어선을 타고 북한으로 복귀했다.

　국내에 혼자 남은 장재섭은 제주도와 광주·서울 등지를 돌아다니며 공작활동을 하다가 1963년 여름에 다시 북한으로 복귀해 695 정치대학에서 2년간 공작 관련 교육을 받은 후 1965년 봄 전라도 지역에 통혁당 조직을 건설하라는 임무를 받고 재침투했다. 장재섭은 공작활동 과정에 포섭한 구 남로당 관계자 류낙진을 대동하고 1966년 8월 말 다시 입북했다.

　류낙진과 함께 재입북한 장재섭은 통혁당 호남 지역 지도부 구성과 시·군 단위 지도부 구성 등의 공작임무를 받고 공작금과 무전기 등 통신연락 수단을 받아 국내에 다시 침투했다. 이후 장재섭과 류낙진은 기세문·김행백 등을 포섭하여 통혁당 호남 지역 지도부 구축을 위한 공작을 추진하다 1971년 5월 14일 일당 11명이 모두 적발·검거되었다.

류낙진의 이름이 나왔으니, 여기서 잠깐 류낙진에 대해 언급하는 편이 좋을 듯하다.

1928년 전북 남원에서 태어난 류낙진은 5살 때 아버지를 따라 일본으로 건너가 소학교를 거쳐 사범학교를 졸업한 후 1946년 귀국했으며 그 이듬해인 1947년 남조선 노동당(남로당)에 입당해 활동했다.

1950년 6·25전쟁이 일어난 뒤에는 노동당 남원군당 선전부에서 활동하다가 입산한 뒤 전북 순창 회문산(回文山) 등지에서 빨치산 활동을 했다. 1952년 3월 지리산에서 체포되어 광주 포로수용소에 수감된 뒤 군사재판에서 사형을 선고받았으나 이듬해 민간 재판소로 이양되면서 5년으로 감형되었다. 류낙진은 1957년 출소한 뒤에도 계속 지하조직에서 활동하다가 5·16 이후 혁신정당 조직 활동으로 수배를 받아 1964년 체포되었으나 집행유예로 풀려났고 이후 장재섭에게 포섭되었다.

또한 류낙진은 1971년 장재섭과 함께 통혁당 사건으로 검거되어 사형을 선고받았으나 2심에서 무기징역으로 감형되었으며, 1988년 다시 20년형으로 감형되었다. 그러던 중 1990년 전향서를 제출한 후 19년 만에 보안관찰자 처분 대상으로 가석방되었다. 그러나 1994년 '구국전위' 간첩 사건으로 또 다시 국가안전기획부에 체포된 뒤 광주 지역 재야인사들의 석방 운동으로 1999년에 광복절 특사로 가석방되었다. 이후 교도소에서 배운 서예를 이용해 서예가로 활동했으며 2002년 3월부터 3년이 넘도록 와병생활을 하다가 2005년 4월 1일 사망했다. 참고로 배우 문근영은 류낙진의 딸인 류선영이 낳은 딸, 그러니까 류낙진의 외손녀이다.

거물 여간첩 유위하 사건

경상북도 영주 출신의 여간첩 유위하는 8·15 이후 영주 지역에서 남로당 간부로 활동하다 1948년 체포되어 징역 1년을 선고받아 복역한 바 있으며 6·25전쟁 때는 노동당 영주군당 여맹부 간부, 영주군 여맹위원장으로 활동하다 월북했다.

북한으로 들어간 유위하는 간부학교를 나와 지방에서 여성동맹 간부로 임명되어 일하던 중 1956년 중앙당 연락부 간부 김재욱의 추천에 의해 공작원으로 선발되었다. 김재욱은 유위하가 경북 영주에서 여맹위원장으로 활동하던 당시 노동당 영주군당 위원장을 역임하면서 유위하가 일을 잘 한다는 것을 알고 있었고, 그런 이유로 유위하를 경북 지역 지하당 조직 구축을 위한 공작 적임자로 지명해 선발했다.

공작원으로 소환된 후 1년간 통일대학(695군부대)에 들어가 공작교육 및 훈련 과정을 마친 유의하는 1958년 여름 '경북 지역 지하조직 수습 재건' 임무를 받고 침투하여 서울과 대구·부산 등지에서 의류가게, 한복집 등을 차리고 합법적인 신분을 취득했다. 동시에 6·25

전쟁 전 남로당에서 활동했던 권영섭과 권상섭·유웅달 등 10여 명의 구 남로당 관계자들을 접촉·포섭하여 지하당 조직을 재건했다.

1년 여간 국내에 활동하면서 공작임무를 성공적으로 수행한 유위하는 1959년 가을에 북한으로 복귀했다가 4·19 이후 1960년 여름에 2차로 침투하여 부여된 공작임무를 수행하고 1962년 봄에 복귀했다. 1966년 여름에 이미 포섭한 지하당 조직 성원들로 통일혁명당 지역조직을 건설하라는 임무를 받고 세 번째로 남파되어 활동하다가 1967년 여름에 조직의 핵심 인물인 권영섭을 대동하고 복귀했다.

유위하와 함께 입북한 권영섭은 약 2개월간 통일혁명당 도급 지도부 성원으로 활동할 수 있도록 집중교육을 받고 다시 침투했고, 유위하는 1971년 봄에 다시 4차로 침투했다.

4차 침투 시 유위하에게 부여된 공작임무는 2가지였다.

하나는 기존에 포섭한 지하조직 성원들로 기지교육을 받고 침투한 권영섭을 핵심으로 하는 경상북도 지역지도부를 꾸리고 더욱 확대 발전시키는 것이었다. 다른 하나는 김일성 생일 60주년(1972.04.15)을 맞아 자수를 잘하는 유의하가 중심이 되어 통일혁명당 조직원 명의로 김일성의 만수축원과 통일을 상징하는 내용으로 자수병풍을 만들어 북한으로 복귀할 때 김일성 선물로 가져가는 것이었다.

국내에 침투한 유위하는 서울·대구·부산 등을 오가며 권영섭을 중심으로 통혁당 경북 서북부 지구당지도부를 구성하고 계속해서 대구지구당과 경북 동남부지구당 지도부 구성을 위한 공작을 전개했다. 동시에 자수병풍과 한반도 지도를 수놓은 족자를 만드는 등 김일성 생일 60주년 기념 선물 마련에도 주력했다.

　이 같은 공작임무를 수행하고 김일성 생일인 4월 15일 전에 북한으로 복귀하려고 준비하던 중 4월 11일 정체가 탄로나 지하당 조직원 32명 전원이 체포됨으로써 일망타진되었다.

통혁당 수습 성공으로 통전부 부부장까지 승진한 유정숙

　'유정숙'이라는 이름은 남파공작임무 수행을 위해 생니까지 뽑는 육체적인 고통은 물론, 부모자식 간의 정도 뒤로 하고 '오직 김일성에게 충성했던 남조선 혁명가'로 유명하다.

　유정숙은 1968년 통혁당 사건이 발생한 후 국내에 침투하여 잔존해있는 통혁당 간첩망을 수습하라는 공작임무를 받고 평양 근교 간리초대소에서 침투 준비를 하고 있던 중 초대소로 찾아온 김일성을 만난 바 있다.

　초대소에 찾아온 김일성에게 "통혁당 조직을 성공적으로 수습해 수상님의 신임에 충성으로 보답하겠다"는 맹세를 다진 유정숙은 국내에 침투해 안전하게 활동하기 위해서는 할머니로 위장(僞裝)하는 것이 유리하다고 판단하고 외형상 할머니로 보이기 위해서는 치아가 하나도 없는 것이 좋겠다고 생각했다. 그러고는 당시 그의 나이가 40대였음에도 평양의과대학병원에 가서 서슴없이 아무런 문제가 없는 생니를 모두 뽑고 틀니를 해달라고 했다. 당시 임무 수행을 위해 그토록 독한 마음을 먹고 실제 행동에 옮기는 그의 모습을 주변에서 지켜보던 이들이 모두 울었다고 한다.

이렇게 감쪽같이 할머니로 위장하고 국내에 침투한 유정숙은 맡겨진 통혁당 간첩망 수습 임무를 성공적으로 수행하고 돌아와 다시 김일성을 만난 자리에서 공작임무 수행 결과를 보고했다.

한편, 유정숙이 국내에 침투해 활동하는 동안, 어느 한 음식점에 들어간 적이 있었는데 그때 어떤 남자아이가 다가와 구두를 닦으라고 해서 자세히 보니 자기 남편과 얼굴 모습이 너무도 비슷해 혹시 자기 아들이 아닐까 해서 그 아이에게 이름을 물어 보았다고 한다. 그랬더니 자기 아들의 이름과 같았다는 것이다. 하지만 임무 수행을 위해 부모자식 간의 정을 뒤로 한 채 모르는 척하고 지나쳤다는 일화도 전해지고 있다.

이후에도 계속해서 공작원으로 활동하던 유정숙은 1970년대에 중앙당 연락부 지도원을 거쳐 1990년대에는 통전부 부부장(차관)까지 승진했다. 남한 출신인 그가 중앙당 부부장까지 승진하는 데는 과거에 세운 통혁당의 잔존 조직 수습 공적과 그에 따른 김일성과 김정일의 신임이 절대적인 작용을 한 것은 두말할 필요가 없을 것이다.

필자가 북한에 있을 때인 1990년대 초반 김일성·김정일이 동시에 참석하는 중요 행사 때마다 항상 하얀 커트 머리를 하고 장·차관들과 함께 관중석의 맨 앞부분에 앉아 있던 유정숙의 모습이 아직도 눈에 선하다.

통혁당 창건 공작은 계속되고 …

1963년 공작원으로 선발된 경기도 안성 출신의 남파공작원 한영식은 8·15 이후 서울에서 대학에 다니면서 좌익계 간부로 활동했으며 6·25전쟁 때는 민청 간부로 활약하다 북한으로 들어가 금강학원과 중앙당학교 분교를 졸업했다. 그후 지방에서 행정기관 간부로 일하다 공작원으로 선발되어 통일대학에서 3년간 대남공작 기본교육을 받은 한영식은 1966년 8월 '연고자 포섭 및 대동복귀' 공작임무를 받고 남파되어 학교 후배인 김춘식을 포섭하여 대동복귀했다.

약 1개월 동안 북한에 체류하면서 대남공작 교육을 받은 김춘식은 '경기 지역에 통일혁명당 조직을 건설하라'는 임무를 받고 국내로 들어온 후 육군본부 군무원 김명식 등 여러 연고자들을 포섭하여 통일혁명당 조직 건설을 추진했다.

그러던 중 1967년 가을 남파공작원 한영식이 '김춘식 접선 및 통일혁명당 경기지구당 지도부 구축' 임무를 받고 재침투하여 김춘식 등 여러 조직원들과 접선한 뒤 통혁당 조직 구축을 시도하다 1969년 10월 투숙하던 여관에서 격투 끝에 검거되고 일당 19명이 일망타진되었다.

또한 1968년 2월에 적발된 김남규 간첩사건 역시 통혁당 지역지도부 조직을 구축하려다 검거된 사례다.

김남규는 1965년 7월 남파된 형 김남식에게 포섭된 후 형을 따라 북한에 들어가 약 1개월간 체류하면서 노동당 입당 및 공작교육을 받고 '연고자들을 포섭해 부산, 대구 등 영남 지역에 통일혁명당 창건을 위한 모체 조직을 건설하라'는 공작임무를 받고 돌아왔다.

김남규가 돌아와 연고자들을 포섭해 지하당 조직을 구축하던 시점에 그의 형인 남파공작원 김남식은 1966년에 이어 1967년에도 재침투하여 통혁당 영남 지역 시·군 지도부 구축 공작을 추진했다. 그러던 중 1968년 2월에 일당 32명이 일망타진되었다.

한편, 1968년 10월 국내에 침투하여 활동하다가 1969년 9월 자수한 남파공작원 진낙현과 체포된 박종엽·최만춘은 전북 지역 통일혁명당 지도부 건설 임무를 받고 남파되었던 경우이다.

이외에도 1969년 9월 경남 지역을 중심으로 통혁당 조직 구축을 시도하다 검거된 경남 밀양 출신 남파간첩 임종영 사건, 1971년 9월 발생한 대구 출신 전병모 간첩 사건, 1971년 10월 발생한 안동 출신 유종인 간첩사건 등도 통혁당 조직 구축을 시도하다 검거된 사례다.

이효순 숙청과 대남공작기구의 확대 개편

통일혁명당 사건은 물론 뒤에서 언급하게 될 1·21 청와대 기습 미수 사건이나 울진·삼척 무장공비 사건 등은 북한 내부의 정치 상황에 따른 권력 투쟁과 대남공작 조직 개편 작업과 무관치 않다.

김일성은 1967년 5월 25일 노동당 중앙위원회 제4기 제15차 전원회의를 개최하고 자신을 정점으로 하는 유일 영도 체계 확립에 소극적이었던 박금철·이효순 등 갑산파를 반당·반혁명 종파분자로 몰아 숙청했다. 당시 중앙당 부위원장 겸 대남총국장으로 있던 이효순에게는 김일성(金日成)의 유일사상에 어긋나는 행동을 했고 당

정치노선에 대해 불만이 많다는 죄와 함께 적극적인 대남공작을 전개하지 않고 많은 희생자를 내게 했으며 결과적으로 대남공작을 망쳐놓았다는 죄를 뒤집어씌웠다.

당시 이효순에게는 세 가지 문제가 있었다.

첫 번째는 지하당 공작을 국내 환경에 맞게 철저히 비합법적인 형식으로 전개하기보다는 공개 합법적으로 흐르는 경향이 있었다는 것이다. 통혁당 사건에서도 보았듯이 불필요하게 많은 사람들을 북한으로 끌어들인 탓에 결국에는 그들이 한국 수사기관에 노출되는 위험을 초래하고 말았다. 이는 이효순이 김일성에게 공로를 인정받기 위해 허세를 부리는 과정에 초래된 결과라고도 할 수 있지만 고도의 보안을 요하는 대남공작에서 있어서는 안 될 일이었다.

두 번째는 자만에 빠져 안이했다는 것이다. 모든 게 잘 되고 있으니 대남혁명도 조국통일도 얼마든지 실현할 수 있다는 자만과 안일한 생활에 빠지게 되었다. 이러다 보니 평양 순안 인근 저수지 기슭에 적구(대남공작 관련 업무에서 남한 지역을 지칭)에서 돌아온 혁명가들이 휴식할 초대소를 짓는다는 명목으로 2층 한옥 초대소를 지어놓고 사실상 자기 별장으로 이용하기도 했다. 당시에 이효순이 자신의 별장으로 지은 2층 한옥 초대소는 현재까지도 그대로 남아 남파공작원들의 초대소로 이용되고 있는데, 필자도 이 초대소에 체류한 바 있다.

세 번째는 이효순이 자신의 성과를 내세우면서 안하무인으로 행동했다는 것이다. 예컨대 노동당 간부 인사문제는 중앙당 조직지도부의 고유 권한인데, 이를 무시하고 자기 사람을 과장 자리에 마음대로 앉히려고 하는 등 제멋대로 인사문제에 개입하다 당시 중앙당 조직부장이었던 김일성의 동생 김영주와 갈등을 겪기도 했다.

아무튼 김일성은 대남총국장 이효순에게 대남공작의 실패 책임을 전가하면서 "이효순은 많은 혁명 간부를 남조선에 넘겨주어 희생시켰으며, 대남공작을 근본적으로 말아먹었다"고 비난하면서 그를 반당·반혁명 종파분자로 몰아 숙청했던 것이다.

숙청된 이효순 후임에는 북한군 총정치국장 겸 노동당 중앙위원회 비서를 역임하고 있던 허봉학을 임명하고 기존의 대남총국을 '대남사업총국'으로 확대·개편했다.

대남사업총국 내 중요 공작부서인 연락부도 확대·개편했다. 특히 연락부 산하 해외 공작과와 해외 공작거점을 확대했다.

이와 함께 연락부의 작전(대남침투)부문을 분리·독립시켜 '작전국'을 신설했다. 작전국에서는 기존에 연락부 작전부문에서 담당 수행했던 공작원들의 침투 및 복귀 시 안내 임무를 담당하도록 했다. 이에 따라 연락부 산하 각 연락소와 전투방향, 전투원 및 선박 등 침투수단과 군부의 특수정찰국 산하 연락소와 전투원, 침투장비들을 작전국에 집중시키도록 했다.

또한 무장선전대 요원들을 교육하고 훈련시킬 수 있는 교육프로그램을 마련하고 특수훈련 기지도 설치하도록 했다. 먼저 무장선전대 요원 양성을 위해 695군부대(통일대학)에 무장선전대 특설반을 신설하여 무장선전대 요원들에 대한 특수 교육 및 훈련을 담당하도록 했다. 그리고 함북 청진과 평남 양덕 등지에 특수훈련 기지도 설치했다.

한편, 군부 계통의 대남공작기구도 개편했다. 민족보위성 특수정찰국을 특수정찰총국으로 확대·개편하고 직능을 강화하는 동시에 특수정찰총국 산하에 연합 특수부대와 훈련 기지들을 신설했다. 그 일환으로 1967년 중반에는 124군부대, 1967년 말에는 837군부대를 조직했으며 무장선전대 훈련기지와 멀지 않은 함경북도 청진과 평남안도 양덕, 상원 산악지대에 교육훈련 기지를 설치했다.

1·21사태

'1·21사태'라고도 불리는 청와대 습격 미수 사건은 한마디로 북한이 청와대를 기습하여 박정희 대통령을 시해하려다 실패한 사건이다.

이 사건은 세상에 너무 많이 알려진 사건인지라 여기에서는 간단히 사건 개요와 함께 북한이 당시 왜 무장군인들을 대담하게, 아니 무모하게 서울 중심부의 청와대까지 침투시켜 박정희 대통령을 시해하려고 했는지, 그리고 이 사건이 왜 실패했는지에 대해 중점적으로 짚어볼 것이다.

당시 북한군 수뇌부는 청와대를 폭파하고 대통령을 시해함으로써 한국 사회를 극도로 혼란시키고 국민들을 반정부 투쟁에로 고무추동하고(사람들의 정신을 북돋우고 실천으로 밀어붙이고) 대남혁명 정세를 결정적으로 유리하게 변화시키려는 의도 하에 청와대를 기습·타격할 계획을 세웠던 것이다.

북한 민족보위성 정찰국의 본래 계획은 한국의 심장부를 타격한다는 계획 하에 청와대와 함께 주한미국대사관, 육군본부, 서울교도소, 서빙고 특무부대 간첩수용소 등 5개 주요 기관을 습격 대상으로 설정하고 정찰국 직속 124군부대 무장소조원 76명을 훈련시켰다.

그러나 실행 직전 단계에 5개 시설을 동시에 타격하는 것이 무리라고 판단한 북한군 정찰국장 김정태가 먼저 청와대 1개 시설만 타격하는 것으로 계획을 변경해 이를 실행하게 되었다.

청와대 습격은 124군부대에서 서울 지역을 담당하고 있던 6기지(황해북도 연산) 정예대원 31명이 담당하기로 했다. 구체적으로 습격조를 목표에 따라 4개 조로 세분하고 제1조는 청와대 2층을 습격하여 박 대통령을 살해하고, 2조는 청와대 1층, 3조는 경호실, 4조는 비서실에 침입하여 기관단총과 수류탄으로 전원 살해한 다음 도피 및 탈출한다는 계획이었다. 청와대 1층 습격을 맡은 2조 조장이 나중에 생포된 김신조였다.

청와대 습격 시기를 연중 가장 추운 1월 하순 즉, 혹한기로 설정한 것은 일반적으로 대남침투가 따뜻한 계절에 많이 이루어졌기 때문에 한국 군부에서 혹한기에는 침투하지 않을 것이라고 생각하고 전방과 후방의 경계를 느슨하게 할 것이라고 판단했기 때문이다. 따라서 혹한기에 침투할 경우 휴전선 돌파는 물론 청와대까지 이동하는 데도 유리하다고 판단했다.

또한 침투로 상에 있는 임진강과 한강이 모두 얼어 침투 및 복귀시 도강에 유리하고 무장공비들이 서울 시내에 들어와 이동할 경우에도 시민들이 추위에 신경 쓰느라 그들의 어색한 행동을 눈여겨보지 않을 것이므로 작전 성공 가능성을 높일 수 있다는 점 등 여러 가지로 장점이 많았다. 여기까지는 북한의 판단이 대체적으로 적중했다고 할 수 있다.

한편, 북한은 1968년 1월 중에도 20일 전후가 가장 춥다고 예보되었기 때문에 20일 전후로 하여 구체적인 습격 일자를 정했다. 당시 북한군 정찰국장 김정태는 "1968년 1월 21일 20:00를 기하여 청와대 건물을 폭파시키고 요인을 살해하라"는 임무를 부여했다.

이들은 청와대 습격을 위해 1월 17일 밤 휴전선을 돌파하여 18일 밤에 임진강을 도하한 다음 19일 밤에는 파주 법원리 계선까지, 20일에는 북한산 비봉 계선까지 진출하고 21일 낮에는 청와대가 잘 보이는 지점까지 접근하여 정찰을 한 후 공격을 감행한다는 계획을 세웠다. 청와대 습격은 1월 21일 22:00에 시작하며, 5분 이내에 번개 같이 타격하고 빠지는 것이었다.

이와 같은 구체적인 행동 계획을 세운 무장습격조는 1월 17일 밤 휴전선을 넘어 1월 18일 밤에는 임진강을 도하한 다음 1월 19일에는 계획대로 파주 법원리 뒷산에 도착했다. 1월 19일 밤에 법원리를 출발하여 미타산과 앵무봉을 거쳐 구파발 부근의 노고산을 주파한 뒤 북한산으로 접어드는 길목인 진관사(眞寬寺)를 통과하여 1월 20일 새벽에는 북한산 비봉(碑峰) 북쪽 면에 도착해 숙영했다. 10시간 동안 거의 휴식 없이 전력 질주를 한 것이다.

1월 20일 21:00에 출발하여 1월 21일 10:00경 북한산 승가사 근처에 도착한 무장습격조는 원래는 1월 21일 오후까지 북악산을 지나 밤 8시경에는 세검정 쪽으로 빠져 나올 계획이었는데, 허리까지

눈이 쑥쑥 빠지고 발밑은 미끄럽고 더 이상 산을 타면 계획된 공격 시간에 제대로 도착할 수 없었다. 이에 따라 습격조장의 결심으로 계획을 바꿔 비봉에서 곧바로 세검정 쪽으로 이동하기로 하고 무장습격조 전원이 행인들과 같은 사복차림으로 변장한 다음 큰 길을 따라 1월 21일 밤 9시 30분경에 서울 청운동 세검정 부근, 청와대로부터 500미터 떨어진 곳까지 진출했다.

그러나 시내버스 종점에서 세검정파출소 앞을 지나던 중 경찰관의 검문에 걸려 총격전이 벌어졌다. 이에 따라 비상경계 태세가 내려진 가운데 군·경 합동 소탕작전을 벌여 31명중 29명이 사살되고 1명은 북으로 도주했으며, 김신조 1명이 생포됨으로써 북한의 청와대 습격 기도는 실패하고 만다.

청와대 습격은 무력 남침을 위한 트집잡기용

그러면 북한이 청와대를 습격해 박정희 대통령을 제거하려고 했던 진짜 이유는 무엇일까?

위에서 언급한 것처럼 **표면적으로는** 박정희 대통령을 제거함으로써 한국 사회 내부를 극도로 혼란시키고 국민들을 반정부 투쟁에로 고무추동함으로써 대남혁명 정세를 북한에 결정적으로 유리하게 변화시키려는 의도 때문이었다고 할 수 있을 것이다.

그러나 청와대를 습격하고 박정희 대통령을 제거하려고 했던 보다 근본적인 이유를 제대로 이해하기 위해서는 북한 지도부의 한국 사회 및 대통령에 대한 인식을 살펴볼 필요가 있다.

당시 북한 지도부는 한국에 대해 미국의 철저한 식민지인 동시에 독재국가로, 박정희 대통령을 독재자로 인식하고 있었다. 이러한 대남인식은 독재자인 박정희 대통령만 제거하면 독재에 의해 유지되는 대한민국 자유민주주의 체제는 일시에 통제력을 상실하고 극도의 혼란 상태 혹은 무정부 상태에 빠지거나 최악의 경우 대한민국의 통치 체제가 붕괴할 것이라는 판단으로 이어진다.

이렇게 **한국 사회가 극도의 혼란 상태 또는 무정부 상태에 빠질 경우 신속하게 무력 남침을 감행해 적화통일을 달성하거나 민중봉기 또는 쿠데타를 일으켜 대한민국 정부를 전복**하겠다는 것이 김일성과 북한 지도부의 진짜 속셈이었고 최종적인 목표였던 것이다.

이러한 북한 지도부의 생각은 적어도 전두환 대통령 시절까지는 변함이 없었다는 것이 필자의 생각이다.

북한이 1968년 1·21 청와대 기습 미수 사건이 있은 다음에도 계속해서 대한민국 대통령을 살해하기 위해 국립묘지 현충문 폭파 사건(1970.06.22)과 문세광 저격 사건(1974.08.15), 미얀마 아웅 산 묘소 폭파 사건(1983.10.09) 등을 일으킨 것이 이를 증명해주고 있다.

이와 같은 북한의 인식은 1987년을 기점으로 대한민국이 민주화되고 그 결과 선거에 의해 대통령이 주기적으로 교체되기 시작하면서 바뀌게 되었다. 설사 독재자가 대통령에 당선되더라도 임기 5년만 지나면 다른 인물로 반드시 교체될 것이기 때문에 무리하게 테러까지 감행해 대통령을 제거할 이유는 없어졌으니까. 또한 북한이 특정 대통령을 상대하기 싫다면 그의 임기 5년만 참았다가 대통령 선거를 통해 교체된 다음 대통령을 상대하면 되니까 말이다.

실제로 김정일은 1994년 7월 김일성이 김영삼 대통령과의 남북정상회담을 앞두고 사망했을 때 한국에서 김영삼 대통령이 전군에 비상계엄령을 선포하자 **"조문은 못할망정 초상집을 향해 칼을 겨누는 비상계엄령 선포가 뭐냐"**라고 대노하며 대남부서에 김영삼 대통령의 임기가 끝날 때까지 남측과 절대로 마주앉지 말라고 지시한 바 있다.

한편, 김일성은 훗날 비밀리에 방북한 이후락 중앙정보부장에게 청와대 기습 미수 사건에 대해 군벌주의자들이 제멋대로 저지른 모험이라며 유감을 표시했다고 했는데 북한을 좀 아는 사람이라면 그것이 립서비스에 불과하다는 것을 잘 알 거라고 본다.

북한의 가장 중요한 상대인 대한민국 대통령을 제거하기 위한 특수작전을 최고 통치자 김일성의 승인을 받지 않고 몇몇 군부 인물들이 독단적으로 감행할 수 있다고 생각하는 것은 그 자체가 어불성설이기 때문이다.

흥미로운 점은 김일성이 1970년대 초반 노동당 대남공작부서 간부들 앞에서 1·21 사태를 거론하며 **"30여 명의 많은 인원이 서울 한복판 청와대 근처까지 노출되지 않고 진출했다는 것만으로도 대단한 성과다. 앞으로도 대규모 인원이 비밀리에 서울 중심부까지 침투할 수 있는 방법을 부단히 연구하고 능력을 키울 것"**을 지시한 바 있다. 이래도 청와대 기습 미수 사건을 김일성이 사전에 몰랐다고 해야 할까?

1·21 실패가 북한에 준 교훈

그런데 김신조를 비롯한 무장공비가 청와대를 기습해 대통령을 시해하려던 작전은 왜 실패했을까? 서울 종로경찰서장을 비롯한 군·경이 작전을 잘해서였을까?

여러 원인이 있겠지만 북한 대남공작지도부에서는 거사를 앞둔 청와대 습격조가 원칙을 지키지 않고 사사로운 감정에 사로잡혀 침투 중에 만난 나무꾼 우씨 형제를 살려서 돌려보낸 것이 가장 결정적인 패인이라고 나름 판단했던 것으로 보인다. 우회제(30)·우경제(23)·우철제(21)·우성제(20) 등 4명의 나무꾼 형제는 북한군 청와대 습격조가 회유와 협박을 한 다음 살려 보냈으나 곧바로 경찰서에 출두해 신고했고, 그들의 신고로 군·경은 특별 경계작전에 돌입했다.

이로써 북한군 무장공비들이 청와대 근처까지 진출했음에도 경찰의 검문과 군·경 합동작전에 의해 청와대 기습작전은 결국 실패로 돌아갔다.

이는 1·21 청와대 기습 작전이 실패한 이후부터 한국에 침투한 북한의 남파요원들이 침투 도중 자신들과 마주친 민간인들을 무자비하게 살해하는 만행을 저지른 것을 보면 잘 알 수 있다.

대표적인 사례가 1·21 청와대 기습 미수 사건이 있은 지 얼마 지나지 않아 발생한 울진·삼척 무장선전대 침투 사건과 1978년 11월에 발생했던 충남 광천 사건이다.

1·21 청와대 기습 미수 사건이 있은 지 불과 10개월 만에 남파된 울진·삼척 무장선전대 요원들은 파견전 교육 및 훈련을 받을

때 1·21사태 당시 유일하게 생환했던 박재경 중위로부터 "대원들이 침투 도중 조우하는 민간인은 무조건 죽여야 한다는 원칙을 어기고 나무꾼을 살려줌으로써 결과적으로 임무 수행에 실패했기 때문에 침투하다 민간인과 조우할 경우에는 반드시 죽여라"는 이야기를 들었다고 한다.

한편, 1978년 11월 4일 충남 보령 천북면 해안으로 침투한 3명의 무장공비들은 광천에서 산에 나무하러 온 주민들에게 노출된 때로부터 국군에 쫓겨 복귀 접선 지역인 김포까지 북상하는 과정에 자신들과 마주친 5명의 민간인을 무참히 살해한 뒤 1978년 12월 4일 저녁 김포에서 북한이 보낸 2명의 안내원과 접선한 뒤 함께 북한으로 복귀했다.

당시 이들이 자신들과 마주친 민간인들을 모두 살해한 것은 북한에서 1·21 청와대 기습 작전이 실패한 이유에 대해 남파요원의 신분을 아는 한국 민간인들을 살려주었기 때문이라고 교육받았고, 그 교훈을 되풀이하지 않으려 했기 때문이라는 것을 알 수 있다.

한편, 1·21사태 직후 무장공비들의 유류품을 분석하는 과정에서 청와대의 내부 약도가 발견되었다. 그런데 내부 약도가 너무도 정확해 당시 중앙정보부과 경찰, 군 방첩대 등 대공수사 관계자들은 경악했다. 내부 약도와 경호원들의 배치 실태 등을 어떻게 상세히 알 수 있었는지 놀랄 수밖에 없었던 것이다.

이에 따라 대공수사팀은 청와대 안에 분명 북한의 간첩망이 침투해 있을 것이라 확신하고 전체 직원들을 대상으로 비밀리에 조사를 실시했다. 그 결과 당시 박종규 경호실장의 비서인 김옥화가 의심 대상자로 지목되었다. 김옥화는 국내 유명 여대를 졸업한 뒤 독일에 유학 갔다가 거기서 만난 유학생과 결혼을 했었는데, 바로 그의 남편이 북한에 이미 포섭된 간첩이었기 때문이다.

김옥화는 유학을 마치고 화려한 경력을 바탕으로 청와대에 취직하여 경호실장 비서로 근무하면서 대통령 집무실, 관저 등 청와대 경내를 제한 없이 들락거리며 확인한 내부 약도와 경호 인력에 관한 내용을 남편에게 전했고 이것이 고스란히 북한으로 전달된 것이다.

김옥화 간첩 사건은 한국에서 가장 보안이 강한 청와대까지 접근할 정도로 북한의 대남공작이 얼마나 막강했는지를 확인시켜준 사례라 할 수 있다.

베트남전 파병이 부른 북한의 대량 도발

1960년대 중후반 한국의 안보 상황은 국군의 베트남전 파병으로 안보 공백이 우려되는 등 상당히 어려운 형편이었다.

여기에다 한미 연합 방위의 중요한 축을 담당하고 있는 미군 병력 역시 상당수가 베트남전에 묶여있었기 때문에 남북 간에 무슨 일이라도 일어나면 한국으로서는 상당히 난감한 상황이었다.

이런 상황에서 미국 대통령 린든 존슨은 1965년 2월 박정희 대통령을 미국으로 초청해 성대한 퍼레이드까지 해주면서 한국군 전투병력 1개 사단을 파병해줄 것을 요청했다. 당시 한국은 태권도 교관단, 후방시설 건설을 위한 공병대 등 비전투병력을 베트남에 파견한 상태였다. 린든 존슨은 1개 사단 규모의 병력을 우선 증파해 달라고 요청하면서 그 대가로 한국군 장비의 현대화와 경제적 지원을 아끼지 않겠다고 제안했다.

그후 1965년 5월 17일과 18일 양일간 워싱턴에서 개최된 한미정상회담에서 한국군 파병에 대한 논의가 타결되었다. 이에 따라 한국 정부는 8월 13일 국회의 의결을 거쳐 수도사단과 해병 2여단의 파병을 결정했고, 그후 10~11월 초까지 수도사단과 해병 2여단의 제3차 파병이 마무리되었다. 또한 1966년 3월 20일 국회의 의결을 거쳐 수도기계화사단(맹호부대) 26연대와 제9사단 파병이 이루어졌다. 이렇게 5만명 규모의 한국군(누계 합산으로 총 30만)이 베트남전에 참전했다.

북한은 바로 이러한 한국의 안보 공백 상황을 악용해 대규모 무장선전대에 의한 게릴라 활동을 계획·실행했다. 당시 북한이 무장선전대 활동을 통해 노렸던 목적은 2가지였다고 생각한다.

첫 번째 목적은 무장선전대를 남파시켜 산악지역에 비밀거점을 구축하도록 한 다음 낮에는 한국군의 공격을 피해 거점에 은신해 있다가 밤에는 주변 행정관서들을 습격해 공포심을 조장하는 한편 주민들을 상대로 선전·선동 활동을 벌이는 방법으로 산악지역을 혁명거점화한다는 것이었다.

두 번째 목적은 무장선전대 활동을 통해 한국 사회 전체를 극도의 혼란에 빠뜨리고 더 나아가 한국 정부와 대통령의 통치권을 마비시키는 것이었다. 간단히 말하면 후방에 2전선을 형성하려는 것이다.

당시 무장선전대 대원으로 울진·삼척 지역에 침투한 후 교전도

중 자수한 김익풍도 "1964년부터 시작된 한국군의 베트남 파병은 김일성으로 하여금 대남도발을 적극 시도하게 만들었지. 성공 가능성이 커 보였을 거야. 사실 그때만 해도 북한의 경제력이 남한을 두 배 이상 앞서고 있었으니까 우리들이야 '남조선 까짓거 미군만 없다면 …'하는 식으로 가볍게 보고 있었거든"이라고 진술한 바 있다.

실제로 북한은 1946년 이래 연평균 20여 건의 대남도발 및 간첩단 사건 등을 일으키더니 1965년 한국이 베트남에 전투 병력을 파병하자 그 횟수와 강도를 높이기 시작했다. 1965년에 48건, 1966년 59건, **1967년에는 대남도발 사상 최고인 140건을 기록했다**. 그리고 1968년 86건, 1969년 73건, 1970년에는 53건의 대남도발을 감행했다. 또한 **1966년에서 1969년까지 비무장지대에서 540건의 총격전**이 벌어졌다는 통계가 있을 정도다.

이러한 대남도발 및 2전선 형성으로 국내에 통치권 마비 또는 무정부 상황이 조성되면 기습적인 대규모 무력 남침으로 적화통일을 실현한다는 것이 당시 북한 지도부의 계획이었던 것으로 보인다.

울진·삼척 무장선전대 침투 사건

울진·삼척 무장선전대 침투 사건은 1963년 11월 3일~12월 28일까지 55일간에 걸쳐 울진·삼척·태백산·오대산 일대에서 벌어진 울진·삼척 무장공비 소탕 작전을 말한다. 당시 국군은 '공비'라고 일컫는 무장선전대원 107명을 사살하고 7명을 생포했으며 6명이 도주했거나 휴전선을 넘지 못한 채 사망해 120명 전원을 일망타진했다.

좀더 구체적으로 설명하면 이렇다. 북한은 대규모 무장선전대를 보내 산악지역 혁명화와 함께 2전선을 형성하겠다는 목적과 계획 하에 1968년 10월과 11월 경북 울진과 강원 삼척 지역으로 무장선전대 인원 120명을 침투시켰다. 사실 대규모 인원을 단시간 내에 침투시킨 것은 한국전쟁 이후 현재까지도 그 유례를 찾아볼 수 없을 정도로 무모하면서도 도발적인 행위였다.

1968년 10월 25일 공작선 2척에 15명 단위로 구성된 8개 무장소조 총 120명을 나누어 태우고 원산기지를 출발한 무장선전대원들은 10월 27일 울진 앞바다에 도착했다. 공작모선을 공해상에 정박시켜 놓고 상륙 지점에 대한 정찰을 먼저 진행한 다음 침투용 자선과 고무보트에 나누어 타 10월 30일과 11월 1일, 11월 2일 3회에 걸쳐 울진 고포 해안으로 연속 침투시켰다.

10월 30일 1차로 침투한 2개조 30명은 경북 울진 고포 해안으로 상륙한 뒤 1개조는 울진 지역, 다른 1개조는 봉화 지역으로 이동했다. 11월 1일 2차로 침투한 4개조 60명은 강원도 삼척·정선·명주(현재의 강릉) 등 3개 지역으로 각각 이동했다. 또한 11월 2일 밤 3차로 침투한 2개조 30명도 강원도 삼척과 명주 지역으로 진출했다.

각 지역에 진출한 무장소조는 먼저 각 소조별로 북한에서 정한 대로 오지 마을 또는 몇 개의 독립 가옥을 무력으로 강제 점거하는 방식으로 거점을 마련했다. 그리고 그곳 주민들을 강제로 집합시켜 놓고 북한 사회주의 제도의 우월성과 평화통일 정책에 대한 정치선전·선동과 한국과 미국을 반대하는 서적과 전단 등을 나누어 주고 통혁당 입당 원서에 강제로 날인하게 하기도 했다. 또한 위조

지폐를 나누어 주면서 회유하기도 하고 자신들의 행동에 대한 비밀을 지킬 것을 강요하는 한편, 의심스러운 자는 배신자로 규정해 살해하는 등 주민들에게 위협과 공포심을 심어주어 자신들을 따르도록 강요했다.

이렇게 함으로써 강원도에서는 150여 명, 울진의 어느 산간 마을에서는 46명으로부터 통혁당 입당 원서를 강제로 받아내기도 했다. 평창 지방에서 활동하던 5명의 무장소조는 1968년 12월 초 민가를 점거하고 선전을 벌이다 **"나는 공산당이 싫어요"라며 항거하던 이승복을 비롯한 3명의 어린이와 민간인 여럿을 살해**하고 군 차량까지 기습 파괴했으며 식량과 닭 등을 약탈하는 행위도 서슴지 않았다.

그러나 국군과 경찰, 민간인 등의 합동작전으로 경북 북부와 강원 남부 산악지역에 침투했던 무장선전대 요원 120명 가운데 100여 명은 사살되었고 2명은 자수, 5명은 생포되었으며 6명은 북한으로 도주함으로써 무장선전대에 의한 혁명거점화 공작은 실패하고 만다.

김일성은 훗날 이후락 중앙정보부장을 만난 자리에서 1·21 청와대 기습 미수 사건과 함께 울진·삼척 무장선전대 침투 사건도 당시 민족보위상 김창봉과 대남총국장 허봉학 등 군벌 관료주의자들이 독단적으로 무리하게 일으킨 것이라며 그들에게 책임을 전가한 바 있다. 그러나 1·21 청와대 기습 미수 사건과 마찬가지로 울진·삼척에 120명에 달하는 대규모 특수부대의 남파가 김일성의 허가 없이는 실행될 수 없다는 사실을 아는 이라면, 그의 발언이 허위임을 쉽게 간파할 수 있을 것이다.

울진·삼척 지역에 무장선전대를 침투시켜 진행하려던 공작이 실패한 후 북한 공작지도부에서는 "대한민국은 종심이 짧은 데다(작전·보급·은거·후퇴를 할 수 있는 공간과 시간의 여유가 부족하다) 사방이 바다와 휴전선으로 막혀 완전히 고립된 지역이기 때문에 게릴라 활동이 불가능하다"라는 결론을 내린 바 있다.

북한의 무장선전대 남파 미련을 못버리게 한 광주사태

그럼에도 북한 공작지도부는 기회가 있을 때마다 무장선전대를 침투시켜 대한민국을 극도로 혼란시키고 통치권을 마비시키려는 생각을 버리지 않고 있다.

실제로 북한은 광주사태(또는 광주인민봉기로 표현)가 발생했을 당시 사전에 훈련시켜 놓은 무장선전대가 있었다면 곧바로 침투시켜 한국을 뒤집어놓았을 텐데 그렇게 하지 못한 것을 아쉬워하면서 곧바로 이듬해인 1981년 3월 무장선전대 요원 100명(25명씩 4개 소대로 편성)을 선발한 다음 김정일정치군사대학에 입학시켜 3년 동안 특수훈련을 시킨 바 있다.

당시 무장선전대 인원 100명 양성을 기획했던 중앙당 대남담당비서 겸 통전부장 김중린은 1980년 5월에 일어났던 광주인민봉기와 같은 사태가 다시 발생하면 양성해 놓은 무장선전대를 곧바로 투입한다는 계획을 갖고 있었다.

그러나 무장선전대 교육이 한창이던 1983년 말 김중린이 대남담당비서 겸 통전부장 직책에서 해임되고 무장선전대 양성 3년 과정이 끝날 때까지도 한국에서 이렇다 할 사태가 발생하지 않아 무장선전대 요원으로 양성해 놓은 100명은 3년제 대학졸업 후 칠보산연락소(대남방송)와 조국통일사 등 중앙당 통전부 산하 기관에 뿔뿔이 배치되고 말았다.

어부 납치와 공작

북한은 1960년대 후반에 들어서면서 동해와 서해에서 어로작업을 하던 어부들을 집단으로 납치하여 그들을 대남선전 및 지하당 조직 공작에 활용하는 전술도 구사했다.

납북 어부들을 대남공작에 활용하는 방식은 2가지였다.

하나는 어부들을 납치한 다음 정치사상 교육과 주요 산업시설 참관 및 물질적인 환대와 온갖 감언이설로 영향을 주어 돌려보내는데, 이렇게 하면 이들이 고향에 돌아가 주변 사람들에게 자연스럽게 북한의 우월성에 대해 선전하도록 한다는 것이었다.

다른 하나는 납북어부 가운데 지하당 조직 공작에 써먹을 만한 적임자를 찾아내 이들에게 공작 교육과 훈련을 시킨 다음 공작임무를 부여해 다시 한국으로 침투시키는 것이었다.

실제로 북한은 1967~1968년간 동해와 서해에서 어로작업 중이던 어선 140여 척과 어민 1,100여 명을 납치했다. 서해에서는 주로 봄과 초여름 조기잡이 철에 어부를 납치했고, 동해에서는 주로 겨울 명태잡이 철에 어민들을 납치했다.

북한 공작지도부에서는 많은 어민들을 납치하여 공작에 활용하기 위해 평양 근교인 평안남도 평원군 석암저수지 기슭에 납북어부 집단 수용시설인 '어민강습소'부터 만들어 놓았다. 이렇게 만들어 놓은 어민강습소에 납치한 어민들을 수용한 다음 오전에는 정치사상 교육을 실시하고 오후에는 산업시설 참관 및 시내 견학, 연고자와의 만남, 관계자 면담, 병원치료 등을 하고 밤에는 영화관람 등을 하도록 일정을 짜놓고 세뇌 작업을 진행했다.

특히 납북어부 가운데 대북 연고 관계, 나이, 건강상태, 지식 정도, 계급관계, 생활환경, 사상의식 정도, 반정부감정, 사회활동 경험, 교우관계 등 여러 측면을 고려해 공작요원으로 적합하다고 판단되는 대상을 선별하는 작업을 우선적으로 진행했다. 이 과정에 공작요원으로 선발된 인원들은 초대소에 수용한 다음 공작 교육과 훈련을 시켜 임무를 부여해 침투시키는 작업을 진행했다.

공작요원으로 선발되어 공작 교육 및 훈련을 받은 납북어부들을 국내에 침투시키는 방법은 2가지로 구분할 수 있다. 하나는 납북되었다 함께 한국으로 송환되는 어부들 속에 포함시켜 들여보내는 방법이고, 다른 하나는 장기간 체류시키면서 공작원 정기교육을 시킨 후 공작임무를 부여해 비합법적으로 몰래 침투시키는 방식이었는데, 몇 가지 사례를 들어보겠다.

자진해서 포섭된 함경도 출신 어부

김호섭과 이동근은 각각 함경북도 명천과 길주 출신으로 북한에서 광복 이후 노동당에까지 입당했던 노동당원이었는데, 6·25전쟁 중 미국의 원자탄 투하 공포 때문에 1·4후퇴 시 월남한 사람들이었다.

이들은 전쟁이 끝난 후 고향과 가까운 동해안 지역에 자리를 잡고 속초, 묵호, 양양, 삼척 등지를 같이 전전하며 어로작업에 종사하면서 항상 북한을 동경하는 마음을 갖고 살았다. 그러던 중 북한에 납치되었던 어부들이 무사히 귀환했다는 말을 듣고 자신들도 납북되기를 기대했으나 그런 기회가 주어지지는 않았다.

그러던 중 1964년 11월 이동근은 속초선적 '홍덕호' 선장으로, 김호섭은 같은 선박 선원으로 어선을 타고 속초항을 출항하게 되었다. 이들은 홍덕호가 북한군에 납치되지 않으면 자진 월북이라도 하겠다는 생각을 가지고 출항 신고도 하지 않은 채 명태잡이를 빙자해 출항했다. 이렇게 출항한 뒤 12월 초에 이들이 생각했던 대로 의도적으로 동해 해상분계선을 넘어가 북한군 경비정에 나포되어 원산항으로 예인되었다.

이들은 평양여관에 도착하여 심사받는 자리에서 곧바로 자신들이 과거에 노동당원이었다는 것, 1·4 후퇴 때 미군의 원자탄 공포 때문에 월남했으나 이를 후회하고 북한을 동경하면서 북한에 오고 싶어 납북되기를 원했다는 점, 그러나 납북 기회가 주어지지 않아 자진 월북했다는 사실을 털어놓았다.

북한 공작부서에서는 이들이 살았던 함경북도 당 조직과 보안 기관을 통해 이들의 진술이 사실이라는 것을 확인한 뒤 이들을 대남공작에 활용하기로 한 다음 공작부서 담당자들을 각각 별도로 전담시켜 짧은 기간에 사상교육과 공작교육을 동시에 진행하도록 조치했다.

그리고 이들이 귀환한 후 수사당국의 의심을 받지 않도록 하기 위해 납북되었던 어부들과 함께 평양 시내 및 산업시설 참관 등을 하도록 했다. 귀환 역시 통상적으로 걸리는 10여 일만에 함께 납북되었던 선원들과 같이 돌아가도록 함으로써 의심의 여지를 최소화했다. 물론 이들이 귀환하기 전에 공작임무를 부여한 상황이었다.

당시 김호섭에게 부여된 공작임무는 속초와 묵호 등지에 살고 있는 월남자들 가운데 과거에 노동당원이었거나 민청원이었던 사람을 찾아낸 다음 그들 가운데 북한을 동경하는 대상들을 포섭해 지하 조직을 만들고 북한에서 남파되는 인원을 엄호할 수 있도록 준비하라는 것이었다. 이동근에게도 월남자 중에 북한을 동경하는 대상을 포섭해 대동월북하거나 속초와 묵호 등지에 정보 및 연락거점을 구축하라는 공작임무를 부여했다.

한국으로 돌아온 김호섭은 동향 출신이면서 6·25전쟁 전에 노동당원이었던 민리만·김학진·이태만 등을 포섭하여 통혁당 지하조직을 구축하는 등 공작임무 수행에 주력했다.

이동근 역시 김종옥과 서석민을 포섭한 뒤 1965년 11월 말 자신이 선장인 '선락호'에 포섭된 2명을 포함하여 6명의 선원을 태우고 속초항을 떠나 11월 30일 해상분계선을 넘어갔다. 그리고 북한 해군경비정에 단속 및 예인되어 원산항으로 입항했다. 입북한 이동근은 이미 포섭한 김종옥과 서석민을 공작부서에 인계해 그들이 공작교육을 받도록 하는 한편 그때까지 국내에서 수집한 동해안 지역 군 경계초소 위치와 경계근무 상태 등 정보를 보고하고 함경도의 고향을 방문해 연고자들을 만나기도 했다.

이동근 일행은 1966년 2월 초 귀환한 후 북한에서 받은 지령대로 이수구를 포섭한 다음 대동입북 기회를 노리다 1969년 2월 중순 김호섭 등과 같이 일망타진되었다.

남한 출신 어부도 북한 공작원으로

북한에 납치되어 공작원이 된 어부들 가운데는 북한 출신만 있었던 것이 아니라 남한 출신도 있었다. 전북 군산 출신의 양용수와 강원도 양양 출신의 이재룡이 꼽힌다.

전북 군산항 선적인 '동북호' 선원이었던 양용수는 1967년 6월 5일 연평도 근해에서 어로작업을 하다 동북호와 선원 8명이 북한 해군경비정에 의해 납치되었다.

납북선원들은 3개월간 어민강습소에 수용되어 사상교육과 평양시내 및 산업시설 참관 등 환대를 받고 9월 초에 귀환했으나 8명 가운데 5명만 돌아오고 양용수 등 3명은 북한에 남았다.

북한에 남은 양용수 등 3명은 1967년 9월~1970년 11월까지 노동당 산하 통일대학(695군부대)에 입학하여 3년간 대남공작 관련 교육과 훈련 과정을 이수했다. 공작교육을 마친 양용수는 국내에 침투하여 "대남공작원들을 경찰에 밀고하여 체포되게 한 신고자들과 대공요원들을 살해하라"는 공작임무를 받고 1970년 11월 말 안내원의 엄호를 받아 임진강을 도하하는 방법으로 국내 침투에 성공했다. 그는 대남공작원 신고자 및 대공요원 살해 임무를 받았으므로 권총도 휴대하고 침투했다.

서울에 잠입하여 활동하던 양용수는 1971년 1월 초 권총을 휴대한 채 음식점에서 술에 만취해 본의 아니게 휴대하고 있던 권총을 주변사람들에게 노출시키게 되었고, 이를 목격한 주민의 신고로 체포되었다.

김대중 정부 당시인 지난 2000년 9월 북송된 비전향 장기수 60명 가운데 한 사람인 이재룡 역시 납북어부 출신의 간첩이었다.

그는 1967년 2월 동해에서 제3용진호를 타고 꽁치잡이에 나섰다가 해상경계선을 넘는 바람에 북한경비정에 나포되었다. 이재룡은 2개월 동안 북한의 프로그램대로 사상교육과 함께 평양시내 및 황해제철소, 신천박물관 등을 참관하며 무상치료와 무료교육 등 북한 체제의 우월성을 체험했다. 여기에다 북한에 살던 친형까지 만나고 보니 한국으로 돌아올 생각이 아예 없어지고 만 것이다. 그래서 한국으로의 귀환을 선택한 다른 선원들과 달리 혼자 북한에 남기로 했다.

다른 선원들이 귀한한 뒤 북한에 홀로 남은 이재룡은 공작요원으로 선발되어 3년 여의 공작교육 및 훈련을 받은 뒤 1970년 6월 6일 새벽 원산에서 공작선을 타고 동해안으로 침투해 대구 시내로 잠입했다. 그러나 대구에서 하숙집을 구하던 중 주민의 신고로 남파된 지 17일 만에 체포되었다. 체포된 후 무기징역형을 선고받고 약 30년 동안 교도소 생활을 하면서도 전향하지 않고 출소 후에는 고향(양양)을 버린 채 북한으로 갔다.

한편, 납북어부 가운데 남파공작원으로 활용하려고 북한에 남겨 놓고 공작교육까지 실시했으나 한국에 침투시키지 않고 그냥 사회로 배출시킨 경우도 있었다. 1970년 4월 봉산22호와 함께 납북되었다가 2000년 한국에 입국한 납북 귀환 어부 이재근 씨를 두고 하는 말이다. 그는 북한에 납치된 후 공작교육을 받았으나 한국에 침투하지 못하고 사회에 배출되었다가 한국으로 귀환했다.

동베를린에 설치된 북한 공작거점

중앙정보부는 1967년 7월 8일~17일까지 7차에 걸쳐 동백림(동베를린)을 거점으로 한 북한 대남공작 수사 결과를 발표했다. 그것이 이른바 '동백림 간첩단 사건'이다. 동백림(東伯林)은 동베를린의 한자표기이니까 정확하게 이야기하면 '동베를린 간첩단 사건'이라고 해야 맞다.

북한은 독일이 동서로 분단되었지만 동·서베를린 사이에는 왕래가 가능하다는 입지적인 여건을 활용해 대남공작을 벌이기 위해 1958년 동독주재 북한 대사관에 유럽 지역 대남공작을 총괄하는 공작거점을 설치했다.

동베를린에 유럽 지역 공작거점을 설치한 것은 동·서베를린 간의 왕래가 가능하다는 입지적 여건과 함께 당시 북한 대사였던 박일영의 영향이 컸다고 할 수 있다. 박일영은 일제 때 소련 공작원으로 조선에 파견되어 활동했던 소련파의 일원으로서 해방 이후 북한으로 나와 내무성 정보국 부국장·국장 등을 역임한 뒤 대남공작 조직인 중앙당 연락부 부부장을 거쳐 부장까지 승진했던 정보공작의 베테랑이었다. 이러한 박일영이 불가리아주재 대사를 거쳐 동독주재 북한대사로 부임한 것이다.

또한 서독과 프랑스, 영국 등 서유럽 지역에 적지 않은 교포들과 한국인 유학생 및 주재원들이 체류하고 있었고 유럽을 왕래하는 한국인도 많았기 때문에 북한 공작부서 입장에서는 동베를린에 유럽 지역 공작거점을 설치하는 것이 필요한 조치였을 것이다.

당시 동베를린 북한 공작거점에는 참사와 서기관 등의 외교 직함을 가진 대남공작부서 간부들이 포진하고 있었다. 북한의 해외 공작거점 파견 사례와 비교해 볼 때 한국 언론에 자주 등장했던 이원찬은 연락부 지도원이었고 석학철은 문화 참사로 직업 외교관이었다. 공작거점 책임자는 중앙당 연락부 김 모 과장이었다.

동베를린 공작거점에서는 먼저 유럽의 여러 국가에 나와 있는 한국 유학생과 연수생, 한국인 교포들의 현황을 파악하는 작업부터 실시했다. 즉, 선전 대상을 파악하는 작업을 선행했다. 그 다음에는 유럽에 나와 있거나 살고 있는 선전 대상에게 개별적으로 편지와 각종 선전 책자 및 화보 등을 여러 차례에 걸쳐 반복적으로 보내는 방식의 서신공작을 진행했다.

한국인들에게 보내는 편지에는 같은 피를 나눈 동포로서 외국에서나마 서로 만나 동포애를 나누고 북한에 있는 친지들 소식이라도 알고 지내면 좋지 않겠느냐, 언제든 동베를린에 있는 북한 대사관을 방문하면 환영할 것이라는 등 북한에 대한 관심과 호기심을 부추기는 내용이 주를 이루었다.

이 같은 북한 공작거점의 편지를 여러 번 받는 과정에 자신도 모르게 북한에 대한 관심과 호기심을 가지게 된 일부 교포들과 유학생, 특히 북한에 연고자가 있는 한국인들은 몰래 답장을 보내고 접근하기 시작했다. 물론 편지를 받은 한국인들은 북한 공작거점에서 의도적으로 자신들에게 접근하기 위해 편지를 보냈으리라는 것은 상상조차 할 수 없는 노릇이었다.

편지를 받은 한국인들로부터 답장이 오고 대사관에 접근해오는 상황이 벌어지자 북한 공작거점에서는 다음 단계로 들어가 대사관에 접근하는 한국인들을 적극적으로 접촉하고 환대해주는 한편 이들을 통해 다른 유학생이나 교포들과의 접촉을 넓히는 작업을 진행했다.

윤이상의 자가용 승용차와 조명훈

당시 북한 공작거점의 접근 공작에 가장 먼저 걸려든 한국인은 서독 슈트트가르트 신문사에 근무하던 유학생 조명훈이었다.

전라도 억양에 술을 좋아했던 조명훈은 북한 공작거점에서 보낸 편지와 선전 책자 등을 받아 보고 호기심이 발동해 북한 대사관을 방문해보고 싶다는 답장을 보냈고, 1958년 9월 윤이상의 안내로 북한 대사관을 방문하게 된다.

조명훈으로부터 북한 대사관 방문을 제의받았던 서독 프랑크푸르트대학 유학생 임석진(2018년 작고)은 월간조선이 펴낸 『과거사의 진상을 말한다(조갑제 외 지음)』에 조명훈이 자신에게 했던 이야기를 이렇게 전했다.

하루는 윤이상 선생이 프랑크푸르트에 있는 나(조명훈)를 오라고 전화를 했어. 자가용이 생겼다는 거야. 그 어려운 형편에 차를 어떻게 샀을까 궁금했지. 같이 드라이브를 하자고 하더라고. 겸사겸사 베를린에 갔더니 날 태우고 여기저기 다니다가 차를 세웠는데, 거기가 동베를린 도로데아슈트라세 4번지의 북한 대사관이야.

윤 선생은 날더러 '조 군, 여기가 북한 대사관인데 이 사람들과 만나 이야기를 나눠 보면 좋을 거야. 같이 들어가세' 하고 날 끌고 들어갔지. 조금 있다가 윤 선생은 가버리고 나 혼자 남은 거야. 그런데 거기 대접 한번 후했어. 밤새 술을 마실 수 있었으니까. 만나보니 다 같은 우리 민족이더라고. 윤 선생이 생활할 수 있도록 물심양면으로 도와주고 있는 것 같더라니까. 하긴 윤 선생은 수입이 아무것도 없는데 차(車)도 사준 것 같았어. 자네도 한번 가 봐.

북한 대사관 서기관 석학철을 만난 조명훈은 그와 같이 차를 타고 북한 대사관으로 들어가 당시 대사였던 대남공작 베테랑 박일영을 만나 인사를 나눈 후 대사관 근처 호텔에 투숙해 북한의 발전상과 평화통일 방침 등에 대한 선전을 들은 다음 향후 긴밀한 접촉과 연계를 가지는 동시에 서독에 와 있는 다른 유학생들도 주선해 주기로 약속했다. 그리고 돌아올 때는 북한 측이 유학 생활에 보태라며 준 미화 500달러도 받아 가지고 왔다.

그후 조명훈은 여러 차례 북한 대사관을 찾아가 환대도 받고 경제적 도움도 받으면서 그들의 활동을 지원했다. 이 과정에 조명훈이 처음으로 북한 공작거점에 소개한 한국인이 임석진이었다.

위에서 언급한 바와 같이 조명훈은 임석진을 만나 자신은 서독에 체류하던 작곡가 윤이상의 소개로 북한 대사관을 방문해 극진한 환대를 받고 왔는데 그들을 만나보니 정말 민족애와 애국주의 정신을 가진 민족주의자들이라고 하면서 한번 북한 대사관을 방문해 이야기를 나누어보는 것이 좋을 것이라며 북한 대사관 방문을 적극 권유했다.

임석진과 이기양

이미 북한 공작거점으로부터 편지와 선전 책자 등을 받아보고 호기심을 갖고 있던 임석진은 여러 차례 조명훈을 만나 북한 대사관 방문을 독려하는 이야기까지 듣고 보니 북한 사람들을 더욱 만나보고 싶은 충동을 느끼게 되었다. 거듭되는 망설임 끝에 북한 사람들이 어떤 사람들인지, 조명훈의 말처럼 그들이 진정한 민족주의자들이 맞는지 한번 만나서 확인해 보기로 결심하고 행동에 옮기기로 했다.

친구 조명훈으로부터 격려를 받은 임석진은 용기를 내 1958년 12월 북한 대사관 앞으로 편지 한 통을 썼다. 수양어머니 김 씨와 그의 아들 윤기봉의 소식을 알고 싶다는 내용이었다. 이후 '대사관 방문을 환영한다'는 답신을 막상 받았지만 겁도 나고 찜찜해 포기하고 말았다.

그러나 한국에서 4·19혁명이 일어나 이승만 대통령이 물러나고 민주당 정권이 들어선 후 평화통일 운동이 활발해지고 남과 북의 대학생들이 판문점에서 만나자는 구호를 들고 투쟁한다는 소식을 접한 뒤 포기하다시피 했던 북한 대사관 방문을 다시 생각하게 되었다.

그러던 중 평양에서 발송한 '조선민주청년동맹위원장 오정수' 명의의 편지를 받게 되었고, 이에 북한 대사관에 방문을 희망한다는 편지를 다시 보내 대사관 직원 석학철로부터 환영한다는 답신을 받게 된다. 이때 임석진은 1960년 6월 초 북한 대사관에 먼저 전화를 걸어 만남을 약속했다.

약속 장소에서 북한 대사관 석학철을 만난 임석진은 그의 차를 타고 대사관으로 들어가 박일영 대사와 공작책임자 이도요 등을 만난 후 근처에 있는 호텔로 옮겨 3일 동안 체류하면서 북한의 평화통일 정책과 발전상 등에 대해 이야기를 듣고 대사관에서 영화도 여러 편 관람했으며 선전 책자도 보고 그들의 안내로 동베를린의 여러 관광지도 둘러보았다.

북한 공작요원들은 다른 대상에게 의례적으로 하듯 먼저 임석진의 주변 인물들에 대한 정보부터 파악했다. 그 결과 임석진의 남동생과 여동생 및 대학 동창들이 유학생과 특파원 등의 신분으로 서독에 나와 있다는 것을 알아내고 이들과의 접촉 및 대사관 방문 등을 주선해줄 것을 부탁했다. 특히 조선일보 서독 특파원인 동창생 이기양을 데리고 다시 방문해 달라는 요구를 받고 동의를 표시했다. 또 북한 측이 유학생활에 보태 쓰라며 주는 500달러도 극구 사양하다 끝내는 받고 돌아왔다.

이후에도 석학철 등 북한 공작거점 요원들은 임석진이 경제적으로 어려움을 겪고 있다는 것을 파악하고 "동포애의 심정으로 도와주는 것"이라며 여러 차례 금품을 주머니에 넣어주었다.

북한 대사관에 발을 들여 놓았던 임석진은 자신을 따라 유학 온 남동생 임석훈과 쾰른에 살고 있던 여동생을 북측과 연결시켜 주었다. 그리고 그때부터 약 1년 동안 한국 교포와 유학생 등 20여 명을 연결시켜 주었다. 임석진으로서는 소개시켜준 것이지만 북한 입장에서는 포섭 대상을 연결시켜 준 것이었다.

1960년 8월에는 특별히 소개를 부탁한 바 있는 서울대 동창이자 당시 조선일보 서독특파원이던 이기양 기자를 동행하고 북한 대사관을 방문해 공작요원들에게 소개시켜 주기도 했다.

평양에 간 한국 유학생과 윤이상

1961년 서울에서 5·16 군사 쿠데타가 일어난 뒤 어느 날, 임석진이 살고 있던 거주지 우편함에 두툼한 봉투가 들어 있었다. 봉투를 열어 보니 그 속에 또 봉투가 들어있었는데 발신지가 평양이었다.

편지봉투 안에는 6·25전쟁 전까지 이웃에서 함께 살았던 수양어머니 김 씨, 그리고 자신(임석진)과 친형제처럼 지냈던 김 씨의 아들(의형) 윤기봉 씨가 보낸 편지와 사진 등이 들어 있었다.

편지를 받은 임석진은 수양어머니 김 씨와 의형 윤기봉 씨를 만나보고 싶은 마음이 더욱 간절해졌고 여기에 끈질긴 북한 공작요원들의 감언이설 등이 더해져 결국 평양에 가보기로 결심하게 되었다.

주변 사람들에게 오스트리아에 공부하러 간다는 구실을 대고 모스크바를 거쳐 1961년 9월 초 평양에 도착한 임석진은 약 3주 동안 특별초대소에 체류하면서 당시 중앙당 연락부장이었던 서철 등 고위 간부들과 의형 윤기봉씨도 만나고 정치사상 교육 및 산업시설 참관 등을 했다. 독일로 돌아올 때는 "교포 및 유학생들을 입북시키라"는 임무를 받고 평양을 출발해 모스크바와 동베를린을 거쳐 서독으로 돌아왔다.

그후 임석진은 1963년 10월과 1966년 5월에도 북한에 들어가 노동당에 입당하고 "서독에 장기체류하면서 비밀공작을 전개하라"는 임무를 받고 돌아와 결혼을 하고 가정을 이룬 다음에도 여러 지역으로 거처를 옮겨 다니면서 북한의 공작을 지원했다. 1965년에는 독일 본에서 북한 공작거점으로부터 자금을 받아 중국음식점을 오픈해 운영하면서 북한 공작요원들의 지령에 따라 활동했다.

이 과정에 동생 임석훈을 비롯하여 정규명·조영수·천영희·황성모 등 유학생들의 입북을 적극 권유, 지원했다. 그 결과 임석훈은 1962년 봄과 1964년 여름에, 정규명은 1962년 가을과 1965년 봄에, 조영수는 1963년 봄과 1965년 여름에, 천영희는 1963년 가을에 각각 북한을 방문하게 되었다.

한편, 1955년 프랑스 파리 소르본대(정치학)로 유학 갔던 정하룡은 서울에서부터 잘 알고 지냈던 대학 선배 노봉유가 1962년 그를 동베를린의 북한 대사관으로 데려갔다. 대학시절 경제학을 공부했던 그는 당시 한국보다 경제가 발전했던 북한의 계획경제 실상을 알고 싶어 그해에 평양을 방문했으며, 1965년 여름 다시 방문했다. 이때는 북한에서 공화국 창건(1948.09.09) 기념행사에도 참석했는데, 주석단에 안내되어 김일성을 비롯한 북한 지도부 인사들과 악수를 나누기도 했다.

북한을 방문했던 유학생 대부분은 입북한 후 연고자들을 만나는 한편, 정치사상 교육과 산업시설 및 박물관 참관 등을 한 다음 "유학을 마치고 한국에 들어가면 북한의 통일방안 선전 및 통일전선 형성을 위한 기반을 구축하라"는 임무를 받고 돌아왔다.

동베를린의 북한 공작거점에서는 임석진을 비롯한 유학생들 외에도 음악가 윤이상과 화가 이응로 부부에 대해서도 그들이 북한 친인척들을 방문하도록 설득 및 주선하는 방식으로 접근 및 포섭 공작을 전개했다.

이때 작곡가 윤이상은 친구 정 모 씨를 만나보기 위해 1963년 봄에 방북한 것을 시작으로 친북활동을 지속적으로 했으며, 북한은 이런 윤이상을 위해 평양을 방문할 때마다 특별초대소에 머무르게 하고 김일성과의 만남도 주선하는 한편 평양에 '윤이상 음악당'을 지어주기도 했다.

화가 이응로 역시 6·25전쟁 때 의용군으로 북한군에 입대한 양자 이문세(1923~1996)를 만나보기 위해 1963년 봄에 방북하여 아들을 만나고 돌아온 후부터 친북 입장을 견지했다. 참고로 이문세는 이응로가 둘째형 이종로의 차남을 양자로 들인 아들로, 연세대학교 영문학과를 졸업했다.

동베를린 북한 공작거점에서는 이밖에도 윤이상의 재북 친구 최

모 씨의 아들인 독일 유학생 최정길에게 6·25 때 헤어진 부친과의 상봉을 주선한다며 접근해 1964년 봄 방북을 성사시키는 등 공작을 진행했다.

동베를린(동백림) 간첩단 사건의 진실은?

서독을 중심으로 한 유럽 지역의 한국 유학생들과 교포들에 대한 북한의 포섭공작 즉, 동베를린 간첩단 사건은 임석진이 1966년 5월에 귀국하여 1년 후인 1967년 5월 자진 신고함에 따라 적발되었다.

임석진은 1966년 5월 북한 대남공작지도부가 자신의 귀국을 만류하는 것을 뿌리치고 북한 측에 편지 한 장 띄운 후 그들 모르게 귀국해 버렸다. 북한 공작지도부에서는 임석진이 한국으로 귀국한 뒤 그의 동향에 신경을 곤두세우고 있었지만 그가 당국에 자진 신고하여 사건을 터뜨릴 것이라고는 미처 생각하지 못하고 있었다.

그러다가 동베를린 간첩단 사건이 터지자 당시 동베를린 공작거점 책임자였던 연락부 간부 이원찬 등 관계자들은 북한 공작지도부로부터 심한 추궁과 문책을 받았다.

이 사건이 터질 무렵 북한 지도부에서는 노동당 부위원장이었던 박금철과 노동당 대남비서 겸 대남총국장이었던 이효순 등 갑산파를 반당·반혁명종파분자로 몰아 숙청하는 작업이 진행되고 있었다. 대남총국 간부들이었던 부총국장 임춘추(김일성의 빨치산 동료)와 신대석 등도 이효순과 함께 해임·철직되는 등 대남공작 지도부가 큰 혼란에 빠져들고 있던 시기였다.

그렇기 때문에 김일성 등 북한 최고 수뇌부에서는 동베를린 사건에 대해 이효순을 위시한 대남공작지도부가 자만에 빠지고 성과에 도취되어 안일하게 지하공작 규율과 원칙을 위반하고 합법적으로 활동한 것이 가져다 준 결과라 추궁하고 비판했던 것이다.

북한 대남공작지도부에서는 이들이 적발된 후 그때까지 이렇다 할 공작 성과도 없이 많은 공작금만 받아 쓰고 한두 차례씩 북한을 오가면서 환대만 받고 간 사람들이라는 지적이 많았으며, 이에 따라 담당자들은 심한 비판과 추궁을 받아야 했다.

한편, 동베를린 간첩단 사건에 대해 노무현 정부 시절 활동했던 '국정원 과거사 진실규명을 통한 발전위원회(약칭 진실위)'는 2007년 10월 발표한 보고서를 통해 '자수자(임석진)의 진술에 따라 6·8선거 이전인 6월 초에 수사가 본격화되었고 수사계획서에 부정선거 대응 차원임을 입증할 만한 단서가 전혀 없는 점으로 보아 사전 기획조작설은 사실이 아닌 것으로 판단'된다고 밝혔다.

아울러 1967년 4월 14일에는 서독주재 조선일보 이기양 특파원이 제5회 세계 여자 농구 선수권 대회 취재차 체코 입국 이후 실종된 사건이 발생했다.

중앙정보부는 1967년 4월 24일 한국 여자 농구 선수단 이재학 감독을 통해 최초로 이李 기자의 실종 사실을 확인했다. 이 사건을 접한 임석진은 북한이 이기양 기자를 납치한 것으로 확신하고 자신의 대북 접촉 전력 노출에 대한 불안감이 증폭되어 자수를 결심했다. 그는 이 사실을 평소 알고 지내던 홍세표(박정희 대통령의 처조카)

에게 설명했다. 홍세표는 박 대통령과 임석진의 만남을 몰래 추진했으며 1967년 5월 17일 2시간 가량 면담이 진행됐다. 박 대통령은 임 교수로부터 유럽 유학생들의 대북접촉 상황을 듣고 "신변에 불이익이 없도록 하겠다"고 말했다. 대통령의 수사 지시를 받은 중앙정보부는 임석진에 대한 조사를 통해 대공혐의자 40여 명에 대한 명단 및 대북 접촉 내용을 파악, 대통령에게 보고했다'며 자세하게 사건 경위를 설명했다.

이와 함께 "사건 발표 당시 수사 결과와 마찬가지로 사건 관련자들이 동베를린 및 북한 방문, 금품수수, 특수 교육 이수, 주변인물 근황 제보, 대북 접촉 주선 등 북측 요청사항을 이행함으로써 실정법을 위반한 것으로 확인"되었다고 인정했다. 그러나 "북한에서 받은 특수 교육은 강요된 측면이 강하고 귀국자들에 대한 북한의 지하조직 구축 등 지령 사항의 경우에도 대부분이 이행하지 않았으며 3~4명만이 호기심과 북한의 보복에 대한 두려움 등으로 1~2회 안착 신호를 발송하고 A-3 방송을 청취하는 등 활동의 위반 정도가 약한 편이었다"고 발표했다.

특히 진실위는 윤이상이 북한으로부터 금품수수와 방북, 주변인사들의 동베를린 소재 북한 대사관 방문 주선 등 실정법을 위반한 점은 재판 과정에서 본인도 인정했다고 전제하고 "실정법을 위반했더라도 독일에 거주하는 그(윤이상)를 연행해 귀국시킨 것은 불법적인 행동으로 잘못된 것"이라고 지적했다. 다시 말하면 독일에 거주하는 윤이상을 국내로 연행해 귀국시킨 것은 불법적인 행동이고 잘못된 것이지만 '북한으로부터의 금품 수수와 방북, 주변 인사들의 동베를린 소재 북한 대사관 방문 주선 등'의 행위에 대해서는 윤이상 본인이 사건 당시 재판정에서 인정한 것처럼 실정법을 위반한 것이 맞다고 판단했다.

결국 진실위는 "동베를린 간첩단 사건이 과장된 부분이 있기는 하나 중앙정보부가 기획·조작한 사건이 아니며, 관련자들을 해외에서 국내로 연행한 것은 잘못된 것이지만 그들이 한 활동은 실정법에 위반되는 범죄 행위였다"는 점을 인정했다.

북한의 해외 공작은 영국에서도

동베를린에 설치된 북한의 유럽 지역 공작거점은 독일뿐 아니라 영국을 비롯한 유럽 각국에 나와 있는 한국인 유학생 및 교포들에 대한 공작도 적극 추진했다.

독일 외에 다른 유럽 국가에 나와 있던 한국 유학생들에 대한 대표적인 사례가 영국 케임브리지 대학에 유학하던 박노수와 김규남에 대한 접근 및 포섭공작이라 할 수 있다.

1953년 미국 하와이대학에서 유학하던 박노수(1933-1972)는 1955년 잠시 귀국했다 일본 도쿄대학 법학부로 유학을 떠났다. 박노수는 일본 유학 중이던 1961년 영국 케임브리지 대학 초청으로 동 대학 법학부에 입학했다. 김규남(1929-1972)은 박노수의 일본 도쿄대 동창이었다.

박노수·김규남 등 영국 유학생들에 대한 북한의 공작 역시 처음에는 선전용 책자와 화보 등을 우편으로 보내거나 북한 유력인사 및 연고자의 편지를 보내 북한에 대한 호기심을 자극하고 북한 방문을 회유하는 방식이었다.

북한 대남공작부서에서는 영국 케임브리지 대학에 유학 중이던 박노수와 김규남 등 3~4명에 대해 집중적인 선전 및 접근 공작을 펼쳤는데, 이는 북한에 이들의 혈육이 살고 있었기 때문이다. 박노수의 북한 연고자는 6·25전쟁 때 월북하여 공산대학 교수를 역임하고 있던 박상원 등 여러 사람이 있었으며 김규남의 연고자 역시 원산농업대학 교수를 역임하고 있던 윤재호 등 여러 명이 북한에 살고 있었다. 아울러 이들의 고향 친구, 학교 동창생들도 여러 명이 북한에 들어와 자리를 잡았다.

따라서 북한 공작지도부에서는 박노수와 김규남의 북한 연고자들을 최대한 찾아내고 이들의 자세한 동정을 동베를린의 공작거점을 통해 박노수·김규남에게 미리 알려주는 등 적극적으로 이들과의 접촉을 시도했다.

특히 북한은 중앙당 공작부서 간부를 무역 전담 부서인 대외무역촉진위원회 간부의 신분으로 위장시켜 합법적으로 영국에 출입하도록 하면서 유학생 포섭공작을 추진했다. 그가 바로 동베를린 북한 대사관에 마련된 공작거점에 파견되어 활동하던 중앙당 연락부 부과장 김진현이었다.

북한 공작거점에서는 첫 접촉 및 포섭 대상으로 6·25전쟁 전에 진보적인 성향을 가지고 있었고 한때 학생운동에도 가담한 경력이 있는 케임브리지 대학 유학생 박노수를 선정했다. 박노수와의 접촉은 김진현이 1960년 10월경 영국에 입국하는 기회에 추진하기로 했으며 이를 위해 서독에 사는 박노수 친구의 소개 편지를 준비했다.

박노수와의 접촉 및 포섭 준비를 마친 김진현은 영국에 입국한 뒤 박노수에게 전화해 서독에 사는 친구의 편지를 전달해 주려 한다며 그와의 접촉 약속을 받아냈다.

이미 약속한 대로 박노수를 만난 김진현은 자신의 신분(북한 사람)을 밝히고 북한에 살고 있는 박노수 연고자들의 동향을 알려준 다음 몇 가지 귀에 솔깃한 제안을 했다. 김진현은 박노수에게 원한다면 북한 연고자들과의 만남을 주선할 수 있다는 것, 북한 연고자들이 박노수에게 보낸 편지와 사진 등이 동베를린 북한 대사관에 보관되어 있으니 기회가 되면 그곳을 방문해서 가져가라는 것, 서독에 살고 있는 한국 유학생들도 동베를린 북한 대사관과 접촉 및 방문을 하고 있다는 것 등을 이야기해 주면서 그의 호기심을 한껏 자극했다.

박노수는 그동안 동베를린 북한 공작거점에서 보내준 책자와 화보 등을 받아 보면서 북한에 사는 연고자들을 생각하게 되었고, 특히 서독 유학생들이 동베를린 북한 대사관과 접촉하고 있다는 소식도 전해 들어서 알고 있었던 차에 김진현을 만나고 보니 더더욱 북한에 가보고 싶은 충동을 느껴 그 자리에서 동베를린 북한 대사관 방문을 약속했다.

그로부터 4개월 후인 1961년 2월 동베를린 북한 대사관을 방문한 박노수는 거기에서 김진현·이도요 등 공작요원들, 그리고 동독주재 북한대사로 나와 있으면서 공작을 지휘하던 박일영도 만났다.

박노수는 북한이 마련해 준 숙소에 수일간 머물면서 북한에 사는 연고자들이 보낸 편지와 사진, 그들이 보냈다는 선물까지 받고 감동한 데다 사상교육 및 학비지원 등 물질적인 도움을 주겠다는 북한 꾐에 넘어가 결국 그들에게 포섭되고 말았다. 북한에 포섭된 박노수는 기회가 되는 대로 북한을 방문할 것과 영국에서 유학하는 김규남 등 다른 유학생들에 대한 포섭공작에 협력하는 데 대해서도 약속했다.

북한 대남공작부서 간부 김진현은 박노수의 도움으로 1961년 4월 김규남을 접촉했으며, 김규남으로부터 동베를린 북한 대사관 방문 약속을 받아내는 데 성공했다.

김규남도 박노수처럼 동베를린 북한 대사관에 들어가 박일영 등 공작거점 요원들을 만나는 한편 북한이 마련해 준 숙소에 머물면서 북한에 사는 연고자들이 보낸 편지와 사진, 선물 등을 받아보았다. 그리고 공작요원들의 사상교육과 설득, 학비지원 등 꾐에 넘어가 포섭되고 말았다. 포섭된 후에는 앞으로 북한을 방문하겠다는 것을 약속하고 영국에서 유학하고 있는 한국인들에 대한 포섭공작을 추진하라는 공작임무를 받았다.

그후 박노수와 김규남은 영국에서 유학하던 여러 명의 한국인들을 동베를린 북한 공작거점과 연결시켜 줌으로써 그들이 동베를린 북한 대사관을 방문하도록 협조했다.

국회의원, 교수가 된 유학생 간첩

박노수와 김규남, 그리고 영국에서 유학하던 여러 명의 한국인들을 포섭하는 데 성공한 북한 공작지도부는 이들을 방북시켜 확실하게 노동당원으로 만들기 위해 연고자들을 동베를린까지 보내 이들을 만나도록 주선했다.

북한에 살고 있는 연고자들은 동베를린 북한 대사관에서 박노수와 김규남 등 한국인 유학생들을 만나 북한 사회주의 체제의 우월성을 설명하면서 그것을 직접 눈으로 확인하기 위해서는 방북해야 한다는 점을 강조하는 한편, 노동당 간부들을 직접 만나 노동당의 평화통일 정책에 대해 설명을 듣고 배워 민족의 숙원인 통일을 위해 적극 나서줄 것을 당부하면서 북한 방문을 설득했다.

그후 박노수와 김규남은 1962년 2월과 1963년 10월에 각각 북한을 방문하여 김일성·최용건 등 북한 최고 수뇌부와 이효순·임춘추 등 대남공작부서 간부들로부터 환대를 받으며 사상교육과 함께 김일성종합대학 교수들의 특별 강의를 듣기도 했다. 아울러 평양과 지방의 주요 산업시설과 박물관 등을 참관하여 감명을 받기도 했다.

이들은 영국 유학을 마치고 한국에 돌아가면 정계와 학계에 진출해 상층부 인물들과의 정치적 비밀관계를 형성하기 위한 공작을 전개하는 동시에 군사정권 내부를 분열시키고 한국 정부를 국민들로부터 고립·와해시키기 위한 공작을 추진할 거점을 구축하라는 임무를 부여받았다. 아울러 북한 공작지도부와의 연락에 필요한 연락 암호와 방법 등 통신연락 관련 교육도 받았다.

그후 영국유학을 마치고 한국에 귀국한 박노수는 대학교수로, 김규남은 당시 집권여당인 공화당 국회의원으로 국회에 입성하는 데 성공했다.

중앙정보부에서는 1967년에 발생한 동베를린 간첩단 사건을 조사하는 과정에 박노수와 김규남 등이 동베를린과 북한을 방문했다는 첩보를 수집하고 심층적인 수사를 통해 1969년 5월 초 이들을 검거하는 데 성공했다. 이들은 1970년 대법원에서 사형이 확정되었으며 1972년 7월 사형이 집행되었다.

한편, 진실·화해를위한과거사정리위원회는 2009년 중앙정보부의 불법 연행과 강압수사, 협박과 고문 등으로 박노수와 김규남 등이 허위로 자백했다는 조사 결과를 발표했고, 같은 해 유족들은 법원에 재심을 청구했다.

서울고법은 2013년 10월 '유럽 간첩단 사건' 유족이 청구한 재심에서 "수사기관에 영장 없이 체포돼 조사를 받으면서 고문과 협박에 의해 임의성 없는 진술을 했다"며 무죄를 선고했고 2년 후인 2015년 대법원도 서울고법의 판결을 그대로 인용했다.

말하자면 박노수와 김규남 등이 북한에 포섭되어 공작교육을 받은 후 검거될 때까지 북한으로부터 받은 공작임무 수행을 위해 해왔던 간첩 행위 자체가 없었던 것이 아니라, 중앙정보부가 이들에 대한 체포 과정 및 수사 방식 등이 적법하게 이루어지지 않았기 때문에 결국 무죄라는 이야기다.

참고문헌

경찰청, 『좌익운동권 변천사(1945-1994)』(경찰청, 1994)
고준석, 『비운의 혁명가, 박헌영』(서울: 도서출판 글, 1992)
김남식, 『북한의 대남공작 본의』(서울: 아시아문제연구소, 1972)
김남식·이항구, 『구술로 본 북한현대사 재인식』(서울: 선인, 2006)
김동식, 『북한 대남전략의 실체』(서울: 기파랑, 2013),
『아무도 나를 신고하지 않았다』(서울: 기파랑, 2013)
김용규, 『소리없는 전쟁』(서울: 원민, 1999)
김정기, 『국회 프락치 사건의 재발견 Ⅰ, Ⅱ』(서울: 도서출판 한울, 2008)
김질락, 『어느 지식인의 죽음(원제 : 주암산』(서울: 행림서원, 2011)
김현희, 『나는 여자가 되고 싶어요』(서울: 고려원, 1991)
남북문제연구소, 『북한의 대남전략 해부』(1996)
남시욱, 『한국 진보 세력 연구』(서울: 청미디어, 2009)
동아일보, 『원 자료로 본 북한(1945-1988)』(서울: 동아일보사, 1989)
서대숙, 『북한의 지도자 김일성』(서울: 청계연구소, 1989)
송남헌, 『해방 3년사』(서울: 까치, 1985)
시모토마이 노부오, 『북조선-유격대국가에서 정규군국가로』(서울: 돌베개, 2002)
신상옥·최은희, 『우리의 탈출은 끝나지 않았다』(서울: 월간조선사, 2001)

신평길 편, 『김정일과 대남공작』 제1권(서울: 북한연구소, 1997)
안병직 편, 『한국 민주주의의 기원과 미래-보수가 이끌다』(서울: 도서출판 시대정신, 2011)
와다 하루끼, 『구술로 본 북한현대사 재인식』(서울: 선인, 2006)
유영구, 『남북을 오고간 사람들』(서울: 도서출판 글, 1993)
이정훈, 『한국의 스파이전쟁 50년 공작』(서울: 동아일보사, 2003)
정창현, 『4·19와 남북관계』(서울: 한국역사연구회, 2001)
중앙정보부, 『북한 대남공작사 1』(중앙정보부, 1972)
　　　　　『북한 대남공작사 2』(중앙정보부, 1973)
한기홍, 『진보의 그늘』(서울: 도서출판 시대정신, 2012)
황인오, 『조선노동당 중부 지역당 총책 황인오 옥중수기』(서울: 도서출판 천지미디어, 1997)
황장엽, 『나는 역사의 진리를 보았다』(서울: 도서출판 한울, 1999)
　　　　『북한의 진실화 허위』(서울: 도서출판 시대정신, 2006)
후지모토 겐지, 『김정일의 요리사』(서울: 월간조선사, 2004)

『노동신문』
『평양방송』
『천리마』 및 북한의 자료와 전직 대남공작원들의 진술

김동식

1962년 황해도 장연군 목감면 광탄리(현 황해남도 태탄군 광탄리)에서 출생했다. 1981년 3월 김정일정치군사대학(일명 130연락소)에 입학한 후 1995년 10월까지 15년간 조선노동당 중앙위원회 대외연락부 대남공작원으로 활동했다.

1990년 5월 제주도 서귀포 해안을 통해 1차로 한국에 침투한 후 운동권 인사들을 포섭해 지하당 조직을 구축하는 한편, 1980년부터 서울에 잠입해 활동 중이던 거물급 남파공작원 이선실(본명 이화선, 당시 75세, 권력서열 19위, 2000년 사망)을 접선 및 대동하고 1990년 10월 북한으로 복귀했다. 이 공적으로 1990년 10월 24일 공화국영웅칭호 및 국기훈장 제1급을 수여받았다. 1995년 9월 제주도 성산일출봉 서쪽 온평리 해안을 통해 2차로 한국에 침투한 후 운동권 인사 포섭, 남파공작원 접선 등 공작임무를 수행하다 10월 24일 충남 부여 정각사에서 경찰과 조우, 총격전 끝에 다리에 관통상을 입고 체포되었다.

1999년 4월부터 2006년 12월까지 국군기무사령부에서 분석관을 역임했고, 2008년 10월부터 2020년 10월까지 국가정보원 산하 국가안보전략연구원에서 책임연구위원으로 근무했다. 2013년 1월 북한대학원대학교 박사과정을 졸업, 『북한의 대남혁명전략 전개와 변화에 관한 연구』로 북한학박사 학위를 받았다. 2013년 7월 대남공작원 양성 및 남파공작 활동과정을 기록한 자서전 『아무도 나를 신고하지 않았다』와 북한의 대남혁명전략을 다룬 『북한 대남전략의 실체』를 집필했다.